21世纪高等学校计算机专业实用规划教材

数据结构（C#语言版）

雷军环 邓文达 刘震 编著

清华大学出版社
北京

内 容 简 介

本书通过具体的编程实例，详细介绍了数据结构及其算法。全书共分 11 章，内容包括数据结构和算法的简介，解决线性表、堆栈、队列、串、数组、二叉树及树、图的编程，执行排序和查找算法。全书采用 C# 语言作为算法描述语言。

本书内容丰富，层次清晰，讲解深入浅出，可作为计算机及相关专业本、专科数据结构课程的教材，也适合各类成人教育相关课程使用，还可以供从事计算机软件开发和应用的工程技术人员阅读、参考。

图书在版编目(CIP)数据

数据结构(C#语言版)/雷军环，邓文达，刘震编著. —北京：清华大学出版社，2009.2(2024.1重印)
(21 世纪高等学校计算机专业实用规划教材)
ISBN 978-7-302-19047-9

Ⅰ. 数…　Ⅱ. ①雷…②邓…③刘…　Ⅲ. ①数据结构－高等学校－教材 ②C语言－程序设计－高等学校－教材　Ⅳ. TP311.12　TP312

中国版本图书馆 CIP 数据核字(2008)第 190852 号

责任编辑：魏江江　林都嘉
责任校对：焦丽丽
责任印制：杨　艳

出版发行：清华大学出版社
　　网　　址：https://www.tup.com.cn，https://www.wqxuetang.com
　　地　　址：北京清华大学学研大厦 A 座　　**邮　　编**：100084
　　社 总 机：010-83470000　　**邮　　购**：010-62786544
　　投稿与读者服务：010-62776969，c-service@tup.tsinghua.edu.cn
　　质 量 反 馈：010-62772015，zhiliang@tup.tsinghua.edu.cn
印 装 者：三河市春园印刷有限公司
经　　销：全国新华书店
开　　本：185mm×260mm　**印　张**：18.5　**字　　数**：451 千字
版　　次：2009 年 2 月第 1 版　**印　　次**：2024 年 1 月第14 次印刷
印　　数：23701～24000
定　　价：32.00 元

产品编号：028958-03

编审委员会成员

（按地区排序）

出版说明

随着我国改革开放的进一步深化，高等教育也得到了快速发展，各地高校紧密结合地方经济建设发展需要，科学运用市场调节机制，加大了使用信息科学等现代科学技术提升、改造传统学科专业的投入力度，通过教育改革合理调整和配置了教育资源，优化了传统学科专业，积极为地方经济建设输送人才，为我国经济社会的快速、健康和可持续发展以及高等教育自身的改革发展做出了巨大贡献。但是，高等教育质量还需要进一步提高以适应经济社会发展的需要，不少高校的专业设置和结构不尽合理，教师队伍整体素质亟待提高，人才培养模式、教学内容和方法需要进一步转变，学生的实践能力和创新精神亟待加强。

教育部一直十分重视高等教育质量工作。2007 年 1 月，教育部下发了《关于实施高等学校本科教学质量与教学改革工程的意见》，计划实施"高等学校本科教学质量与教学改革工程(简称'质量工程')"，通过专业结构调整、课程教材建设、实践教学改革、教学团队建设等多项内容，进一步深化高等学校教学改革，提高人才培养的能力和水平，更好地满足经济社会发展对高素质人才的需要。在贯彻和落实教育部"质量工程"的过程中，各地高校发挥师资力量强、办学经验丰富、教学资源充裕等优势，对其特色专业及特色课程(群)加以规划、整理和总结，更新教学内容、改革课程体系，建设了一大批内容新、体系新、方法新、手段新的特色课程。在此基础上，经教育部相关教学指导委员会专家的指导和建议，清华大学出版社在多个领域精选各高校的特色课程，分别规划出版系列教材，以配合"质量工程"的实施，满足各高校教学质量和教学改革的需要。

本系列教材立足于计算机专业课程领域，以专业基础课为主、专业课为辅，横向满足高校多层次教学的需要。在规划过程中体现了如下一些基本原则和特点。

(1) 反映计算机学科的最新发展，总结近年来计算机专业教学的最新成果。内容先进，充分吸收国外先进成果和理念。

(2) 反映教学需要，促进教学发展。教材要适应多样化的教学需要，正确把握教学内容和课程体系的改革方向，融合先进的教学思想、方法和手段，体现科学性、先进性和系统性，强调对学生实践能力的培养，为学生知识、能力、素质协调发展创造条件。

(3) 实施精品战略，突出重点，保证质量。规划教材把重点放在公共基础课和专业基础课的教材建设上；特别注意选择并安排一部分原来基础比较好的优秀教材或讲义修订再版，逐步形成精品教材；提倡并鼓励编写体现教学质量和教学改革成果的教材。

(4) 主张一纲多本，合理配套。专业基础课和专业课教材配套，同一门课程有针对不同层次、面向不同应用的多本具有各自内容特点的教材。处理好教材统一性与多样化，基本教材与辅助教材、教学参考书，文字教材与软件教材的关系，实现教材系列资源配套。

(5) 依靠专家，择优选用。在制定教材规划时要依靠各课程专家在调查研究本课程教材建设现状的基础上提出规划选题。在落实主编人选时，要引入竞争机制，通过申报、评审确定主题。书稿完成后要认真实行审稿程序，确保出书质量。

繁荣教材出版事业，提高教材质量的关键是教师。建立一支高水平教材编写梯队才能保证教材的编写质量和建设力度，希望有志于教材建设的教师能够加入到我们的编写队伍中来。

21世纪高等学校计算机专业实用规划教材

联系人：魏江江 weijj@tup.tsinghua.edu.cn

前　言

数据结构知识是计算机科学教育的一个基本组成部分，其他许多计算机科学领域都构建在这个基础之上。对于想从事实际的软件设计、实现、测试和维护工作的读者而言，掌握基本数据结构的知识是非常必要的。该领域的知识将对一个人的编程能力有着极深的影响，它告诉您如何在软件开发过程中建立一个合理高效的程序。然而由于数据结构是一门实践性较强而理论知识较为抽象的课程，目前很多学生在学完了这门课后，还是不知道如何运用所学的知识解决实际的问题，针对这种情况本书进行了精心的设计。本书主要特点如下：

(1) 基于典型任务

本书的每一章都通过典型任务引出问题，通过典型任务创设学习情境。所有典型任务都是经过精心筛选和设计的与生活紧密相连的、生动直观的、难易适中的实际问题，可以让学生先思考如何利用以往所学的知识去解决该问题，然后再由教师分析教材上如何运用数据结构的理论来解决同一问题，让学生深刻体会到所学数据结构在程序中的作用和使用方法，从而真正体会到"程序＝数据结构＋算法"的真正含义。

(2) 基于问题求解过程

本书除第1章外，所有其他章节都是按照问题提出→分析逻辑结构→分析存储结构→分析基于存储结构的算法→用C#实现数据结构和算法这样一个完整问题求解过程来组织内容的。也就是说对于每一个实际的问题，首先明确数据元素及数据元素之间的逻辑关系，即逻辑结构；其次要理解这些数据元素在计算机中的存储结构以及基于这种存储结构的对数据元素的基本操作(即算法)，最后用C#语言将数据结构和算法转换为能够直接运行的程序代码。

(3) C#语言描述

目前，C#语言是微软公司在新一代开发平台.NET上推出的完全面向对象的语言，凭着其简洁、高效、模板、标准化的特性，使得C#语言像程序设计语言中的一件艺术品，吸引着越来越多的开发人员。相比于很多数据结构的教材用C语言描述，本教材的算法将采用最新语言C#进行编写，将更有助于学生熟悉如何用面向对象的语言来描述数据结构的算法，从而和实际的开发工作能更加紧密地联系起来。

本书以雷军环为主编写，对全书的教学内容和学习情境进行了精心的设计。刘震、邓文达、谢英辉、谢海波、唐一韬、马佩勋、贺宗梅、吴名星分别对第1、2、3、4、5、6、7、8章内容进行了编写，第9、10、11章由雷军环编写。

本教材的编写得益于著名职业教育学家姜大源教授的开发基于工作过程系统化课程方

法的启示,并有幸得到姜大源教授的指导,在此向他表示衷心的感谢。出版社的编辑为本书的修订和出版做了大量的工作,与他们的合作非常愉快。还有我的学生陈军和张自葵参与了本书的校稿和调试代码工作,在此一并表示感谢。

尽管编者在写作过程中非常认真和努力,但由于编者水平有限,书中难免存在错误和不足之处,恳请广大读者批评指正。

编　者

2008年12月

目　录

第 1 章

数据结构和算法简介

1.1 问题引入

1.1.1 查找电话号码问题

[问题描述]

某电信部门想开发一个查询知名电子企业服务电话号码的程序。要求对于任意给出的一个企业名称,若该企业已注册其服务电话号码,则迅速找到其电话号码;否则指出没有该企业的服务电话号码。

1. 解决问题的方法

在用高级语言(本书使用C#)编写查找电话号码的程序时,一般会经历如下几个步骤:

(1) 首先构造一张电话号码信息表。表中每个结点存放两个数据项:企业名称和电话号码,如表1.1所示。

表1.1 知名电子企业服务电话号码信息表

序号	企业名称	服务电话
1	索尼(SONY)	800-820-9000
2	惠普(HP)	800-820-2255
3	联想(Lenovo)	800-810-8888
4	海尔(Haier)	4006-999-999
…	…	…

(2) 接着将电话号码登记表存储到计算机中。可以选择C#的二维数组来存储电话号码的信息,该数组的存储结构如图1.1所示。

string[,] sPhoneNumberList

	0	1
0	SONY	800-820-9000
1	HP	800-820-2255
2	Lenovo	800-810-8888
3	Haier	4006-999-999

图1.1 电话号码在数组中按存储的顺序存储结构示意图

(3) 然后确定解决问题的算法。根据问题的要求,要实现查找算法,以便根据给定的一个企业名称,将其对应的电话号码显示出来。

(4) 最后编程实现算法,写出 C# 的实现代码。算法的实现是由存储结构决定的,如果将企业电话号码用按数组的方式顺序地存储到计算机中,计算机将从数组的第一个元素开始依次查对企业名称,直到找出正确的企业名称,然后再将其对应的电话号码显示出来。代码实现如下如示:

```
class FindPhoneNumber
{
  static void Main(string[] args)
  {
    string[,] sPhoneNumberList;
    sPhoneNumberList = new string[4,4];
    int iCounter = 0;
    char ch;
    string sSerarhName;
    while (iCounter < 4)
    {
      Console.Write("Enter the name of Enterprise:");
      sPhoneNumberList[iCounter,0] = Console.ReadLine();
      Console.Write("Enter the phonenumber of Enterprise:");
      sPhoneNumberList[iCounter,1] = Console.ReadLine();
      iCounter = iCounter + 1;
    }
    do
    {
      Console.Write("Enter the name you want to search:");
      sSerarhName = Console.ReadLine();
      for (iCounter = 0; iCounter < 4; iCounter++)
      {
        if (sPhoneNumberList[iCounter,0] == sSerarhName)
        {
          Console.WriteLine ( "{0}'s phonenumber is {1}", sSerarhName, sPhoneNumberList
          [iCounter,1]);
          break;
        }
      }
      if (iCounter == 4)
        Console.WriteLine("{0}'s phonenumber does not exist!",sSerarhName);
      Console.Write("Continue search(y/n):");
      ch = Char.Parse(Console.ReadLine());

    } while ((ch == 'y') || (ch == 'Y'));
  }
}
```

2. 对解决问题方法的分析

在上面例子中,用数组存储了知名电子企业服务电话号码,数组决定了计算机存储的电话号码信息的最大个数是固定的，这不符合实际的使用情况；数组在内存中顺序存储决定了逻辑上相邻的数据元素在物理位置上也相邻。因此，在顺序结构中查找任何一个位置上的数据元素非常方便，这是顺序存储的优点。但在对顺序结构进行插入和删除时，需要通过移动数据元素来实现，这在数据量不大的情况下是可行的，但当有成千上万的数据信息时就不实用了，将会影响程序的运行效率。

1.1.2 问题求解基本步骤

通过对上面电话号码问题的分析，可以得知，为了有效地在计算机上解决具有各种数据的实际问题，首先必须研究数据及数据之间的关系即数据结构及对这些数据可以进行的操作即算法，然后还要研究具有结构关系的数据在计算机内部的存储结构以及在计算机中处理这样的存储结构的算法，以找出最适合解决问题的方案，这就是数据结构和算法课程所要解决的问题。这个过程可用图 1.2 来表示。

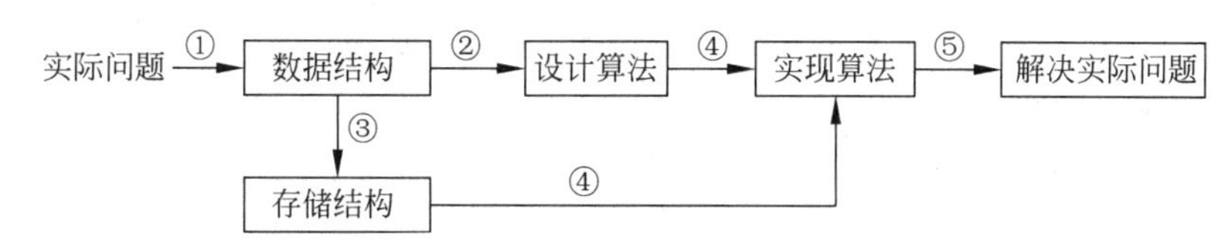

图 1.2 问题求解步骤示意图

从图 1.2 可以看出，问题的求解步骤可分解为：

① 根据实际问题，确定数据及数据之间的关系，即对数据的结构进行设计。

② 分析对数据结构可能进行的操作，设计算法。

③ 用一种存储结构在计算机内部表示数据及数据之间的关系。

④ 根据存储结构的存储方式及设计的算法实现算法的计算机表示。

⑤ 使用已实现的存储结构及算法解决实际问题。

1.2 认识数据结构

1.2.1 数据的概念

数据是对客观事物的符号表示，在计算机科学中是指所有能输入到计算机中并能被计算机程序处理的符号的总称。它是计算机程序加工的“原料”。例如，一个学生的学习成绩，一个编译程序或文字处理程序的处理字符串，这些都是数据。对计算机科学而言，数据的含义极为广泛，如图像、声音等都可以通过编码而归之于数据的范畴。

1.2.2 数据元素和数据项

图 1.3 是学生成绩数据。一个学生的成绩数据由一个数据元素表示，数据元素是数据的基本单位，是计算机进行输入输出操作的最小单位。它也可以再由不可分割的数据项组

成。在图1.3中,一个学生成绩数据元素由学号、姓名、语文、数学、C语言5个数据项组成。

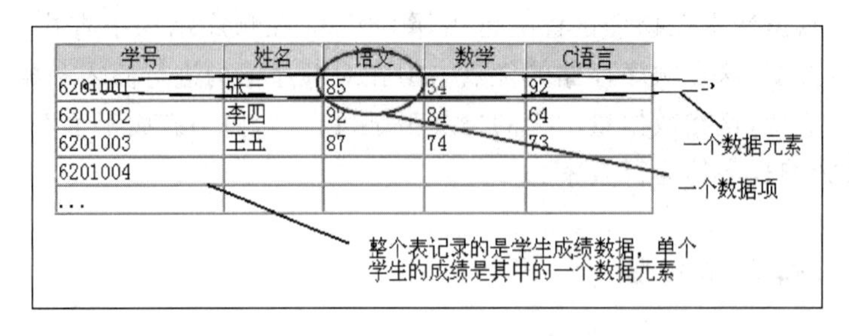
学号	姓名	语文	数学	C语言
6201001	张三	85	54	92
6201002	李四	92	84	64
6201003	王五	87	74	73
6201004				
...				

图1.3 数据项和数据元素

1.2.3 数据结构的概念

数据结构是相互之间存在一种或多种特定关系的数据元素的集合。可用公式表示为:

数据结构=数据元素+关系(结构)

在任何问题中,数据元素都不是孤立存在的,而是在它们之间存在着某种关系,这种数据元素相互之间的关系称为结构。根据数据元素之间关系的不同特性,通常有下列四类基本结构,如表1.2所示。

表1.2 数据元素之间关系的类型

关系名称	特　征	示　例	示 意 图
集合	结构中的数据元素之间除了"同属于一个集合"的关系外,别无其他关系,元素间为松散的关系	同属色彩集合 红色 蓝色 黄色	
线性结构	数据元素间存在严格的一对一关系	如电话号码信息表中的各元素	
树形结构	元素间为严格的一对多关系	一对多 祖 父 子	
图状结构(或网状结构)	元素间为多对多关系	多对多 北京 合肥 连云港 上海 南京 公路交通网	

上面描述的4种关系是数据元素之间的逻辑关系，又称为逻辑结构。前面的知名电子企业服务电话号码表就是一个数据结构，它由很多数据元素组成，每个元素又包括两个数据项(企业名称和服务电话)。那么这张表的逻辑结构是怎么样的呢？我们分析数据结构都是从数据元素之间的关系来分析的，对于这个表中的任何一个数据元素，它只有一个直接前趋，只有一个直接后继(前趋后继就是前相邻后相邻的意思)，整个表只有一个开始结点和一个终端结点，知道了这些关系就能明白这个表的逻辑结构为线性结构。

1.2.4　数据结构的存储

讨论数据结构的目的是为了在计算机中实现对它的操作，因此还需要研究如何在计算机中表示它，数据元素在计算机中的表示称为数据的存储结构。它包括数据元素的表示和关系的表示。

在计算机中数据元素是用一个由若干位组合起来形成的一个位串来表示，例如在C#中，32位表示一个整数，16位表示一个字符，通常这个位串称为元素或结点。元素或结点可看成是数据元素在计算机中的映像。通常在一个程序中定义数据元素的数据类型时，就确定了数据元素如何在内存中存放。数据类型可以是系统提供的数据类型，也可以是自定义的数据类型。

数据元素之间的关系在计算机中有两种不同的表示方法：顺序存储和链式存储，并由此得到两种不同的存储结构：顺序存储结构和链式存储结构。顺序存储结构借助元素在存储器中的相对位置来表示数据元素之间的逻辑关系，数据元素存放在一片连续的存储空间里，通常用数组来实现。链式存储结构则借助于引用或指针来表示数据元素之间的逻辑关系，被存放的元素被随机地存放在内存中再用指针将它们链接在一起。在本课程里，我们只在高级语言的层次上讨论存储结构，如前面的知名电子企业服务电话号码表的解决方法中，是用占用连续存储单元的数组来存放的。

为了理解顺序存储结构和链式存储结构的存储方法，让我们看一个简单的例子：现在有3个字符串red、blue、yellow，试用顺序存储结构和链式存储结构在内存中进行存放。

(1) 用顺序存储结构存放数据结构的C#代码如下：

```
////数据元素、关系的存储表示及算法实现
class SeqStructure<T>
  {
    T[] data;                    //T代表数据元素的存储表示，数组代表数据元素顺序存放
    int i;
    public SeqStructure(int size)
    {
      data = new T[size];
    }
    public void addData(T var)
    {
      data[i++] = var;
    }
    public void displayData()
    {
```

```
            for (int j = 0; j < data.Length; j++)
              Console.Write(data[j] + " ");
          }
        }
    //测试顺序存储类 SeqStructure
      class TestStruct
      {
        public static void Main()
        {
            string s1 = "red";
            string s2 = "blue";
            string s3 = "yellow";
            SeqStructure<string> s = new SeqStructure<string>(3);
            s.addData(s1);
            s.addData(s2);
            s.addData(s3);
            s.displayData();
            Console.ReadLine();
        }
      }
```

(2) 用链式存储结构存放数据结构的 C# 代码如下：

```
    //数据元素存储表示
      class LinkedNode<T>
      {
        T data;
        LinkedNode<T> next;            //通过引用将随机存放的元素连接起来
        public LinkedNode(T val){
          data = val;
          next = null;
        }
        public T Data
        {
          get
          {
            return data;
          }
          set
          {
            data = value;
          }
        }
        public LinkedNode<T> Next
        {
          get
          {
            return next;
          }
          set
          {
```

```
                next = value;
            }
        }
    }
    //数据元素关系的存储表示及算法实现
    class LinkedStructure<T>
    {
        LinkedNode<T> first;
        LinkedNode<T> current;

        public LinkedStructure()
        {
            first = null;
        }
        public void addData(LinkedNode<T> var)
        {

            if (first == null)
            {
             first = var;
             current = var;
             return;
            }
            else
            {
                current.Next = var;
                current = var;
            }
         }
        public void displayData()
        {
            current = first;
            while (current != null)
            {
                Console.Write(current.Data + " ");
                current = current.Next;
            }
        }
    }
//测试链式存储类 LinkedStructure
    class TestStruct
    {
        public static void Main()
       {
            string s1 = "red";
            string s2 = "blue";
            string s3 = "yellow";
            LinkedStructure<string> l = new LinkedStructure<string>();
            l.addData(new LinkedNode<string>(s1));
            l.addData(new LinkedNode<string>(s2));
            l.addData(new LinkedNode<string>(s3));
```

```
        l.displayData();
        Console.ReadLine();
    }
  }
```

说明：

- 上面的代码中，使用了泛型定义数据元素的类型，实现在同一份代码上操作多种数据类型。例如在泛型类 SeqStructure <T>中，T 为泛型类型参数，可以用 SeqStructure <string>、SeqStructure <int>等来实例化它，如程序中的 SeqStructure <string>s＝new SeqStructure <string>(3)语句就是用 string 类型实例化的，使 SeqStructure 类可以存储多种数据类型。有关泛型的相关知识请参见 C♯相关书籍。
- 在用链式存储结构存放时，数据元素在计算机映射的结点由两部分组成，一是数据元素本身数据的表示；二是引用，通过引用将各数据元素按一定的方式连接起来，以表示数据元素之间的关系。类 LinkedNode <T>是数据元素的表示，在 LinkedStructure <T>类中，通过为数据元素的引用赋值，实现了数据元素的链式存储，一个数据元素如何链接另一个数据元素则由数据元素之间的逻辑关系决定。本例中没有考虑逻辑关系，是按传入参数的顺序进行链接的。
- 上述代码中也实现了一些算法，如添加数据元素和显示数据元素的算法。在后面的学习中，会看到任何一个算法的设计取决于选定逻辑结构，而算法的实现依赖于采用的存储结构。在上面的 SeqStructure 和 LinkedStructure 类中都实现了 addData 和 displayData 操作的算法，但因为存储结构不同，从而使得实现的代码也不同。

1.3 认识算法

为了使用计算机解决给出的问题，如前面的查找知名企业服务电话号码问题，需要为其编写程序。程序由两部分组成，即数据结构和算法：

程序＝数据结构＋算法

上述程序的概念是定义在逻辑层的，在具体编程时，数据结构用存储结构实现，算法用代码实现。许多不同的算法可用于解决相同的问题，类似地，各类数据结构可用于表示计算机中相同的问题。为了以高效的方式解决问题，你需要选择提供最大效率的算法和数据结构的组合。

1.3.1 算法的定义及特征

算法是对特定问题求解步骤的一种描述，它是指令的有限序列，其中每一条指令表示一个或多个操作。考虑以下显示前 10 个自然数的求解步骤：

① 将计数器的值设置为 1；

② 显示计数器；

③ 按 1 递增计数器；

④ 如果计数器小于等于10，则转到第②步。

上述求解步骤是一种算法，因为它用有限的步骤产生了想要的结果。算法具有以下5个重要的特征。

有限性：算法必须在有限的步骤之后结束。

确定性：算法的每一步都是确定的定义，无二义性。即在任何条件下，算法只有唯一的一条执行路径，即对于相同的输入只能得出相同的输出。

输入：一个算法可接受零个或多个输入。

输出：一个算法有至少一个或多个输出。

有效性：算法由可实现的基本指令组成。

1.3.2　算法性能分析与度量

对于一个特定的实际问题，可以找出很多解决问题的算法。编程人员要想办法从中选一个效率高的算法。这就需要有一个机制来评价算法。通常对一个算法的评价可以从算法执行的时间与算法所占用的内存空间两个方面来进行。内存通常可以扩展，因为可增加计算机的内存量，但是时间是不可以扩展的，因此通常考虑时间要比考虑内存空间的情况多。本课程的范围也仅限于确定算法的时间效率。

算法的执行时间需通过依据该算法编制的程序在计算机上运行时所消耗的时间来度量。而这种机器的消耗时间与下列因素有关：

① 书写算法的程序设计语言。

② 编译产生的机器语言代码的质量。

③ 机器执行指令的速度。

④ 问题的规模。

这四个因素中，前三个都与具体的机器有关，度量一个算法的效率应当抛开具体的机器，仅考虑算法本身的效率高低。因此，算法的效率只与问题的规模有关，或者说，算法的效率是问题规模的函数。

为了便于比较同一个问题的不同算法，通常以算法中的基本操作重复执行的频度作为度量的标准。假设赋值、比较、显示和递增语句分别用a、b、c和d时间单位来执行，现在考虑C#中显示前n个自然数所需要的时间。

```
① int i=0;                    //赋值
② while (i<n){                //比较
③ Console.WriteLine(i);       //显示
④ i=i+1;                      //递增
}
```

上述算法所需要的执行时间为：

$$T=a+(n+1)*b+n*c+n*d=a+b+n(b+c+d)$$

这里T表示程序的执行时间，是元素数n的线性函数，很明显T直接与n成正比。

一个算法的时间复杂度反映了程序运行从开始到结束所需要的时间。通常使用大O符号表示：T(n)=O(f(n))。

其中,f(n)是算法中基本操作重复执行的次数随问题规模n增长的增长率函数;T(n)是算法的时间复杂度,它表示随问题规模n的增长,算法的运行时间的增长率和f(n)的增长率相同。常见的时间复杂度有:

$$O(1)<O(\log_2 n)<O(n)<O(n^2)<O(n^3)<O(2^n)$$

其中,O(1)是常量级时间复杂度,时间效率最优。然后依次是对数级、线性级、平方级、立方级、指数级等,指数级的时间复杂度是最差的。

1.4 寻求问题求解的实现方法

在寻求问题求解的实现方法前,首先要熟悉抽象数据类型的概念。

一个抽象数据类型(abstract data type,ADT)是一个数据结构和可能在这个数据结构上进行的操作定义的。开发者通过抽象数据类型的操作方法来访问抽象数据类型中的数据结构,而不管这个数据结构内部各种操作是如何实现的。

当我们谈论ADT的时候,经常会说到线性表,堆栈和队列等。例如一个线性表是有限个元素的集合,其元素以线性的方式进行排列并提供对它的元素的直接访问或操作的方法。可以使用一个有序数组或者一个链表来实现每个结构。关键的一点是不论你如何实现其内部结构,它对外的接口即对数据结构操作的方法总是不变的。这使得你能够修改或者升级底层的实现过程而不需要改变公共接口部分。

为了用C#实现抽象类型,本书遵循下面的解题思路:

① 用数据类型(包括值类型和引用类型)表示数据结构中的数据元素(后面也称结点)。

② 用顺序存储结构或链式存储结构表示数据元素之间的关系。

③ 用接口定义在数据结构上的基本操作。

④ 将数据结构的表示代码及对接口所定义操作的实现代码封装在类中,用类表示某种数据结构所对应的抽象数据类型。

⑤ 通过使用实现抽象数据类型的C#类解决实际应用的问题。

在后面,可以看到抽象数据类型(在C#中用类表示)实现了数据结构实现和数据结构应用的分离。

本 章 小 结

- 数据是对客观事物的符号表示,数据元素是数据的基本单位,是计算机进行输入输出操作的最小单位。
- 数据结构是相互之间存在一种或多种特定关系的数据元素的集合。可用公式表示为:数据结构=数据元素+关系(结构)。
- 通常有4类基本数据结构:
  - ➢ 集合(Set)。结构中的数据元素除了存在"同属于一个集合"的关系外,不存在任何其他关系。
  - ➢ 线性结构(Linear Structure)。结构中的数据元素存在着一对一的关系。

➢ 树形结构(Tree Structure)。结构中的数据元素存在着一对多的关系。
➢ 图状结构(Graphic Structure)。该结构中的数据元素存在着多对多的关系。

- 算法是对特定问题求解步骤的一种描述,它是指令的有限序列,其中每一条指令表示一个或多个操作,算法具用5个重要的特征。
  ➢ 有限性。算法必须在有限的步骤之后结束。
  ➢ 确定性。算法的每一步都是确定的定义,无二义性。即在任何条件下,算法只有唯一的一条执行路径,即对于相同的输入只能得出相同的输出。
  ➢ 输入。一个算法可接受零个或多个输入。
  ➢ 输出。一个算法有至少一个或多个输出。
  ➢ 有效性。算法由可实现的基本指令组成。
- 通常对一个算法的评价可以从算法执行的时间与算法所占用的内存空间两个方面来进行。
- 一个算法的时间复杂度反映了程序运行从开始到结束所需要的时间。通常使用大O符号表示:T(n)=O(f(n))。其中,f(n)是算法中基本操作重复执行的次数随问题规模n增长的增长率函数。

综 合 练 习

1. 简述下列术语。

数据元素、数据项、数据结构、数据类型、数据逻辑结构、数据存储结构和算法。

2. 数据结构课程的主要目的是什么?
3. 分别画出线性结构、树形结构和图状结构的逻辑示意图。
4. 算法的特性是什么?评价算法的标准是什么?
5. 什么是算法的时间复杂度?怎样表示算法的时间复杂度?
6. 分析下面语句段执行的时间复杂度。

(1)
```
for (int i = 0; i<n;++i)
{
  ++p;
}
```

(2)
```
for (int i<0; i<n;++i)
{
  for (int j = 0; j<m;++j)
  {
    ++p;
  }
}
```

(3)
```
i = 1;
while(i< = n)
{
  i * = 3;
}
```

(4)
```
int i = 1;
int k = 0;
do
{
  k = k + 10 * i;
  ++i;
} while(i != n);
```

第 2 章

解决线性表的编程问题

学习情境：用线性表解决学生成绩表的编程

［问题描述］

有一个学生成绩表，以升序的方式存储着 N 位学生的成绩，如表 2.1 所示。

表 2.1　学生成绩表

学　号	姓　名	考试成绩
071133106	吴　宾	76
071133104	张　立	78
071133105	徐　海	86
071133101	李　勇	89
071133102	刘　震	90
071133103	王　敏	99
…	…	…

现需要编写一个学生成绩管理系统，实现如下的功能：

- 对学生成绩表，不论是插入还是删除学生成绩，都要保证成绩按升序排列；
- 可以按给定的姓名或学号查询指定学生的信息；
- 可以按升序或降序显示所有学生的成绩。

2.1　认识线性表

这个学生成绩表中，每个学生的信息为一条记录，这条记录也称为数据元素。每个记录是一个结点，每个结点由学号、姓名和考试成绩三个数据项组成。对于整个表来说，只有一个开始结点（它的前面无记录）和一个终端结点（它的后面无记录），其他的结点则各有一个也只有一个直接前趋和直接后继（它的前面和后面均有且只有一个记录）。具有这种特点的逻辑结构称为线性表（线性结构）。

2.1.1　分析线性表的逻辑结构

1. 线性表的定义

线性表（linear list）是由 n（$n \geqslant 0$）个相同类型的数据元素（结点）$a_0, a_1, \cdots, a_{n-1}$ 组成的有

限序列。一个有 n 个数据元素的线性表常常表示为(a_0,a_1,…,a_{n-1})

其中：

- n。数据元素的个数，也称为表的长度。
- 空表。n=0，记为( )。

数据元素类型多种多样，但同一线性表中的元素必定具有相同特性，即属同一数据对象。表 2.2 中所有数据元素都为数字，表 2.3 中所有数据元素都为图片，前面的表 2.1 中所有数据元素都为记录(由若干数据项组成的数据元素称为记录)。

表 2.2 都为数字的线性表

1	2	3	4	5	6	7

表 2.3 都为图片的线性表

2. 线性表的特点

数据元素非空的线性表具有下面的特点：

- 有且仅有一个开始结点 a_0，它没有直接前趋，而仅有一个直接后继 a_1。
- 有且仅有一个终端结点 a_{n-1}，它没有直接后继，而仅有一个直接前趋 a_{n-2}。
- 除第一个结点外，线性表中的其他结点 a_i($1 \leqslant i \leqslant n-2$)都有且仅有一个直接前趋 a_{i-1}。
- 除最后一个结点外，线性中的其他结点 a_i($1 \leqslant i \leqslant n-2$) 都有且仅有一个直接后继 a_{i+1}。

2.1.2 识别线性表的基本操作

数据结构的基本操作是定义在逻辑结构层次上的，而这些操作的具体实现是建立在存储结构层次上的。在逻辑结构上定义的运算，只给出这些操作的功能是“做什么”，至于“如何做”等实现细节只有在确定了线性表的存储结构之后才能完成。

在这里借助于 C# 的接口来定义逻辑结构上的基本操作，在存储结构确定后通过实现接口来完成这些基本操作的具体实现，接口确保了算法定义和算法实现的分离。同时为了保证这些基本操作对任何类型元素的线性表都适用，数据元素的类型使用泛型的类型参数。在实际创建线性表时，元素的类型可以用实际的数据类型来代替，比如用简单的整型或者用户自定义的更复杂的类型来代替。

(1) 初始化操作

初始条件：线性表不存在。

操作结果：创建一个空的线性表。

因为在 C# 中，线性表的初始化是通过线性表的抽象数据类型的构造函数中实现，对于不同的抽象数据类型，构造函数是不同的，该操作不应定义在接口中。

(2) 插入操作：InsertNode(T a,int i)

初始条件：线性表存在，插入位置正确(1≤i≤n+1,n 为插入前的表长)。

操作结果：在线性表的第 i 个位置上插入一个值为 a 的新元素，这样使得原序号为 i,i+1,…,n 的数据元素的序号变为 i+1,i+2,…,n+1,插入后表长=原表长+1。

(3) 删除操作：DeleteNode(int i)

初始条件：线性表存在且不为空，删除位置正确(1≤i≤n,n 为删除前的表长)。

操作结果：在线性表中删除序号为 i 的数据元素，返回删除后的数据元素。删除后使原序号为 i+1,i+2,…,n 的数据元素的序号变为 i,i+1,…,n−1,删除后表长=原表长−1。

(4) 取表元素：SearchNode(int i)

初始条件：线性表存在，所取数据元素位置正确(1≤i≤n,n 为线性表的表长)。

操作结果：返回线性表中第 i 个数据元素。

(5) 定位元素：SearchNode(T value)

初始条件：线性表存在。

操作结果：在线性表中查找值为 value 的数据元素，其结果返回在线性表中首次出现的值为 value 的数据元素的序号，称为查找成功；否则，在线性表中未找到值为 value 的数据元素，返回一个特殊值表示查找失败。

(6) 求表长度：GetLength()

初始条件：线性表存在。

操作结果：返回线性表中所有数据元素的个数。

(7) 清空操作：Clear()

初始条件：线性表存在且有数据元素。

操作结果：从线性表中清除所有数据元素，线性表为空。

(8) 判断线性表是否为空：IsEmpty()

初始条件：线性表存在。

操作结果：如果线性表不包含任何元素则返回 true,否则返回 false。

将上述操作定义在接口 ILinarList 中，代码如下：

```
interface IlinarList<T>
  {
    void InsertNode(T a,int i);      //插入操作
    void DeleteNode(int i);          //删除操作
    T SearchNode(int i);             //查找表元素
    T SearchNode(T value);           //定位元素
    int GetLength();                 //求表长度
    void Clear();                    //清空操作
    bool IsEmpty();                  //判断线性表是否为空
  }
```

2.2 用顺序表解决线性表的编程问题

如何将逻辑结构为线性表的学生成绩表存储到计算机中去呢？用一片连续的内存单元来存放这些记录(如用数组表示)还是用链表随机存放各结点数据呢？这是存储结构的问

题。数据结构在计算机中的表示称为存储结构。存储结构有顺序存储结构和链式存储结构,本节讨论顺序存储结构。

2.2.1 用顺序表表示线性表

顺序存储结构用一组地址连续的存储单元依次存储线性表的数据元素。把线性表的结点按逻辑顺序依次存放在一组地址连续的存储单元里。用这种方法存储的线性表简称顺序表。

在顺序表的存储结构中,假设每个数据元素在存储器中占用 k 个存储单元,序号为 0 的数据元素的内存地址为 $Loc(a_0)$,则序号为 i 的数据元素 a_i 的内存地址为:

$$Loc(a_i)=Loc(a_0)+i*k$$

顺序表的存储结构示意图如图 2.1 所示。

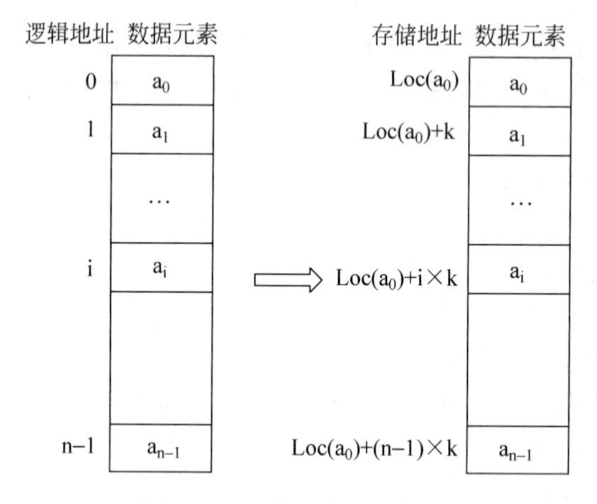

图 2.1 顺序表存储示意图

为了更清楚地理解线性表在内存中的顺序存储方式,以数据元素为整数的线性表在内存中存储的示意图来理解顺序存储结构。如图 2.2 所示,包含 9 个数据元素的线性表,数据元素连续地存储在起始地址为 2000:0001 的位置上,每个数据元素占 2 个字节。

存储地址	数据元素																线性表
2000:0001	0	0	0	0	0	0	0	0	0	0	0	0	0	0	0	1	1
2000:0003	0	0	0	0	0	0	0	0	0	0	0	0	0	0	1	0	2
2000:0005	0	0	0	0	0	0	0	0	0	0	0	0	0	0	1	1	3
2000:0007	0	0	0	0	0	0	0	0	0	0	0	0	0	1	0	0	4
2000:0009	0	0	0	0	0	0	0	0	0	0	0	0	0	1	0	1	5
2000:0011	0	0	0	0	0	0	0	0	0	0	0	0	0	1	1	0	6
2000:0013	0	0	0	0	0	0	0	0	0	0	0	0	0	1	1	1	7
2000:0015	0	0	0	0	0	0	0	0	0	0	0	0	1	0	0	0	8
2000:0017	0	0	0	0	0	0	0	0	0	0	0	0	1	0	0	1	9

图 2.2 数据元素为整数的线性表在内存中顺序存储的示意图

顺序表的存储结构可以用C#语言中的一维数组来表示。数组的元素类型使用泛型，以实现不同数据类型的线性表间代码的重用；因为用数组存储顺序表，需预先为顺序表分配最大存储空间，用字段 maxsize 来表示顺序表的最大长度；由于经常需要在顺序表中插入或删除数据元素，顺序表的实际表长是可变的，用 length 字段表示顺序表的实际长度。

2.2.2　对顺序表进行操作

1. 初始化顺序表

初始化顺序表就是创建一个用于存放线性表的空的顺序表，创建过程如下所示：

步骤	操　　作
1	初始化 maxsize 为实际值
2	为数组申请可以存储 maxsize 个数据元素的存储空间，数据元素的类型由实际应用而定
3	初始化 length 为 0

2. 插入操作：InsertNode(T a,int i)

插入数据元素(这里只讲前插)是指假设顺序表中已有 length(0≤length≤maxsize-1)个数据元素，在第 i(1≤i≤length+1)数据元素位置插入一个新的数据元素。创建过程如下表所示：

步骤	操　　作
1	若没有指定插入位置，则将数据元素插入到顺序表的最末一个位置；指定插入位置 i，若插入位置 i<1 或 pos>length+1，则无法插入，否则转入步骤 2。 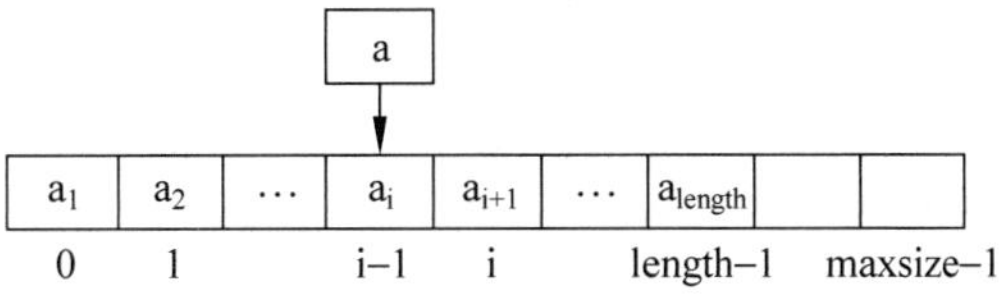 a a_1 a_2 … a_i a_{i+1} … a_{length} 0 1 i–1 i length–1 maxsize–1
2	将第 length 个至第 i 个存储位置(共 length−i+1 个数据元素依次后移后)，将新的数据元素置于 i 位置上 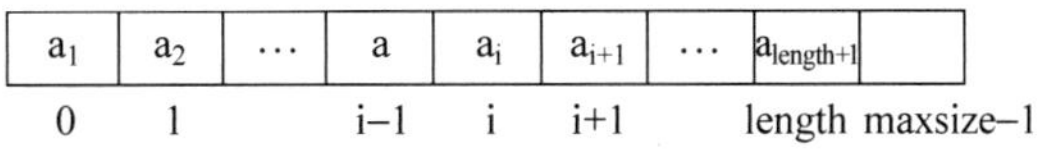 a_1 a_2 … a a_i a_{i+1} … $a_{length+1}$ 0 1 i–1 i i+1 length maxsize–1
3	使顺序表长度 length 加 1 a_1 a_2 … a a_i a_{i+1} … a_{length} 0 1 i–1 i i+1 length–1 maxsize–1 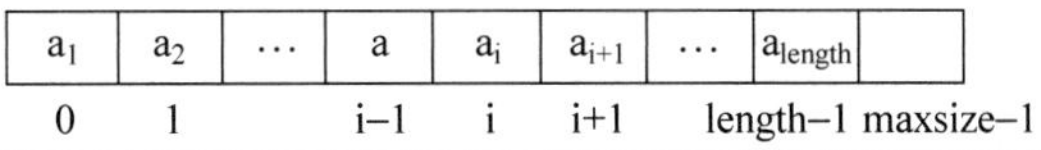

3. 删除操作：DeleteNode(int i)

假设顺序表中已有 length(1≤length≤maxsize)个数据元素，删除指定位置的数据元素。具体算法如下所示：

步骤	操　　作
1	如果列表为空，或者不符合 $1 \leqslant i \leqslant length$，则提示没有要删除的元素，否则转入步骤 2。 a_1 | a_2 | … | a_i | a_{i+1} | … | … | a_{length} | 0　1　i−1　i　length−1　maxsize−1
2	将第 i+1 到第 length(共 length−i)个数据元素依次前移 a_1 | a_2 | … | a_{i+1} | a_{i+2} | … | a_{length} | a_{length} | 0　1　i−1　i　length−2　length−1　maxsize−1
3	使顺序表的表长度 length 减 1 a_1 | a_2 | … | a_{i+1} | a_{i+2} | … | a_{length} | a_{length} | 0　1　i−1　i　length−1　maxsize

有关线性表的其他操作如取表元素、定位元素、求表长度、判断为空等操作在顺序表中的实现比较简单，实现细节参见下面的 C# 代码。

```
public class SeqList<T> : ILinarList<T>
    {
      private int maxsize;           //顺序表的最大容量
      private T[] data;              //数组，用于存储顺序表中的数据元素
      private int length;            //顺序表的实际长度
      //实际长度属性
      public int Length
      {
        get
        {
          return length;
        }
      }
      //最大容量属性
      public int Maxsize
      {
        get
        {
          return maxsize;
        }
        set
        {
          maxsize = value;
        }
      }
      //初始化线性表
      public SeqList(int size)
      {
        maxsize = size;
        data = new T[maxsize];
        length = 0;
```

```
}
//在顺序表的末尾追加数据元素
public void InsertNode(T a)
{
  if (IsFull())
  {
    Console.WriteLine("List is tull");
    return;
  }
  data[length] = a;
  length++;
}
//在顺序表的第 i 个数据元素的位置插入一个数据元素
public void InsertNode(T a,int i)
{
  if (IsFull())
  {
    Console.WriteLine("List is full");
    return;
  }
  if (i<1 || i>length + 1)
  {
    Console.WriteLine("Position is error!");
    return;
  }
  else
  {
    for (int j = length - 1; j >= i - 1; j -- )
    {
      data[j + 1] = data[j];
    }
    data[i - 1] = a;
  }
 length++;
}
//删除顺序表的第 i 个数据元素
public void  DeleteNode(int i)
{
 if (IsEmpty())
  {
    Console.WriteLine("List is empty");
    return;
  }
  if (i<1 || i>length)
  {
    Console.WriteLine("Position is error!");
    return;
  }
 for (int j = i; j <length; j++)
    {
      data[j - 1] = data[j];
```

```
        }
      length-- ;
    }
    //获得顺序表的第 i 个数据元素
    public T SearchNode(int i)
    {
      if (IsEmpty() || (i<1) || (i>length))
      {
        Console.WriteLine("List is empty or Position is error!");
        return default(T);
      }
      return data[i-1];
    }
    //在顺序表中查找值为 value 的数据元素
    public T SearchNode(T value)
    {
      if (IsEmpty())
      {
        Console.WriteLine("List is Empty!");
        return default(T);
      }
      int i = 0;
      for (i = 0; i <length; i++)
      {
        if (data[i].ToString().Contains(value.ToString ()))
        {
          break;
        }
      }
      if (i >= length)
      {
        return default(T);
      }
      return data[i];
    }
    //求顺序表的长度
    public int GetLength()
    {
      return length;
    }
    //清空顺序表
    public void Clear()
    {
      length = 0;
    }
    //判断顺序表是否为空
    public bool IsEmpty()
    {
      if (length == 0)
      {
        return true;
      }
      else
      {
```

```
            return false;
          }
        }
        //判断顺序表是否为满
        public bool IsFull()
        {
          if (length == maxsize)
          {
            return true;
          }
          else
          {
            return false;
          }
        }
//下面的大括号为类的结束符
}
```

2.2.3 顺序表在学生成绩表中的应用

(1) 定义学生成绩表中数据元素类型

```
class StuNode
  {
   private string stu_no;
   private string stu_name;
   private int stu_score;
   public string Stu_no
     {
       get{
       return stu_no;
       }
       set{
         stu_no = value;
       }
     }
     public string Stu_name
     {
       get
       {
         return stu_name;
       }
       set
       {
         stu_name = value;
       }
     }
     public int Stu_score
     {
       get
       {
```

```
        return stu_score;
      }
      set
      {
        stu_score = value;
      }
    }
  public StuNode(string stu_no,string stu_name,int stu_score)
    {
      this.stu_no = stu_no;
      this.stu_name = stu_name;
      this.stu_score = stu_score;
    }
  public override string ToString(){
    return stu_no + Stu_name;
  }
}
```

(2) 编写程序实现学生成绩管理系统中要求的各项功能

```
class SeqListApp
  {
    public static void Main()
    {
      ILinarList<StuNode> stuList = null;
      Console.Write("请选择存储结构的类型:1.顺序表 2.单链表 3.双链表 4.循环链表: ");
      char seleflag = Convert.ToChar(Console.ReadLine());
      switch (seleflag)
      {
        /*初始化顺序表*/
        case '1':
          Console.Write("请输入学生数:");
          int maxsize = Convert.ToInt32(Console.ReadLine());
          stuList = new SeqList<StuNode>(maxsize);
          break;
        /*① 初始化单链表,代码参见 2.3.3 节*/
        /*② 初始化双链表,代码参见 2.4.3 节*/
        /*③ 初始化循环表,代码参见 2.5.3 节*/
      }
      /*对学生成绩表进行操作*/
      while (true)
      {
        Console.WriteLine("请输入操作选项: ");
        Console.WriteLine("1.添加学生成绩");
        Console.WriteLine("2.删除学生成绩");
        Console.WriteLine("3.按姓名查询学生成绩");
        Console.WriteLine("4.按学号查询学生成绩");
        Console.WriteLine("5.按升序显示所有的学生成绩");
        Console.WriteLine("6.按降序显示所有的学生成绩");
        Console.WriteLine("7.退出");
        seleflag = Convert.ToChar(Console.ReadLine());
```

```
switch (seleflag)
{
  /* 添加学生成绩 */
  case '1':
    {
      char flag;
      do
      {
        string stu_no;
        string stu_name;
        int stu_score;
        Console.Write("请输入学号:");
        stu_no = Console.ReadLine();
        Console.Write("请输入姓名:");
        stu_name = Console.ReadLine();
        Console.Write("请输入学生成绩:");
        stu_score = Convert.ToInt32(Console.ReadLine());
        StuNode newNode = new StuNode(stu_no,stu_name,stu_score);
        if (stuList.GetLength () == 0)
        {
          stuList.InsertNode(newNode, 1);
        }
        else if (newNode.Stu_score>
          (stuList.SearchNode(stuList.GetLength()).Stu_score))
        {
          stuList.InsertNode(newNode, stuList.GetLength() + 1);
        }
       else
        {
          for (int i = 1; i <= stuList.GetLength (); i++)
          {
            if (newNode.Stu_score <= (stuList.SearchNode(i).Stu_score))
              {
              stuList.InsertNode(newNode,i);
                break;
              }
          }
        }
        Console.Write("还有学生成绩输入吗(Y/N):");
        flag = Convert.ToChar(Console.ReadLine());
      } while (flag == 'Y');
      break;
    }
   /* 按学号删除学生的成绩 */
   case '2':
     {
       StuNode temp;
       Console.Write("请输入要删除学生的学号:");
       string stu_no = Console.ReadLine();
       for (int i = 1; i <= stuList.GetLength (); i++)
       {
```

```
            temp = stuList.SearchNode(i);
            if (temp.Stu_no == stu_no)
            {
                stuList.DeleteNode(i);
                break;
            }
        }
        break;
    }
/*按姓名查询学生成绩*/
case '3':
    {
        StuNode temp;
        Console.Write("请输入要查询的学生姓名:");
        string stu_name = Console.ReadLine();
        for (int i = 1; i < = stuList.GetLength (); i++)
        {
            temp = stuList.SearchNode(i);
            if (temp.Stu_name == stu_name)
            {
                Console.WriteLine("{0}的成绩是:{1}",stu_name, temp.Stu_score);
                break;
            }
        }
        break;
    }
/*按学号查询学生成绩*/
case '4':
    {
        StuNode temp;
        Console.Write("请输入要查询的学生学号:");
        string stu_no = Console.ReadLine();
        for (int i = 1; i < = stuList.GetLength (); i++)
        {
            temp = stuList.SearchNode(i);
            if (temp.Stu_no == stu_no)
            {
                Console.WriteLine("学号为{0}的成绩是:{1}",stu_no, temp.Stu_score);
                break;
            }
        }
        break;
    }
/*按升序显示所有的学生的成绩*/
case '5':
    {
        StuNode temp = null;
        for (int i = 1; i < = stuList.GetLength (); i++)
        {
            temp = stuList.SearchNode(i);
            Console.WriteLine("t{0}\t{1}\t{2}",temp.Stu_no, temp.Stu_name,temp.Stu_score);
```

```
                }
                break;
            }
        /*按降序显示所有的学生的成绩*/
        case '6':
            {
                StuNode temp = null;
                for (int i = stuList.GetLength (); i >= 1; i-- )
                {
                    temp = stuList.SearchNode(i);
                    Console.WriteLine("t{0}\t{1}\t{2}",temp.Stu_no, temp.Stu_name,temp.Stu_score);
                }
                break;
            }
        /*退出应用程序*/
        case '7':
            {
                return;
            }
        }
        Console.Write("按任意键继续…");
        Console.ReadLine();
    }
  }
}
```

独立实践

［问题描述］

用顺序表中的 SearchNode(T value)算法完成查询操作。

［基本要求］

(1) 按姓名查询学生成绩。

(2) 按学号查询学生成绩。

2.3　用单链表解决线性表的编程问题

前面研究了线性表的顺序存储结构,它的特点是逻辑上相邻的两个元素在物理位置上也相邻,因此随机存取表中任一元素,它的存储位置可用一个简单、直观的公式来表示。然而,从另一方面来看,这个特点也铸成了这种存储结构的三个弱点:其一,在进行插入或删除操作时,需移动大量元素;其二,在给长度变化较大的线性表预先分配空间时,必须按最大空间分配,使存储空间不能得到充分利用;其三,表的容量难以扩充。为了解决这样的问题,本章讨论另一种存储结构——链式存储结构,这样存储的线性表叫链表(Linked List)。它不要求逻辑上相邻的元素在物理位置上也相邻,因此它没有顺序存储结构所具有的弱点。按照指针域的组织以及各个结点之间的联系形式,链表又可以分为单链表、双链表、循环链表等多种类型。

2.3.1 用单链表表示线性表

链表是用一组任意的存储单元来存储线性表中的数据元素(这组存储单元可以是连续的,也可以是不连续的)。那么,怎么表示两个数据元素逻辑上的相邻关系呢?即如何表示数据元素之间的线性关系呢?为此,在存储数据元素时,除了存储数据元素本身的信息外,还要存储与它相邻的数据元素的存储地址信息。这两部分信息组成该数据元素的存储映像(Image),称为结点(Node)。把存储数据元素本身信息的域称为结点的数据域(Data Domain),把存储与它相邻的数据元素的存储地址信息的域称为结点的引用域(Reference Domain)。线性表通过每个结点的引用域形成了一根"链条",这就是"链表"名称的由来。如果结点的引用域只存储该结点直接后继结点的存储地址,则该链表称为单链表(Singly Linked List)。把该引用域称为 next。单链表结点的结构如图 2.3 所示,图中 data 表示结点的数据域。

假设有一线性表{a1,a2,a3,a4,a5,a6},用单链表存储的内存示意图如图 2.4 所示,从图中可以看出,逻辑相邻的两元素如 a1,a2 的存储空间是不连续的,通过在 a1 的引用域存放 a2 的存储位置 2000:1060 表示了 a1 和 a2 的逻辑上的邻接。

data	next

图 2.3 单链表的结点结构

	数据域	引用域
2000:1000	头指针	2000:1030
2000:1010	a3	2000:1040
2000:1020	a6	NULL
2000:1030	a1	2000:1060
2000:1040	a4	2000:1050
2000:1050	a5	2000:1020
2000:1060	a2	2000:1010

图 2.4 单链表的内存示意图

图 2.5 为图 2.4 的带头结点单链表的结点示意图。

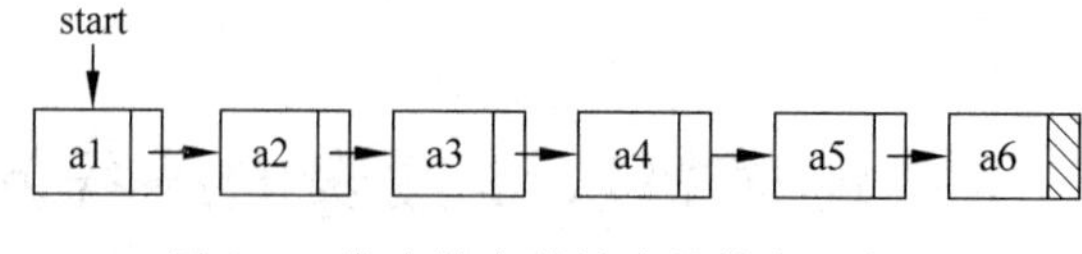

图 2.5 带头结点单链表的结点示意图

单链表是最简单的链表,其中每个结点指向列表中的下一个结点,最后一个结点不指向任何其他结点,它指向 NULL。这意味着指向 NULL 的结点代表列表结束。

单链表的结点用 C#语言描述为:

```
class SNode<T>
  {
     private T data; //数据域
     private SNode<T> next; //引用域
     public SNode(T val,SNode<T> p)
```

```
  {
    data = val;
    next = p;
  }
  public SNode(SNode<T> p)
  {
    next = p;
  }
 public SNode(T val)
  {
    data = val;
    next = null;
  }
  public SNode()
  {
    data = default(T);
    next = null;
  }
  //数据域属性
  public T Data
  {
    get
    {
      return data;
    }
    set
    {
      data = value;
    }
  }
  //引用域属性
  public SNode<T> Next
  {
    get
    {
      return next;
    }
    set
    {
      next = value;
    }
  }
}
```

2.3.2　对单链表进行操作

1. 初始化单链表

初始化单链表就是创建一个空的单链表，创建过程如下表所示：

步骤	操　　作
1	声明一个为结点类型的 start 变量,用来指向单链表的第一个结点
2	在单链表的构造函数中将 start 变量的值赋为 null

2. 插入操作:InsertNode(T a,int i)

在单链表中添加一个新的结点通常分为下面的三种情况:

1)在单链表开头插入一个新的结点

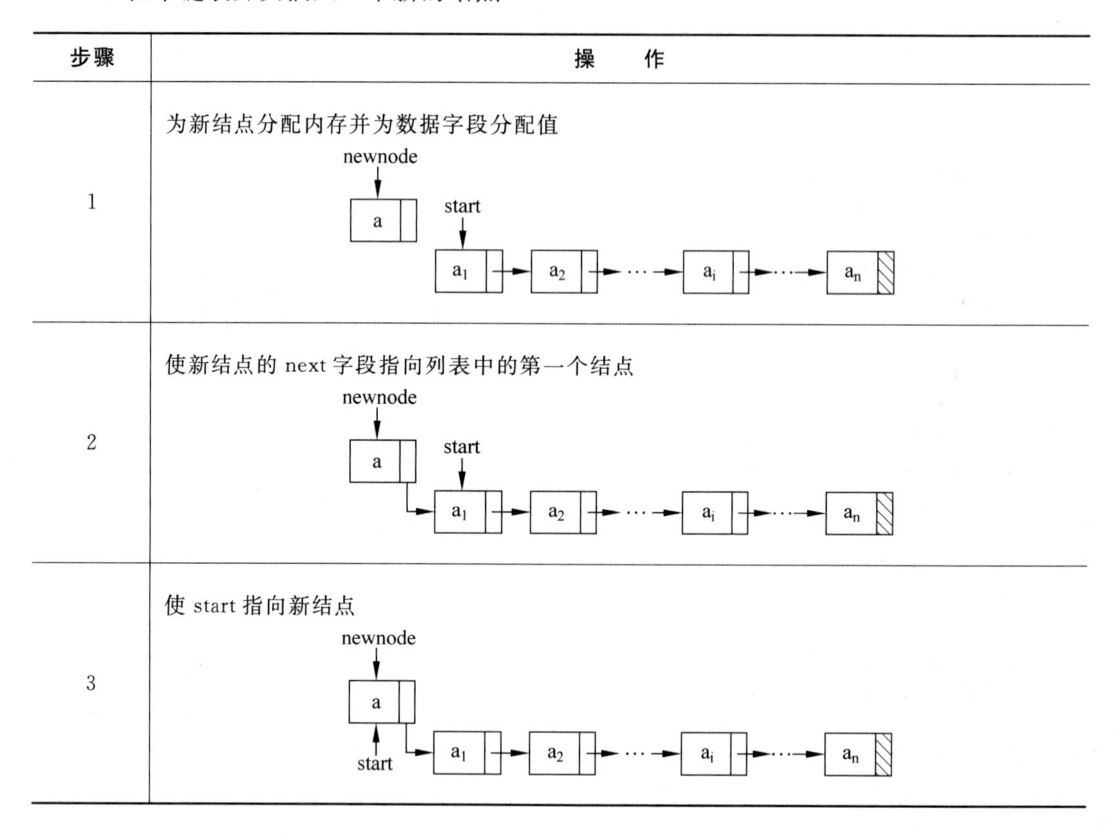

步骤	操　　作
1	为新结点分配内存并为数据字段分配值
2	使新结点的 next 字段指向列表中的第一个结点
3	使 start 指向新结点

2)在链接表的两个结点之间插入结点

步骤	操　　作
1	为新结点分配内存并为数据字段分配值 newnode: a start → a_1 → … → a_{i-1} → a_i → … → a_n

续表

步骤	操　　作
2	确定要在哪两个结点之间插入新结点。将它们标记为前一个结点 previous 和当前结点 current。找到前一个和当前结点，请执行以下步骤： a）使 previous 指向 null； b）使 current 指向第一个结点； c）如果新结点的序号大于当前结点的值，重复步骤 d）和步骤 e）。 d）使 previous 指向 current； e）使 current 指向序列中的下一个结点。
3	使新结点的 next 字段指向当前结点
4	使前一个结点的 next 字段指向新结点

3）在单链表末尾插入一个新的结点

在单链表的末尾插入结点是在链接表的两个结点之间插入结点的特殊情况，当 current 为 null 时，previous 指向最后一个结点时，即可将新结点插入到链接表的末尾。如果在某些情况下，非常明确就是要将结点插入到链接表的末尾，可执行下面的算法步骤。

步骤	操　　作
1	为新结点分配内存并为数据字段分配值

续表

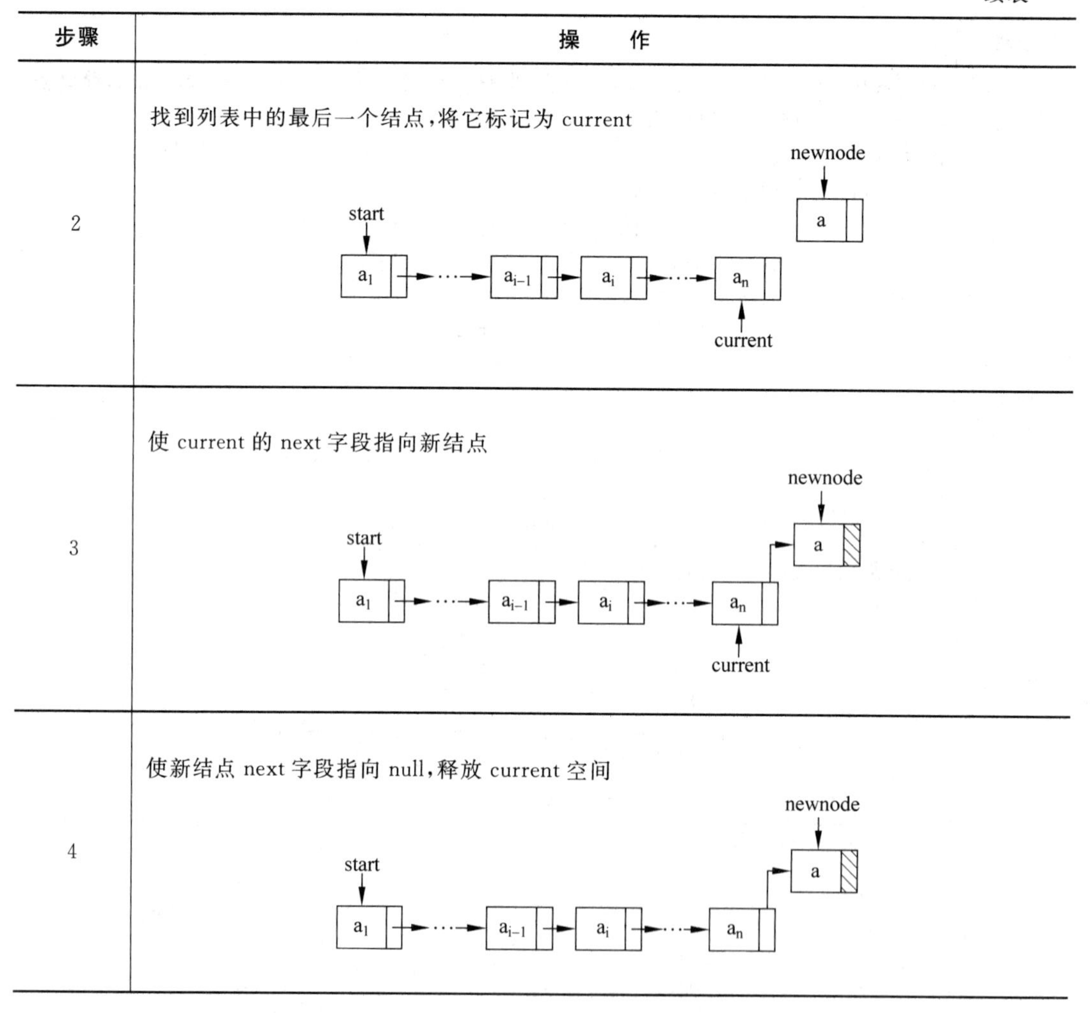

步骤	操　　作
2	找到列表中的最后一个结点,将它标记为 current
3	使 current 的 next 字段指向新结点
4	使新结点 next 字段指向 null,释放 current 空间

3. 删除操作：DeleteNode(int i)

从单链表中删除指定的结点,首先要判断列表是否为空。如果不为空的话,首先要搜索指定的结点,如果找到指定的结点则将其删除,否则给出没有找到相应结点的提示信息。当找到删除的结点后,在单链接表中删除指定的结点,通常分为下面的三种情况：

(1) 删除单链表的头结点

步骤	操　　作
1	将列表中的第一个结点标记为当前结点

续表

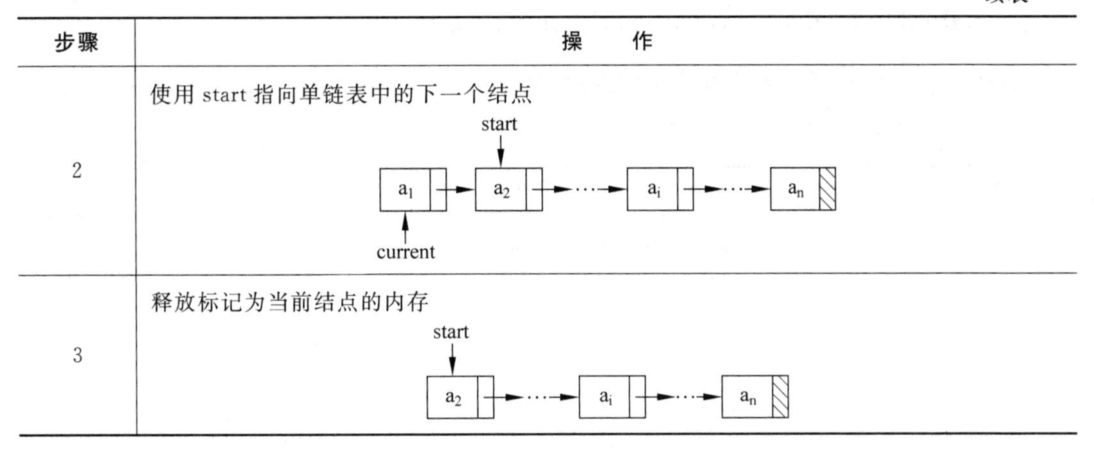

步骤	操　　作
2	使用 start 指向单链表中的下一个结点
3	释放标记为当前结点的内存

（2）删除单链表中两个结点之间的结点

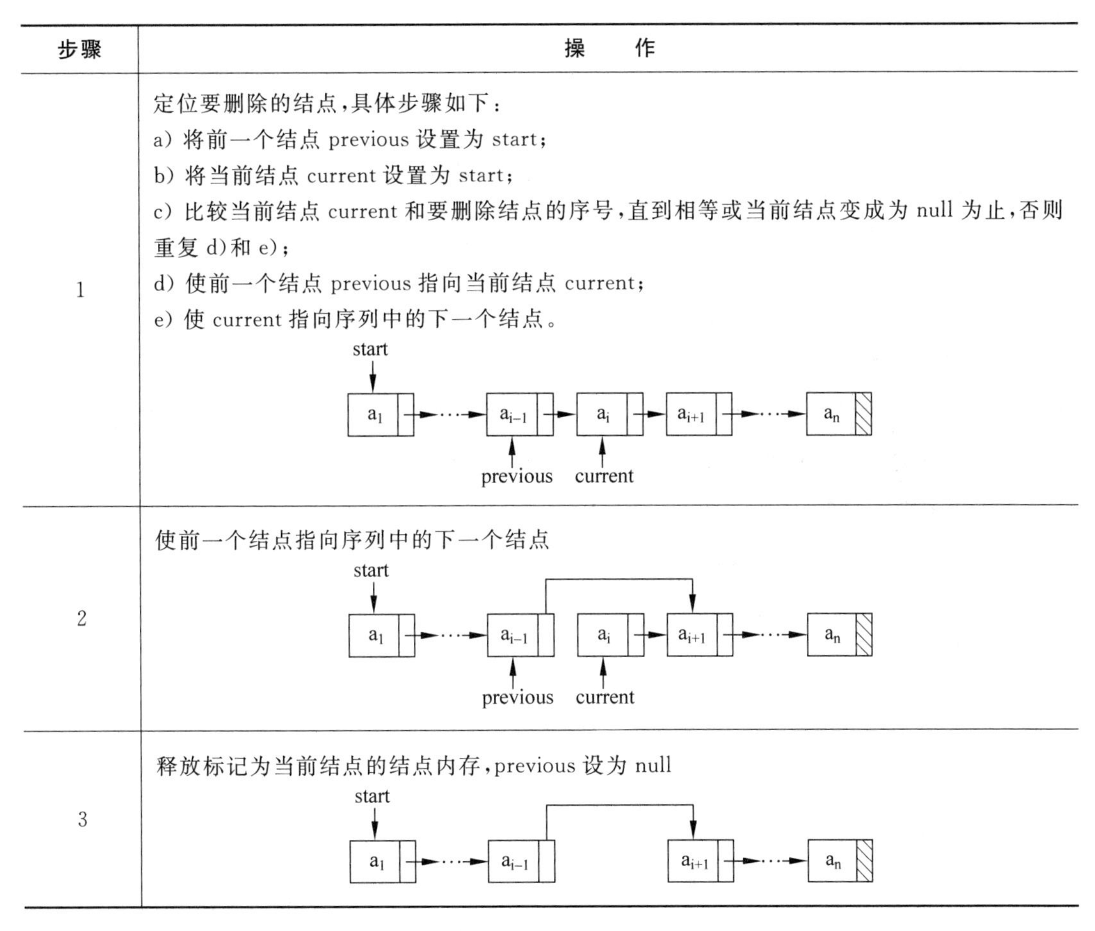

步骤	操　　作
1	定位要删除的结点，具体步骤如下： a）将前一个结点 previous 设置为 start； b）将当前结点 current 设置为 start； c）比较当前结点 current 和要删除结点的序号，直到相等或当前结点变成为 null 为止，否则重复 d）和 e）； d）使前一个结点 previous 指向当前结点 current； e）使 current 指向序列中的下一个结点。
2	使前一个结点指向序列中的下一个结点
3	释放标记为当前结点的结点内存，previous 设为 null

（3）删除单链表的尾结点

在上述删除单向链接列表中两个结点之间的结点的算法中，如果搜索操作后，当前结点 current 指向列表中最后一个结点，则说明要删除的结点是列表中最后一个结点。该算法也能删除单向链表达式末尾的结点。因此无需专门创建删除单向链接列表末尾结点的算法。

4. 取表元素：SearchNode(int i)和定位元素：SearchNode(T value)

取表元素和定位元素是指根据给定的序号或结点值，搜索对应该序号或值的结点。具体过程如下所示：

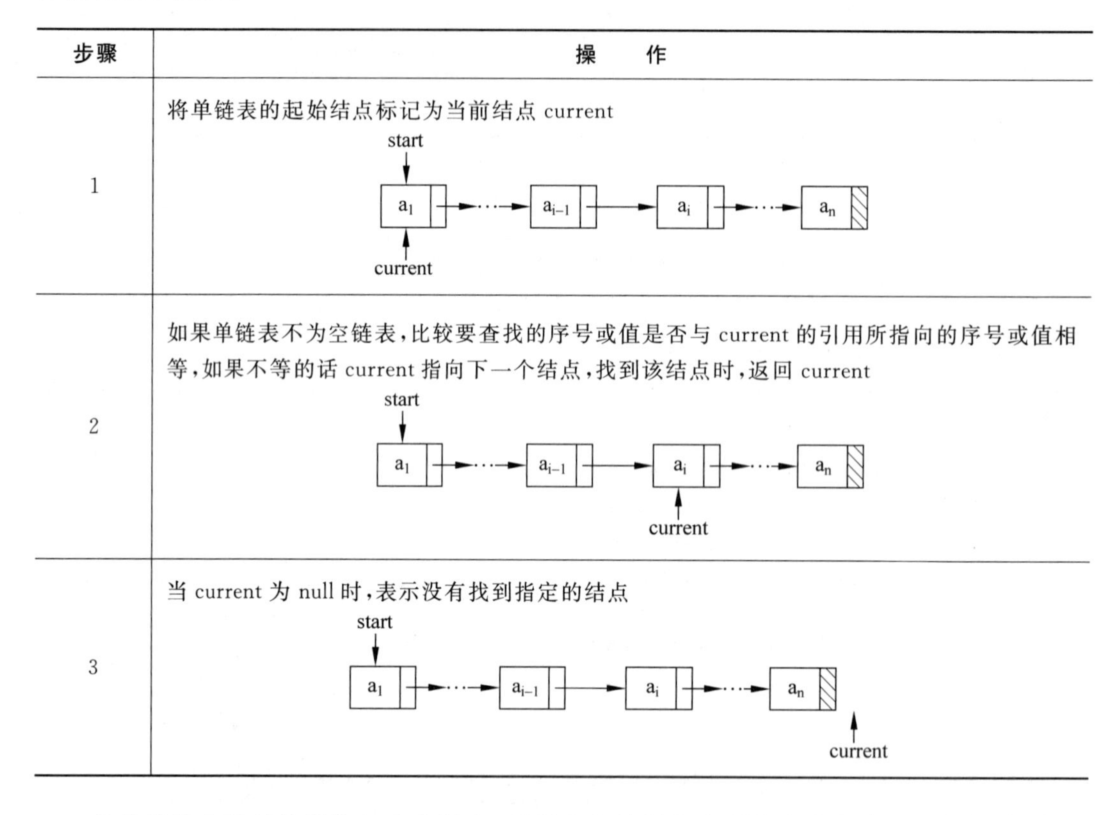

步骤	操　　作
1	将单链表的起始结点标记为当前结点 current
2	如果单链表不为空链表，比较要查找的序号或值是否与 current 的引用所指向的序号或值相等，如果不等的话 current 指向下一个结点，找到该结点时，返回 current
3	当 current 为 null 时，表示没有找到指定的结点

有关线性表的其他操作如求表长度、判断为空等操作在顺序表中的实现比较简单，参见下面的单链表 C#代码。

```
class SLinkList<T>: ILinarList<T>
  {
    private SNode<T> start;      //单链表的头引用
    int length;                  //单链表的长度
    //初始化单链表
    public SLinkList()
    {
      start = null;
    }
    //在单链表的末尾追加数据元素
    public void InsertNode(T a)
    {

      if (start == null)
      {
        start = new SNode<T> (a);
        length ++ ;
        return;
```

```
    }
    SNode<T> current = start;

    while (current.Next ! = null)
    {
      current = current.Next;
    }
    current.Next = new SNode<T> (a);
    length++;
  }
  //在单链表的第 i 个数据元素的位置前插入一个数据元素
  public void InsertNode(T a,int i)
  {
    SNode<T> current;
    SNode<T> previous;
    if (i<1||i>length + 1)
    {
      Console.WriteLine("Position is error!");
      return;
    }
    SNode<T> newnode = new SNode<T>(a);
    //在空链表或第一个元素前插入第一个元素
    if (i == 1)
    {
      newnode.Next = start;
      start = newnode;
      length++;
      return;
    }
    //单链表的两个元素间插入一个元素
    current = start;
    previous = null;
    int j = 1;
    while (current! = null && j < i)
    {
      previous = current;
      current = current.Next;
      j++;
    }
    if (j == i)
    {
      previous.Next = newnode;
      newnode.Next = current;
      length++;
    }
  }
  //删除单链表的第 i 个数据元素
  public void DeleteNode(int i)
  {
    if (IsEmpty() || i < 1)
    {
```

```
        Console.WriteLine("Link is empty or Position is error!");
    }
    SNode<T> current = start;
    if (i == 1)
    {
        start = current.Next;
        length--;
        return;
    }
    SNode<T> previous = null;
    int j = 1;
    while (current.Next != null && j < i)
    {
        previous = current;
        current = current.Next;
        j++;
    }
    if (j == i)
    {
        previous.Next = current.Next;
        current = null;
        length--;
    }
    else
    {
        Console.WriteLine("The ith node is not exist!");
    }
}
//获得单链表的第 i 个数据元素
public T SearchNode(int i)
{
    if (IsEmpty())
    {
        Console.WriteLine("List is empty!");
        return default(T);
    }
    SNode<T> current = start;
    int j = 1;
    while (current.Next != null && j < i)
    {
        current = current.Next;
        j++;
    }
    if (j == i)
    {
        return current.Data;
    }
    else
    {
        Console.WriteLine("The ith node is not exist!");
        return default(T);
```

```
        }
    }
    //在单链表中查找值为 value 的数据元素
    public T SearchNode(T value)
    {
        if (IsEmpty())
        {
            Console.WriteLine("List is Empty!");
            return default(T);
        }
        SNode<T> current = start;
        int i = 1;
        while (!current.Data.ToString().Contains(value.ToString()) && current! = null)
        {
            current = current.Next;
            i++;
        }
        if (current ! = null)
            return current.Data;
        else
            return default(T);
    }
    //求单链表的长度
    public int GetLength()
    {
        return length;
    }
    //清空单链表
    public void Clear()
    {
        start = null;
    }
    //判断单链表是否为空
    public bool IsEmpty()
    {
        if (start == null)
        {
            return true;
        }
        else
        {
            return false;
        }
    }
//下面的大括号为类结束符
}
```

2.3.3　单链表在学生成绩表中的应用

只要在 2.2.3 节中所列出代码的/ * ① 初始化单链表，代码参见 2.3.3 节 * /处添加将

stuList 实例化为类 SLinkList<T>的对象的代码，运行程序时，当选择存储结构类型时，输入 2，就可以用单链表对学生成绩表的进行操作了。参考代码如下：

```
case '2':
  stuList = new SLinkList<StuNode>();
  break;
```

独立实践

［问题描述］

将若干城市的信息，存入一个带头结点的单链表。结点中的城市信息包括：城市名，城市的位置坐标。要求能够利用城市名和位置坐标进行有关查找、插入、删除、更新等操作。

［基本要求］

(1) 能在单链表中插入、删除、更新城市信息。

(2) 给定一个城市名，返回其位置坐标。

(3) 给定一个位置坐标 P 和一个距离 D，返回所有与 P 的距离小于等于 D 的城市。

2.4 用双向链表解决线性表的编程问题

2.4.1 用双向链表表示线性表

前面介绍的单链表允许从一个结点直接访问它的后继结点，所以，找直接后继结点的时间复杂度是 O(1)。但是，要找某个结点的直接前驱结点，只能从表的头引用开始遍历各结点。如果某个结点的 Next 等于该结点，那么，这个结点就是该结点的直接前驱结点。也就是说，找直接前驱结点的时间复杂度是 O(n)，n 是单链表的长度。当然，也可以在结点的引用域中保存直接前驱结点的地址而不是直接后继结点的地址。这样，找直接前驱结点的时间复杂度只有 O(1)，但找直接后继结点的时间复杂度是 O(n)。如果希望找直接前驱结点和直接后继结点的时间复杂度都是 O(1)，那么，需要在结点中设两个引用域，一个保存直接前驱结点的地址，叫 prev，一个直接后继结点的地址，叫 next，这样的链表就是双向链表(Doubly Linked List)。双向链表的结点示意图如图 2.6 所示。

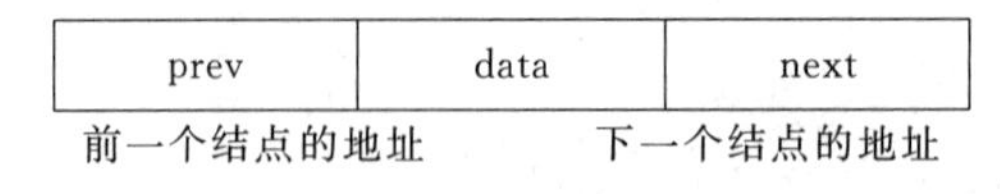

图 2.6 双向链表的结点示意图

双向链表结点的定义与单链表的结点的定义很相似，只是双向链表多了一个字段 prev。双向链表结点类的实现如下所示：

```
class DbNode<T>
  {
```

```
private T data;                //数据域
private DbNode<T> prev;        //前驱引用域
private DbNode<T> next;        //后继引用域
//构造器
public DbNode(T val,DbNode<T> p)
{
  data = val;
  next = p;
}
//构造器
public DbNode(DbNode<T> p)
{
  next = p;
}
//构造器
public DbNode(T val)
{
  data = val;
  next = null;
}
//构造器
public DbNode()
{
  data = default(T);
  next = null;
}
//数据域属性
public T Data
{
  get
  {
    return data;
  }
  set
  {
    data = value;
  }
}
//前驱引用域属性
public DbNode<T> Prev
{
  get
  {
    return prev;
  }
  set
  {
    prev = value;
  }
}
//后继引用域属性
```

```
        public DbNode<T> Next
        {
            get
            {
                return next;
            }
            set
            {
                next = value;
            }
        }
    }
```

2.4.2 对双向链表进行操作

在双向链表中，有些操作(如求长度、取元素、定位等)的算法中仅涉及后继指针，此时双向链表的算法和单链表的算法均相同。但对前插、删除操作，双向链表需同时修改后继和前驱两个指针，相比单链表要复杂一些。

1. 初始化双向链表

初始化双向链表就是创建一个空的双向链表，创建过程如下表所示：

步骤	操　　作
1	声明一个为结点类型的 start 变量
2	在构造函数中，将 start 变量的值赋为 null

2. 插入操作：InsertNode(T a,int i)

插入操作是将一个新的结点添加到一个现有的或新的列表中。具体实现过程如下：

步骤	操　　作
1	为新结点分配内存，为新结点的数据字段赋值 newnode a
2	如果列表是空的，则执行以下步骤在列表中插入结点： a) 使新结点的 next 字段指向 null； b) 使新结点的 prev 字段指向 null； c) 使 start 指向该新结点。 newnode a start

续表

步骤	操　　作
3	如果将结点插入到列表的开头，执行以下步骤： a）使新结点的 next 字段指向列表中的第一个结点； b）使 start 的 prev 字段指定该新结点； c）使新结点的 prev 字段指向 null； d）使 start 指定该新结点。
4	将新结点插入到现有的两个结点之间，执行以下步骤： a）使新结点的 next 指向当前结点 newnode start a a_1　a_2　…　a_{i-1}　a_i　…　a_n previous　current b）使新结点的 prev 指向前一个结点 newnode start a a_1　a_2　…　a_{i-1}　a_i　…　a_n previous　current c）使当前结点的 prev 指向新结点 newnode start a a_1　a_2　…　a_{i-1}　a_i　…　a_n previous　current d）使前一个结点的 next 指向新结点 newnode start a a_1　a_2　…　a_{i-1}　a_i　…　a_n previous　current
5	将新结点插入到列表的末尾，当移动 current 指针到最后一个结点时，执行下面的步骤： a）使当前结点的 next 指定新结点； b）使新结点的 prev 指向当前结点； c）使新结点的 next 为 null。

3. 删除操作：DeleteNode(int i)

在双向链表中删除一个结点的具体算法如下：

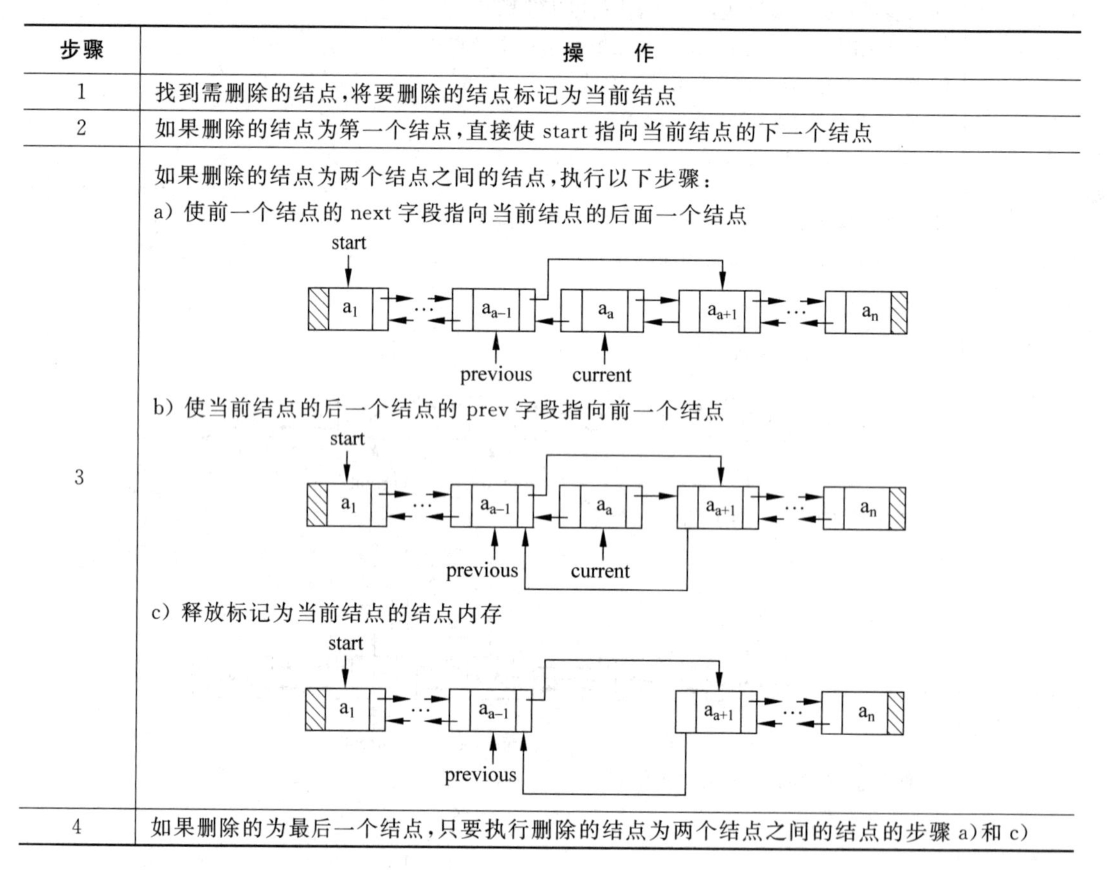

步骤	操　　作
1	找到需删除的结点，将要删除的结点标记为当前结点
2	如果删除的结点为第一个结点，直接使 start 指向当前结点的下一个结点
3	如果删除的结点为两个结点之间的结点，执行以下步骤： a）使前一个结点的 next 字段指向当前结点的后面一个结点 b）使当前结点的后一个结点的 prev 字段指向前一个结点 c）释放标记为当前结点的结点内存
4	如果删除的为最后一个结点，只要执行删除的结点为两个结点之间的结点的步骤 a)和 c)

4. 遍历双向链表的所有结点

双向链表使你能够以正向和反向遍历列表。以正向遍历列表的算法是：

步骤	操　　作
1	将列表中的第一个结点标记为 current
2	如果 current 为 null 遍历终止，否则重复步骤 3 和步骤 4
3	显示标记为 current 的结点信息
4	使 current 指向下一个结点

反向遍历双向链表的算法是：

步骤	操　　作
1	将列表中的最后一个结点标记为 current
2	如果 current 为 null 遍历终止，否则重复步骤 3 和步骤 4
3	显示标记为 current 的结点信息
4	使 current 指向前一个结点

有关线性表的其他操作如求表长度、判断为空等操作在双向链表中的实现与顺序表一样，参见下面的双向链表C#代码。

```
class DLinkList<T>: ILinarList<T>
{
  private DbNode<T> start;          //双向链表的头引用
  private int length;               //双链表的长度
  //初始化双向链表
  public DLinkList()
  {
    start = null;
  }
  //在双向链表的末尾追加数据元素
  public void InsertNode(T a)
  {

    DbNode<T> newnode = new DbNode<T>(a);
    if (IsEmpty ())
    {
      start = newnode;
      length++;
      return;
    }
    DbNode<T> current = start;

    while (current.Next != null)
    {
      current = current.Next;
    }
    current.Next = newnode;
    newnode.Prev = current;
    newnode.Next = null;
    length++;
  }
  //在双向链表的第i个数据元素的位置前插入一个数据元素
  public void InsertNode(T a,int i)
  {

    DbNode<T> current;
    DbNode<T> previous;
    if (i<1)
    {
      Console.WriteLine("Position is error!");
      return;
    }
    DbNode<T> newnode = new DbNode<T>(a);
    //在空链表或第一个元素前插入第一个元素
    if (i == 1)
    {
      newnode.Next = start;
```

```
            start = newnode;
            length++;
            return;
        }
        //双向链表的两个元素间插入一个元素
        current = start;
        previous = null;
        int j = 1;
        while (current! = null && j < i)
        {
            previous = current;
            current = current.Next;
            j++;
        }
        if (j == i)
        {
            newnode.Next = current;
            newnode.Prev = previous;
            if(current! = null)
            current.Prev = newnode;
            previous.Next = newnode;
            length++;
        }
    }
    //删除双向链表的第 i 个数据元素
    public void DeleteNode(int i)
    {
        if (IsEmpty() || i < 1)
        {
            Console.WriteLine("Link is empty or Position is error!");
        }
        DbNode<T> current = start;
        if (i == 1)
        {
            start = current.Next;
            length--;
            return;
        }
        DbNode<T> previous = null;
        int j = 1;
        while (current.Next ! = null && j < i)
        {
            previous = current;
            current = current.Next;
            j++;
        }
        if (j == i)
        {
            previous.Next = current.Next;
             if(current.Next ! = null)
               current.Next.Prev = previous;
```

```
      previous = null;
      current = null;
      length-- ;
    }
    else
    {
      Console.WriteLine("The ith node is not exist!");
    }
  }
  //获得双向链表的第 i 个数据元素
  public T SearchNode(int i)
  {
    if (IsEmpty())
    {
      Console.WriteLine("List is empty!");
      return default(T);
    }
    DbNode<T> current = start;
    int j = 1;
    while (current.Next != null && j < i)
    {
      current   = current.Next;
      j++;
    }
    if (j == i)
    {
      return current.Data;
    }
    else
    {
      Console.WriteLine("The ith node is not exist!");
      return default(T);
    }
  }
  //在双向链表中查找值为 value 的数据元素
  public T SearchNode(T value)
  {
    if (IsEmpty())
    {
      Console.WriteLine("List is Empty!");
      return default(T);
    }
    DbNode<T> current = start;
    int i = 1;
    while (!current.Data.ToString().Contains(value.ToString()) && current != null)
    {
      current = current.Next;
      i++;
    }
    if (current != null)
      return current.Data;
```

```
        else
          return default(T);
      }
      //求双向链表的长度
      public int GetLength()
      {
        return length;
      }
      //清空双向链表
      public void Clear()
      {
        start = null;
      }
      //判断双向链表是否为空
      public bool IsEmpty()
      {
        if (start == null)
        {
          return true;
        }
        else
        {
          return false;
        }
      }
    //下面的大括号为类的结束符
    }
```

2.4.3 双向链表在学生成绩表中的应用

只要在 2.2.3 节中所列出代码的/ * ② 初始化双链表,代码参见 2.4.3 节 * /处添加将 stuList 实例化为类 DbLinkList<T>的对象的代码,运行程序时,当选择存储结构类型时,输入 4,就可以用单链表对学生成绩表的进行操作了。参考代码如下:

```
case '3':
  stuList = new DbLinkList<StuNode>();
  break;
```

双向链表的前驱指针在学生成绩表的应用中,并没有发挥作用,同学们通过下面的独立实践来体会双向链表在解决一些问题上的优势。

独立实践

[问题描述]

设计一个带头结点的双向链表 L,用来存放网上流行的游戏信息,每个结点有 4 个数据成员:指向前驱结点的 prior、指向后继结点的指针 next、存放数据的成员 data 和访问的频度 freq。所有结点的 freq 初始时都为 0。每当在链表中进行一次定位操作 Locate(L,x)操作时，令元素值为x的结点的访问频度freq加1，并将该结点前移，使得链表中的所有结点保持按访问频度递减的顺序排列，以使频繁访问的结点总是靠近表的前面。

［**基本要求**］

（1）准备一组网上流行的游戏的名称信息。

（2）按照要求创建存放游戏名称信息的双向链表。

（3）根据输入的游戏名称信息进行查询，并时时以降序和升序方式输出游戏访问的排行榜。

2.5　用循环链表解决线性表的编程问题

2.5.1　用循环链表表示线性表

循环单链表是单链表的另一种形式，不同的是循环单链表中最后一个结点的指针不再是空的，而是指向头结点，整个链表形成一个环，这样从表中任一结点出发都可找到表中其他结点。图2.7为带头结点的循环单链表示意图。

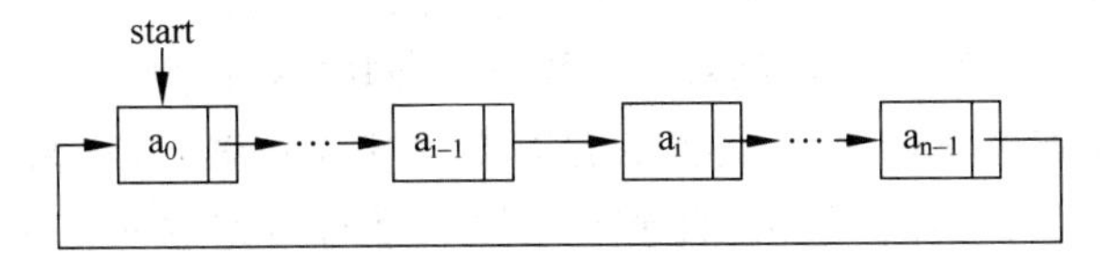

图2.7　带头指针的循环单链表示意图

对循环单链表来说，有的时候指针改为尾指针会使操作更简单，图2.8是带尾指针的循环单链表示意图。

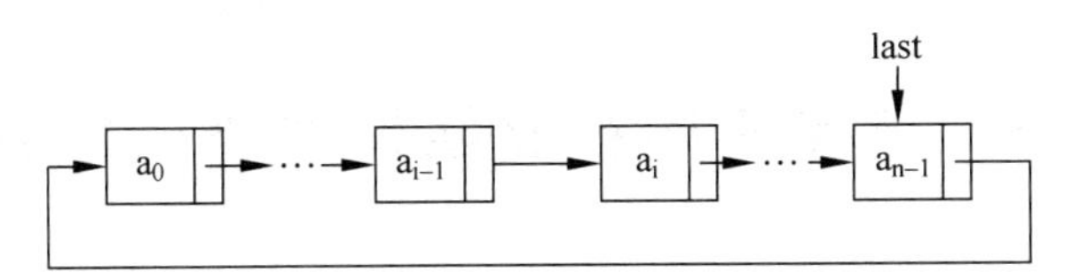

图2.8　带尾指针的循环单链表示意图

从上面的示意图中可以看出：用循环链表表示线性表的逻辑关系与单链表的表示方法一样，不同的是最后一个元素的next的值不能为null，而是存储的链表中的第一个元素的地址。

2.5.2　对循环链表进行操作

带头结点的循环单链表的操作实现算法和带头结点的单链表的实现算法类同，只是判断链表结束的条件并不是判断结点的引用域是否为空，而是判断结点的引用域是否为头引用，其他没有较大的变化，所以，这里不再一一详述了。同学们可以作为习题把循环链表整个类CLinkList<T>的实现写出来。

2.5.3 循环链表在学生成绩表中的应用

只要在 2.2.3 节中所列出代码的/＊③ 初始化循环表,代码参见 2.5.3 节＊/处添加将 stuList 实例化为类 CLinkList<T>的对象的代码,运行程序时,当选择存储结构类型时,输入 4,就可以用单链表对学生成绩表的进行操作了。参考代码如下：

```
case '4':
  stuList = new CLinkList<StuNode>();
  break;
```

独立实践

[**问题描述**]

对某电文(字符串)进行加密,形成密码文(字符串)。假设原文为 $C_1C_2C_3\cdots C_n$,加密后产生的密文为 $S_1S_2S_3\cdots S_n$。首先读入一个正整数 key(key>1)作为加密钥匙,并将密文字符位置按顺时针方向连成一个环。加密时从 S_1 位置起顺时针方向计数,当数到第 key 个字符位置时,将原文中的字符 C_1 放入该密文字符位置,同时从环中除去该字符位置。接着,从环中下一个字符位置起继续计数,当再次数到第 K 个字符位置时,将原文中的 C_2 放入其中并从环中除去该字符位置,依此类推,直至 n 个原文字符全部放入密文环中。由此产生的 $S_1S_2S_3\cdots S_n$ 即为原文的密文。

[**基本要求**]

(1) 动态输入原文的内容。

(2) 动态输入 key 的值,对于每一个 key,在屏幕上产生原文内容及密文内容。

2.6 度量不同存储结构的算法效率

到现在为止,已经分别用顺序表、单链表、双向链表和循环链表实现了学生成绩表编程问题,但在实际的开发中,只要选择一种解决方案就可以了。为了以高效的方式解决问题,需要选择提供最大效率的算法和数据结构的组合。

为了比较同一算法在不同存储结构的执行效率,本教材将以算法中的基本操作重复执行的频度作为度量的标准,并选择主要耗费时间的操作进行分析。求表长度 GetLength()、清空操作 Clear()、判断线性表是否为空 IsEmpty()都是非常简单的算法,对于 4 种类型的存储结构来说,时间复杂度都为 O(1)。

2.6.1 分析顺序表的算法效率

1. 插入操作：InsertNode(T a,int i)

当在顺序表中的某个位置上插入一个数据元素时,其时间主要耗费在移动元素上,而移动元素的个数取决于插入元素的位置。假设 p_i 是在第 i 个元素之前插入一个元素的概率，则在长度为 n 的顺序表中插入一个元素所需移动元素的平均次数为：

$$E = \sum_{i=1}^{n+1} p_i(n-i+1)$$

假设在顺序表的任何位置上插入元素的概率是相等的，即

$$P_i = \frac{1}{n+1}$$

则有

$$E = \frac{1}{n+1}\sum_{i=1}^{n+1}(n-i+1) = \frac{n}{2}$$

因此在顺序表中算法 InsertNode(T a, int i)的时间复杂度为 O(n)。

2. 删除操作：DeleteNode(int i)

当在顺序表中的某个位置上删除一个数据元素时，其时间主要耗费在移动元素上，而移动元素的个数取决于删除元素的位置。假设 p_i 是删除第 i 个元素的概率，则在长度为 n 的顺序表中删除一个元素所需移动元素的平均次数为：

$$E = \sum_{i=1}^{n} p_i(n-i)$$

假设在顺序表的任何位置上删除元素的概率是相等的，即

$$P_i = \frac{1}{n}$$

则有

$$E = \frac{1}{n}\sum_{i=1}^{n+1}(n-i) = \frac{n-1}{2}$$

因此在顺序表中算法 DeleteNode(int i)的时间复杂度也是 O(n)。

3. 取表元素：SearchNode(int i)

在取表元素中，主要是对一个给定的 i，进行 2 次比较，判定其是否是 $1 \leqslant i \leqslant length$ 范围内，所以时间复杂度为 O(1)。

4. 定位元素：SearchNode(T value)

顺序表中的按值查找的主要运算是比较，比较的次数与给定值在表中的位置和表长有关。当给定值与第一个数据元素相等时，比较次数为 1；而当给定值与最后一个元素相等时，比较次数为 n。假设 p_i 是比较 i 次的概率，则在长度为 n 的顺序表中定位一个元素的平均次数为：

$$E = \sum_{i=1}^{n} p_i(i)$$

假设在顺序表的任何位置上定位元素的概率是相等的，即

$$P_i = \frac{1}{n}$$

则有

$$E = \frac{1}{n}\sum_{i=1}^{n} i = \frac{n+1}{2}$$

因此在顺序表中算法 SearchNode(T value)的时间复杂度为 O(n)。

2.6.2 分析单链表的算法效率

1. 插入操作：InsertNode(T a, int i)

在单链表的第 i 个位置插入结点的时间主要消耗在查找操作上。单链表的查找需要从头引用开始，一个结点一个结点遍历。遍历的最少次数为 1 次，当 i 等于 1，最多为 n+1，当在链表的末尾插入元素时。则在长度为 n 的单链表中插入一个元素时需遍历结点的平均次数为：

$$E = \frac{1}{n+1}\sum_{i=1}^{n+1} i = \frac{n+2}{2}$$

因此在单链表中算法 InsertNode(T a, int i)的时间复杂度为 O(n)。

2. 删除操作：DeleteNode(int i)

当在单链表中的某个位置上删除一个数据元素时，其时间主要也是消耗在查找操作上，遍历的最少次数为 1 次，当 i 等于 1，最多为 n，当要删除的元素在最后一个位置时。则在长度为 n 的单链表中删除一个元素需要遍历元素的平均次数为：

$$E = \frac{1}{n}\sum_{i=1}^{n} i = \frac{n+1}{2}$$

因此在单链表中算法 DeleteNode(int i)的时间复杂度也是 O(n)。

3. 取表元素：SearchNode(int i)

单链表中的按序号查找的主要是遍历操作，遍历的次数与给定的序号和表长有关。当给定值为 1 时，遍历次数为 1；当给序号为 n 时，遍历次数为 n。所以，平均遍历次数为(n+1)/2，时间复杂度为 O(n)。

4. 定位元素：SearchNode(T value)

单链表中的按值查找的主要运算是比较，比较的次数与给定值在表中的位置和表长有关。当给定值与第一个结点的值相等时，比较次数为 1；当给定值与最后一个结点的值相等时，比较次数为 n。所以，平均比较次数为(n+1)/2，时间复杂度为 O(n)。

从上面的分析可以看出，由于顺序表中的存储单元是连续的，所以查找比较方便，效率很高，但插入和删除数据元素都需要移动大量的数据元素，所以效率很低。而链表由于其存储空间不要求是连续的，所以插入和删除数据元素的效率很高，但查找需要从头引用开始遍历链表，所以效率很低。因此，线性表采用何种存储结构取决于实际问题，如果只是进行查找等操作而不经常插入和删除线性表中的数据元素，则线性表采用顺序存储结构；反之，采用链式存储结构。

下表给出了学生成绩表使用顺序存储和单链表存储时时间复杂度的详细分析。

序号	功 能 号	使 用 算 法	使用 平均次数	顺序表 时间复杂度	单链表 时间复杂度
1	添加学生成绩	SearchNode(int i) InsertNode(T a,int i)	$\frac{n+1}{2}$ 1	$O(n^2)$	$O(n^2)$
2	删除学生成绩	SearchNode(i) DeleteNode(int i)	$\frac{n+1}{2}$ 1	$O(n^2)$	$O(n^2)$
3	按姓名查询学生成绩	SearchNode(i)	$\frac{n+1}{2}$	$O(n)$	$O(n^2)$
4	按学号查询学生成绩	SearchNode(i)	$\frac{n+1}{2}$	$O(n)$	$O(n^2)$
5	按升序显示所有的学生成绩	SearchNode(i)	n	$O(n)$	$O(n^2)$
6	按降序显示所有的学生成绩	SearchNode(i)	n	$O(n)$	$O(n^2)$

从表中可以看出对学生成绩表的很多操作是通过查询来完成的，在这种情况下使用顺序存储结构比使用链式存储结构更合适。

另外双向链表和循环链表在解决学生成绩表的编程时，同单链表相比，并没有体现什么优势，请同学们通过独立实践来体会双向链表和循环链表的应用场合。

本 章 小 结

- 单链接表中，每个结点包含结点的信息和链表中下一个结点的地址。
- 单链接表只可以按一个方向遍历。
- 通过将列表中最后一个结点指回到列表中的第一个结点，可以将单链接表变成循环链接列表。
- 链接表中删除和插入操作比数组快，但是，元素的访问速度比数组要慢。
- 在双链接表中，每个结点需要存储结点的信息、下一个结点的地址、前一个结点的地址。
- 双链接表能够以正向和逆向遍历整个列表。

综 合 练 习

一、选择题

1. 线性表是(　　)。

A. 一个有限序列，可以为空　　B. 一个有限序列，不能为空

C. 一个无限序列，可以为空　　D. 一个无序序列，不能为空

2. 用链表表示线性表的优点是(　　)。

A. 便于随机存取　　B. 花费的存储空间较顺序存储少

C. 便于插入和删除　　D. 数据元素的物理顺序与逻辑顺序相同

3. 对顺序存储的线性表,设其长度为 n,在任何位置上插入或删除操作都是等概率的。插入一个元素时平均要移动表中的(　　)个元素。

A. n/2　　B. (n+1)/2　　C. (n−1)/2　　D. n

4. 循环链表的主要优点是(　　)。

A. 不再需要头指针了

B. 已知某个结点的位置后,能够容易找到它的直接前趋

C. 在进行插入、删除运算时,能更好地保证链表不断开

D. 从表中的任意结点出发都能扫描到整个链表

5. 若某线性表中最常用的操作是在最后一个元素之后插入一个元素和删除第一个元素,则采用(　　)存储方式最节省运算时间。

A. 单链表　　B. 仅有头指针的单循环链表

C. 双链表　　D. 仅有尾指针的单循环链表

6. 给定有 n 个结点的向量,建立一个有序单链表的时间复杂度是(　　)。

A. O(1)　　B. O(n)　　C. $O(n^2)$　　D. $O(n\log_2 n)$

二、问答题

1. 比较链表与数组的优缺点。

2. 比较循环链表和单链表的优缺点。

三、编程题

1. 分别以不同存储结构实现线性表的就地逆置。线性表的就地逆置就是在原表的存储空间内将线性表$(a_1,a_2,a_3,\cdots,a_n)$逆置为$(a_n,a_{n-1},\cdots,a_2,a_1)$。

2. 图 2.9 为约瑟夫(Joseph)环问题的示意图,在图中可以将持有卡片的人抽象成结点,每个结点的数据由各人编号及这个人所持的密码 $m_i(1\leqslant i\leqslant n)$两部分组成,由 n 个结点构成了约瑟夫(Joseph)环。对于整个环来说,只有一个开始结点 1 号结点和一个终端结点 n 号结点,其他的结点则各有一个也只有一个直接前趋和直接后继。所以约瑟夫(Joseph)环问题的逻辑结构为线性结构。

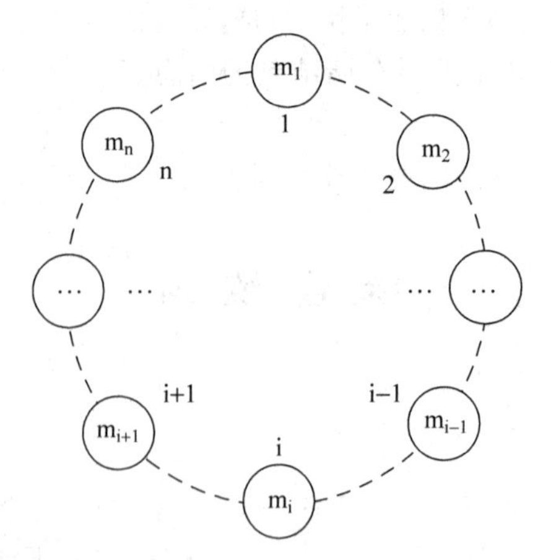

图 2.9　约瑟夫(Joseph)环

第 3 章

解决堆栈的编程问题

学习情境：用堆栈解决火车车厢重排问题的编程

［问题描述］

一列货运列车共有 n 节车厢，每节车厢将停放在不同的车站。假定 n 个车站的编号分别为 1～n，货运列车按照第 n 站至第 1 站的次序经过这些车站。车厢的编号与它们的目的地相同。为了便于从列车上卸掉相应的车厢，必须重新排列车厢，使各车厢从前至后按编号 1～n 的次序排列。当所有的车厢都按照这种次序排列时，在每个车站只需卸掉最后一节车厢即可。我们在一个转轨站里完成车厢的重排工作，在转轨站中有一个入轨、一个出轨和 k 个缓冲铁轨（位于入轨和出轨之间）。图 3.1(a)给出了一个转轨站，其中有 k=3 个缓冲铁轨 H1，H2 和 H3。开始时，n 节车厢的货车从入轨处进入转轨站，转轨结束时各车厢从右到左按照编号 1 至编号 n 的次序离开转轨站（通过出轨处）。在图 3.1(a)中，n=9，车厢从后至前的初始次序为 5，8，1，7，4，2，9，6，3。图 3.1(b)给出了按所要求的次序重新排列后的结果。

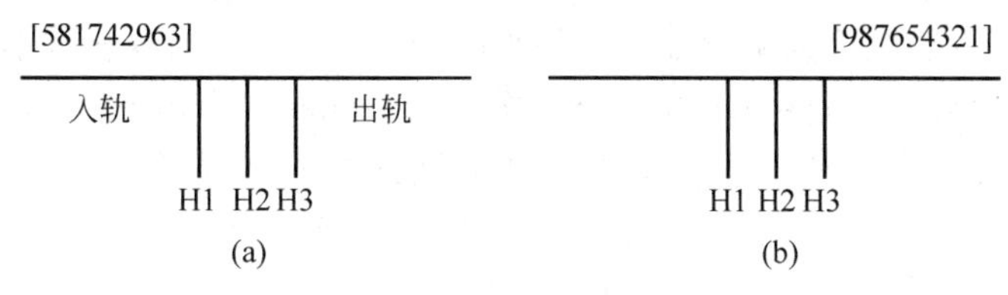

图 3.1　具有三个缓冲铁轨的转轨站

根据上面的描述，编写程序实现下面的功能：

- 编写一算法实现火车车厢的重排。
- 编写程序模拟图 3.1 所示的具有 9 节车厢的火车入轨和出轨的过程。
- 程序主界面设计如图 3.2 所示。

```
Move Car 3 from input to holding track 1
Move Car 6 from input to holding track 2
Move Car 9 from input to holding track 3
Move Car 2 from input to holding track 1
Move Car 4 from input to holding track 2
Move Car 7 from input to holding track 3
Move Car 1 from input to output
Move Car 2 from holding track 1 to output
Move Car 3 from holding track 1 to output
Move Car 4 from holding track 2 to output
Move Car 8 from input to holding track 1
Move Car 5 from input to output
Move Car 6 from holding track 2 to output
Move Car 7 from holding track 3 to output
Move Car 8 from holding track 1 to output
Move Car 9 from holding track 3 to output
```

图 3.2　火车车厢重排程序主界面设计图

3.1 认识堆栈

现在分析图 3.1,为了重排车厢,需从前至后依次检查入轨上的所有车厢。如果正在检查的车厢就是下一个满足排列要求的车厢,可以直接把它放到出轨上去。如果不是,则把它移动到缓冲铁轨上,直到按输出次序要求轮到它时才将它放到出轨上。**缓冲铁轨上车厢的进和出只能在缓冲铁轨的尾部进行的**。在重排车厢过程中,仅允许以下移动:

- 车厢可以从入轨移动到一个缓冲铁轨的尾部或进入出轨接在重排的列车后。
- 车厢可以从一个缓冲铁轨的尾部移动到出轨接在重排的列车后。

考察图 3.1(a)。3 号车厢在入轨的前部,但由于它必须位于 1 号和 2 号车厢的后面,因此不能立即输出 3 号车厢,可把 3 号车厢送入缓冲铁轨 H1。下一节车厢是 6 号车厢,也必须送入缓冲铁轨。如果把 6 号车厢送入 H1,那么重排过程将无法完成,因为 3 号车厢位于 6 号车厢的后面,而按照重排的要求,3 号车厢必须在 6 号车厢之前输出。因此可把 6 号车厢送入 H2。下一节车厢是 9 号车厢,被送入 H3,因为如果把它送入 H1 或 H2,重排过程也将无法完成。请注意:当缓冲铁轨上的车厢编号不是按照从顶到底的递增次序排列时,重排任务将无法完成。至此,缓冲铁轨的当前状态如图 3.3(a)所示。

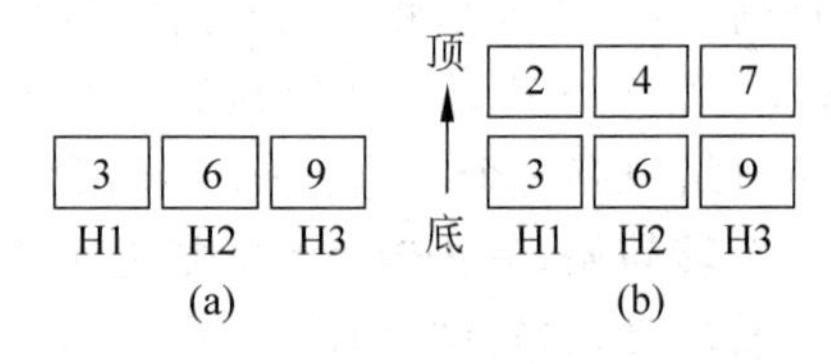

图 3.3 缓冲铁轨中间状态

接下来处理 2 号车厢,它可以被送入任一个缓冲铁轨,因为它能满足缓冲铁轨上车厢编号必须递增排列的要求,不过,应优先把 2 号车厢送入 H1,因为如果把它送入 H3,将没有空间来移动 7 号车厢和 8 号车厢。如果把 2 号车厢送入 H2,那么接下来的 4 号车厢必须被送入 H3,这样将无法移动后面的 5 号、7 号和 8 号车厢。新的车厢 u 应送入这样的缓冲铁轨:其底部的车厢编号 v 满足 v>u,且 v 是所有满足这种条件的缓冲铁轨顶部车厢编号中最小的一个编号。只有这样才能使后续的车厢重排所受到的限制最小。我们将使用这条分配规则(assignment rule)来选择缓冲铁轨。接下来处理 4 号车厢时,三个缓冲铁轨顶部的车厢分别是 2 号、6 号和 9 号车厢。根据分配规则,4 号车厢应送入 H2。这之后,7 号车厢被送入 H3。图 3.3(b)给出了当前的状态。接下来,1 号车厢被送至出轨,这时,可以把 H1 中的 2 号车厢送至出轨。之后,从 H1 输出 3 号车厢,从 H2 输出 4 号车厢。至此,没有可以立即输出的车厢了。接下来的 8 号车厢被送入 H1,然后 5 号车厢从入轨处直接输出到出轨处。这之后,从 H2 输出 6 号车厢,从 H3 输出 7 号车厢,从 H1 输出 8 号车厢,最后从 H3 输出 9 号车厢。

为了实现上述思想,需要寻找一种数据结构来保存缓冲铁轨的中间状态,从图 3.3(b)中可以看出,缓冲铁轨上的车厢呈线性关系,但车厢进入缓冲铁轨或离开缓存铁轨,只能在缓冲铁轨的尾部(看图 3.3(b)是顶部)进行。在数据结构理论中,把这种只允许在表的一端进行了插入或删除操作的线性表,称为堆栈。因此可以说堆栈是一种受限制的线性表。

3.1.1 分析堆栈的逻辑结构

1. 堆栈的定义

堆栈(Stack)是一种特殊的线性表,是一种只允许在表的一端进行插入或删除操作的线性表。表中允许进行插入、删除操作的一端称为栈顶,最下面的那一端称为栈底。栈顶是动态的,它由一个称为栈顶指针的位置指示器指示。当栈中没有数据元素时,称之为空栈。堆栈的插入操作也称为进栈或入栈,堆栈的删除操作称为出栈或退栈。

若给定一个栈 S=(a_1, a_2, a_3, …, a_n),如图 3.4 所示。在图中,a_1 为栈底元素,a_n 为栈顶元素,元素 a_i 位于元素 a_{i-1} 之上。栈中元素按 a_1, a_2, a_3, …, a_n 的次序进栈,如果从这个栈中取出所有的元素,则出栈次序为 a_n, a_{n-1}, …, a_1。

出栈 进栈
栈顶 a_n
⋮
栈底 a_2
a_1

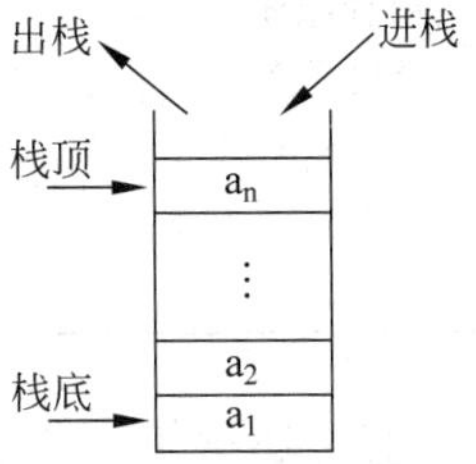

图 3.4 栈结构示意图

2. 堆栈的特征

栈的主要特点是"后进先出",即后进栈的元素先处理。因此栈又称为后进先出(Last In First Out,LIFO)表。

图 3.3 中,栈中元素按 a_1, a_2, a_3, …, a_n 的次序进栈,而出栈次序为 a_n, a_{n-1}, …, a_1。平常生活中洗碗也是一个"后进先出"的栈例子,可以把洗净的一摞碗看做一个栈。在通常情况下,最先洗净的碗总是放在最底下,后洗净的碗总是摞在最顶上。而在使用时,却是从顶上拿取,也就是说,后洗的先取用,后摞上的先取用。如果我们把洗净的碗"摞上"称为进栈,把"取用碗"称为出栈,那么,上例的特点是:后进栈的先出栈。然而,摞起来的碗实际上是一个表,只不过"进栈"和"出栈",或者说,元素的插入和删除是在表的一端进行而已。

3.1.2 识别堆栈的基本操作

堆栈的基本操作有以下几种。

(1) 初始化栈。也就是产生一个新的空栈。

(2) 入栈操作 Push(T x)。将指定类型元素 x 进到栈中。

(3) 出栈操作 Pop()。将栈中的栈顶元素取出来,并在栈中删除栈顶元素。

(4) 取栈顶元素 GetTop()。将栈中的栈顶元素取出来,栈中元素不变。

(5) 判断栈空 IsEmpty()。若栈为空,返回 true,否则返回 false。

(6) 清空操作 Clear()。从栈中清除所有的数据元素。

下面描述堆栈的进栈与出栈操作:

操 作	堆 栈 内 容
创建一个空栈	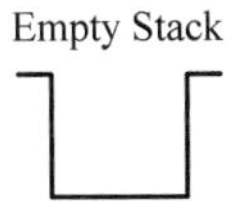 Empty Stack
进栈顺序: 压入元素 1 压入元素 2 压入元素 3	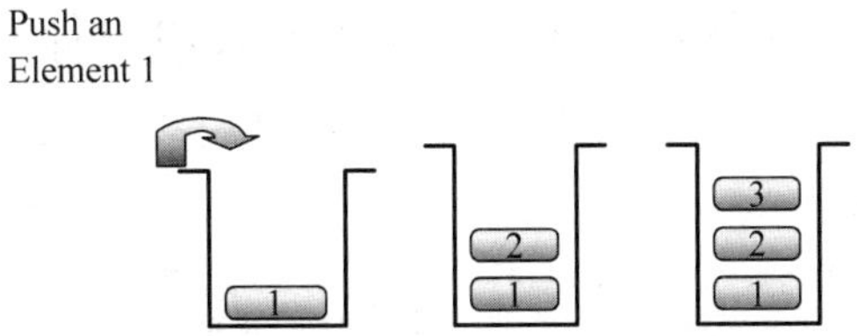 Push an Element 1 1	2 1	3 2 1

续表

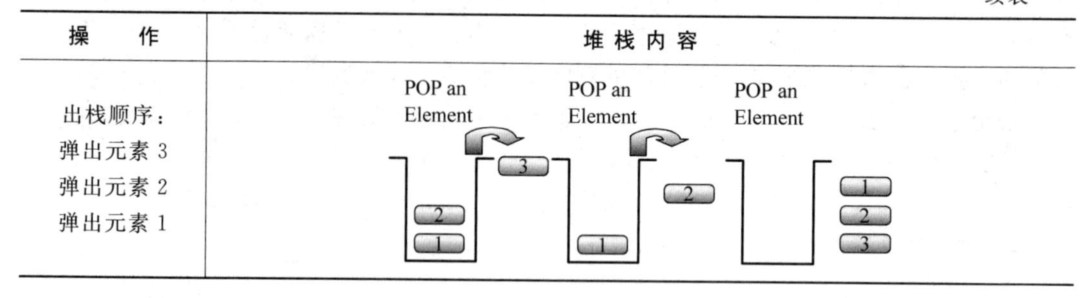

操　作	堆栈内容
出栈顺序： 弹出元素 3 弹出元素 2 弹出元素 1	POP an Element　POP an Element　POP an Element

将上述操作定义在接口 IStack 中，代码如下：

```
interface IStack<T>
  {
    void Push(T item);              //入栈操作
    T Pop();                        //出栈操作
    T GetTop();                     //取栈顶元素
    int GetLength();                //求栈的长度
    bool IsEmpty();                 //判断栈是否为空
    void Clear();                   //清空操作
}
```

3.2　用顺序栈解决堆栈的编程问题

堆栈是一种特殊的线性表，所以线性表的两种存储结构——顺序存储结构和链式存储结构也同样适用于堆栈。本节讨论顺序存储结构。

3.2.1　用顺序栈表示堆栈

用一片连续的存储空间来存储栈中的数据元素，这样的栈称为顺序栈(Sequence Stack)。类似于顺序表，用一维数组来存放顺序栈中的数据元素。栈顶指示器 top 设在数组下标为 0 的端，top 随着插入和删除而变化，当栈为空时，top=－1。从图 3.5 的堆栈的动态示意图中，可以看出顺序栈的栈顶指示器 top 与栈中数据元素的关系。

顺序栈的存储结构可以用 C# 语言中的一维数组来表示。数组的元素类型使用泛型，以实现不同数据类型的线性栈间代码的重用；因为用数组存储顺序栈，应预先为顺序栈分配最大存储空间，用字段 maxsize 来表示顺序栈的最大长度容量；由于栈顶元素经常变动，需要设置一个变量 top 表示栈顶，top 的范围是 0 到 maxsize－1，如果顺序栈为空，top=－1。

如果用泛型类 SeqStack<T>表示将顺序栈，则 SeqStack<T>的存储结构用 C# 代码表示为：

```
class SeqStack<T>
  {
    private int maxsize;            //顺序栈的容量
    private T[] data;               //数组,用于存储顺序栈中的数据元素
```

```
    private int top;                //指示顺序栈的栈顶
    //索引器
    public T this[int index]
    {
      get
      {
        return data[index];
      }
      set
      {
        data[index] = value;
      }
    }
    //容量属性
    public int Maxsize
    {
      get
      {
        return maxsize;
      }
      set
      {
        maxsize = value;
      }
    }
    //栈顶属性
    public int Top
    {
      get
      {
        return top;
      }
    }
}
```

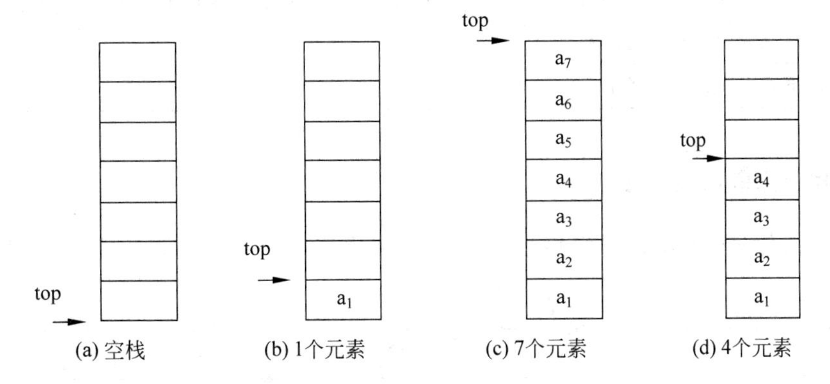

图 3.5　堆栈的动态示意图

3.2.2 对顺序栈进行操作

1. 初始化顺序栈

初始化顺序栈就是创建一个空栈，即调用 SeqStack<T>的构造函数，在构造函数中执行下面的步骤：

步骤	操　　作
1	初始化 maxsize 为实际值
2	为数组申请可以存储 maxsize 个数据元素的存储空间，数据元素的类型由实际应用而定
3	初始化 top 为的值为－1

2. 入栈操作：Push(T elem)

Push 操作是将一个给定的项保存在堆栈的最顶端，顶端元素的索引保存在变量 top 中，因此要进行 Push 操作，需要执行下面的步骤：

步骤	操　　作
1	判断堆栈是否是满的，如果是，停止操作；否则执行下面的步骤
2	将 top 的值加 1
3	设置索引为 top 的数组元素的值为 elem

3. 出栈操作：T Pop()

Pop 操作就是从堆栈的顶部取出数据。要进行 Pop 操作，需要执行以下的步骤：

步骤	操　　作
1	检查堆栈中是否含有元素，如果没有，停止操作；否则执行下面的步骤
2	获取索引 top 中的值
3	将索引 top 的值减 1

4. 取栈顶元素：GetTop()

取栈顶元素操作与出栈操作相似，只是取栈顶元素操作不改变原有堆栈，不删除取出的元素。

步骤	操　　作
1	检查堆栈中是否含有元素，如果没有，停止操作；否则执行下面的步骤
2	获取索引 top 中的值

有关顺序栈的其他操作如求顺序栈长度、判断为空等操作比较简单，实现细节参见下面的 C# 代码。将顺序栈的存储结构定义及对 IStack 中定义的算法的实现封装在类 SeqStack<T>中，该类用 C# 语言实现如下：

```
class SeqStack<T>: IStack<T>
 {
   private int maxsize;              //顺序栈的容量
   private T[] data;                 //数组，用于存储顺序栈中的数据元素
   private int top;                  //指示顺序栈的栈顶
   //容量属性
   public int Maxsize
   {
     get
     {
       return maxsize;
     }
     set
     {
       maxsize = value;
     }
   }
   //栈顶属性
   public int Top
   {
     get
     {
       return top;
     }
   }
   //初始化栈
   public SeqStack(int size)
   {
     data = new T[size];
     maxsize = size;
     top = -1;
   }
   //入栈操作
   public void Push(T elem)
   {
     if (IsFull())
     {
       Console.WriteLine("Stack is full");
       return;
     }
     data[++top] = elem;
   }
   //出栈操作
```

```
}
public T Pop()
{
    T tmp = default(T);
    if (IsEmpty())
    {
        Console.WriteLine("Stack is empty");
        return tmp;
    }
    tmp = data[top];
    --top;
    return tmp;
}
//获取栈顶数据元素
public T GetTop()
{
    if (IsEmpty())
    {
        Console.WriteLine("Stack is empty!");
        return default(T);
    }
    return data[top];
}
//求栈的长度
public int GetLength()
{
    return top + 1;
}
//清空顺序栈
public void Clear()
{
    top = -1;
}
//判断顺序栈是否为空
public bool IsEmpty()
{
    if (top == -1)
    {
        return true;
    }
    else
    {
        return false;
    }
}
//判断顺序栈是否为满
public bool IsFull()
{
```

```
        if (top == maxsize - 1)
        {
          return true;
        }
        else
        {
          return false;
        }
      }
    }
```

3.2.3 用顺序栈解决火车车厢重排问题的编程

```
class TrainArrangeBySeqStack
  {
    // 车厢重排算法,k个缓冲铁轨,车厢初始排序存放在p中
    bool Railroad(int[] p,int n,int k)
    {
      // 如果重排成功,返回 true,否则返回 false
      //创建与缓冲铁轨对应的堆栈
      SeqStack<int>[] H;
      H = new SeqStack<int>[k + 1];
      for (int i = 1; i <= k; i++)
        H[i] = new SeqStack<int>(p.Length);
      int NowOut = 1;                         //下一次要输出的车厢
      int minH = n + 1;                       //缓冲铁轨中编号最小的车厢
      int minS = 0;                           //minH 号车厢对应的缓冲铁轨
      //车厢重排
      for (int i = 0; i < n; i++)
        if (p[i] == NowOut)
        {
          Console.WriteLine("Move Car {0} from input to output", p[i]);
          NowOut++;
          //从缓冲铁轨中输出
          while (minH == NowOut)
          {
            Output(ref minH, ref minS, ref H, k, n);
            NowOut++;
          }
        }
        else
        {// 将 p[i] 送入某个缓冲铁轨
          if (!Hold(p[i], ref minH, ref minS, ref H, k, n))
            return false;
        }
```

```
    return true;
}
//把车厢从缓冲铁轨送至出轨处，同时修改 minS 和 minH
void Output(ref int minH, ref int minS, ref SeqStack<int>[] H, int k, int n)
{
    int c;                                        // 车厢索引
    // 从堆栈 minS 中删除编号最小的车厢 minH
    c = H[minS].Pop();
    Console.WriteLine("Move Car {0} from holding track {1} to output", minH, minS);
    // 通过检查所有的栈顶,搜索新的 minH 和 minS
    minH = n + 2;
    for (int i = 1; i <= k; i++)
      if (!H[i].IsEmpty() && (H[i].GetTop()) < minH)
      {
        minH = c;
        minS = i;
      }
}
// 在一个缓冲铁轨中放入车厢 c
bool Hold(int c, ref int minH, ref int minS, ref SeqStack<int>[] H, int k, int n)
{
    // 如果没有可用的缓冲铁轨,则返回 false
    // 否则返回 true
    // 为车厢 c 寻找最优的缓冲铁轨
    // 初始化
    int BestTrack = 0;                            // 目前最优的铁轨
    int BestTop = n + 1;                          // 最优铁轨上的头辆车厢
    int x;                                        // 车厢索引
    //扫描缓冲铁轨
    for (int i = 1; i <= k; i++)
      if (!H[i].IsEmpty())
      {// 铁轨 i 不空
        x = H[i].GetTop();
        if (c < x && x < BestTop)
        {
          //铁轨 i 顶部的车厢编号最小
          BestTop = x;
          BestTrack = i;
        }
      }
      else // 铁轨 i 为空
      {
        if (BestTrack == 0) BestTrack = i;
        break;
      }
    if (BestTrack == 0) return false;             //没有可用的铁轨
```

```
            //把车厢 c 送入缓冲铁轨
            H[BestTrack].Push(c);
            Console.WriteLine("Move Car {0} from input to holding track {1}", c, BestTrack);
            //必要时修改 minH 和 minS
            if (c < minH) { minH = c; minS = BestTrack; }
            return true;
        }
        //调用火车车厢重排算法 Railroad()重排车厢
        public static void Main()
        {
            int[] p = new int[] { 3, 6, 9, 2, 4, 7, 1, 8, 5 };
            int k = 3;
            TrainArrangeBySeqStack ta = new TrainArrangeBySeqStack();
            bool result;
            result = ta.Railroad(p, p.Length, k);
            do
            {
                if (result == false)
                {
                    Console.Write("need more holding track, please enter additional number:");
                    k = k + Convert.ToInt32(Console.ReadLine());
                    result = ta.Railroad(p, p.Length, k);
                }
            } while (result == false);
            Console.ReadLine();
        }
    }
```

函数 Railroad 在开始时创建一个指向堆栈的数组 H,H[i]代表缓冲铁轨 i,$1 \leqslant i \leqslant k$。NowOut 是下一个欲输出至出轨的车厢号。minH 是各缓冲铁轨中最小的车厢号,minS 是 minH 号车厢所在的缓冲铁轨。在 for 循环的第 i 次循环中,首先从入轨处取车厢 p[i],若 p[i]=NowOut,则将其直接送至出轨,并将 NowOut 的值增 1,这时,有可能会从缓冲铁轨中输出若干节车厢(通过 while 循环把它们送至出轨处)。如果 p[i]不能直接输出,则没有车厢可以被输出,按照前述的铁轨分配规则把 p[i]送入相应的缓冲铁轨之中。

Railroad 中所使用的函数 Output 和 Hold。Output 用于把一节车厢从缓冲铁轨送至出轨处,它同时将修改 minS 和 minH。函数 Hold 根据车厢分配规则把车厢 c 送入某个缓冲铁轨,必要时,它也需要修改 minS 和 minH。

值得注意的是:对于图 3.2(a)的初始排列次序,在进行车厢重排时,只需三个缓冲铁轨就够了,而对于其他的初始次序,可能需要更多的缓冲铁轨。例如,若初始排列次序为 1,n,n-1,…,2,则需要 n-1 个缓冲铁轨。为了说明这个问题,请将 p 的原始顺序{3,6,9,2,4,7,1,8,5}改成{5,4,1,2,6,7,9,8,3},这时运行上面的程序,会出现下面的提示:

need more holding track,please enter additional number:

这时输入 1,缓冲铁轨的数量由 3 变成 4,这时才可以对顺序为{5,4,1,2,6,7,9,8,3}的车厢进行重排。

3.3 用链栈解决堆栈的编程问题

在用顺序栈解决火车车厢重排的Railroad()方法的代码中，有下面的代码：

```
H = new SeqStack<int>[k + 1];
for (int i = 1; i < = k; i++)
  H[i] = new SeqStack<int>(p.Length - 1);
```

这段代码的作用是：如果缓冲轨道为3的话，将创建4个顺序栈，编号依次为0,1,2,3，但只对1,2,3号栈进行了初始化，每个顺序栈的最大容量是可以缓存p.Length－1个车厢(p.Length为列车车厢的总数量)，例如当车厢的初始排列顺序为{9,8,7,6,5,4,3,2,1}时，9,8,7,6,5,4,3,2号车厢按照缓冲规则就都进入缓冲铁轨，考虑到各种特殊情况，在用顺序栈进行缓存时，只能申请最大容间的空间，以防止数组超出下标异常的出现。如果有3个缓冲轨道，9节车厢，将要预先分配24个缓存位置，以考虑各种不同情况的初始排列顺序，但实际最终最多只有8个缓存位置被占用，这毫无疑问，浪费了很多存储空间。为了解决这个问题，引入了链式存储结构。

3.3.1 用链栈表示堆栈

用链式存储结构存储的栈称为链栈(Linked Stack)。链栈通常用单链表来表示，它的实现是单链表的简化。所以，链栈结点的结构与单链表结点的结构一样，如图3.6所示。由于链栈的操作只是在一端进行，为了操作方便，把栈顶设在链表的头部，并且不需要头结点。

data	next

图3.6 链栈的结点结构

```
class StackNode
  {
    private T data;              //数据域
    private StackNode<T> next;//引用域
    //构造函数
    public StackNode()
    {
      data = default(T);
      next = null;
    }
    public StackNode(T val)
    {
      data = val;
      next = null;
    }
    public StackNode(T val, StackNode<T> p)
    {
      data = val;
      next = p;
    }
    //数据域属性
    public T Data
```

```
    {
      get
      {
        return data;
      }
      set
      {
        data = value;
      }
    }
    //引用域属性
    public StackNode<T> Next
    {
      get
      {
        return next;
      }
      set
      {
        next = value;
      }
    }
  }
```

图 3.7 为链栈结构示意图。

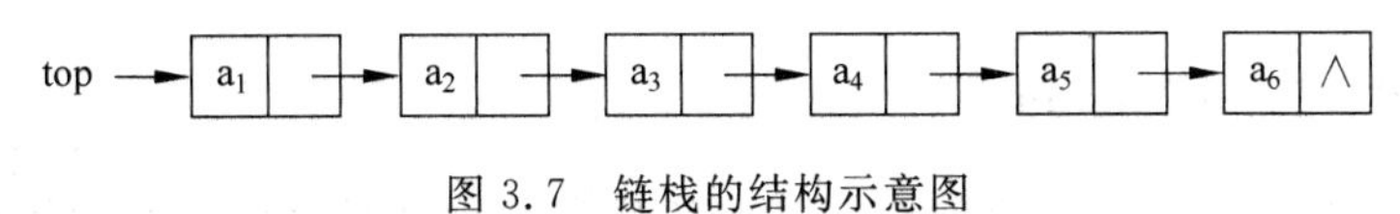

图 3.7 链栈的结构示意图

为了用 C#语言描述链栈,把链栈看做一个泛型类,类名为 LinkStack<T>。LinkStack<T>类中有一个字段 top 表示栈顶指示器和一个字段 size 表示栈的大小的存储结构用 C#代码描述为:

```
public class LinkStack<T> : IStack<T>
  {
    private StackNode<T> top;      //栈顶指示器
    private int size;              //栈中元素的个数
    //栈顶指示器属性
    public StackNode<T> Top
    {
      get
      {
        return top;
      }
      set
      {
        top = value;
      }
    }
    public int size
```

```
    {
        get
        {
            return size;
        }
        set
        {
            size = value;
        }
    }
}
```

3.3.2 对链栈进行操作

1. 初始化链栈

初始化链栈就是创建一个空链栈，即调用 LinkStack<T>的构造函数，在构造函数中执行下面的步骤：

步骤	操　作
1	栈顶指示器 top 为 null
2	栈的元素个数 size 为 0

2. 入栈操作：Push(T elem)

Push 操作是将一个给定的项保存在堆栈的最顶端，在链栈中，就是在单链表的起始处插入一个结点。需要执行下面的步骤：

步骤	操　作
1	创建一个新结点
2	如果栈为空，将栈顶指示器 top 指向新结点，否则执行下面步骤
3	将新结点的 next 指向栈顶指示器 top 所指向的结点
4	将栈顶指示器 top 指向新结点
5	栈元素个数 size 加 1

3. 出栈操作：T Pop()

Pop 操作就是从堆栈的顶部取出数据，即从链栈的起始处删除一个结点。要进行 Pop 操作，需要执行以下的步骤：

步骤	操　作
1	检查堆栈中是否含有元素，如果没有，停止操作；否则执行下面的步骤
2	获取栈顶指示器 top 所指向结点的值
3	将栈顶指示器 top 指向单链表中下一个结点
4	栈元素个数 size 减 1

4. 取栈顶元素：GetTop()

取栈顶元素操作与出栈操作相似，只是取栈顶元素操作不改变原有堆栈，不删除取出的元素。

步骤	操　　作
1	检查堆栈中是否含有元素，如果没有，停止操作；否则执行下面的步骤
2	获取栈顶指示器 top 所指向结点的值

有关链栈的其他操作如求链栈长度、判断为空等操作比较简单，实现细节参见下面的C#代码。现将链栈的存储结构定义及对接口 IStack 中定义的算法实现封装在类 LinkStack<T> 中，该类用 C#语言实现如下：

```
public class LinkStack<T>: IStack<T>
{
    private StackNode<T> top;            //栈顶指示器
    private int size;                    //栈中结点的个数
    //栈顶指示器属性
    public StackNode<T> Top
    {
        get
        {
            return top;
        }
        set
        {
            top = value;
        }
    }
    //元素个数属性
    public int Size
    {
        get
        {
            return size;
        }
        set
        {
            size = value;
        }
    }
    //初始化链栈
    public LinkStack()
    {
        top = null;
        size = 0;
    }
    //入栈操作
```

```
public void Push(T item)
{
  StackNode<T> q = new StackNode<T>(item);
  if (top == null)
  {
    top = q;
  }
  else
  {
    q.Next = top;
    top = q;
  }
  ++size;
}
//出栈操作
public T Pop()
{
  if (IsEmpty())
  {
    Console.WriteLine("Stack is empty!");
    return default(T);
  }
  StackNode<T> p = top;
  top = top.Next;
  --size;
  return p.Data;
}
//获取栈顶结点的值
public T GetTop()
{
  if (IsEmpty())
  {
    Console.WriteLine("Stack is empty!");
    return default(T);
  }
  return top.Data;
}
//求链栈的长度
public int GetLength()
{
  return size;
}
//清空链栈
public void Clear()
{
  top = null;
  size = 0;
}
//判断链栈是否为空
public bool IsEmpty()
{
```

```
        if ((top == null) && (size == 0))
        {
          return true;
        }
        else
        {
          return false;
        }
      }
    }
```

3.3.3 用链栈解决火车车厢重排问题的编程

用 k 个链表形式的堆栈来描述 k 个缓冲铁轨，最多只需要 n－1 个元素，而顺序栈则需要 k×(n－1)个元素。用链栈存储缓冲铁轨的代码如下：

```
class TrainArrangeByLinkStack
  {
    // k 个缓冲铁轨，车厢初始排序存储在 p 中
    bool Railroad(int[] p, int n, int k)
    {
      // 如果重排成功，返回 true，否则返回 false
      //创建与缓冲铁轨对应的堆栈
      LinkStack<int>[] H;
      H = new LinkStack<int>[k + 1];
      for (int i = 1; i <= k; i++)
        H[i] = new LinkStack<int>();
      int NowOut = 1;                    //下一次要输出的车厢
      int minH = n + 1;                  //缓冲铁轨中编号最小的车厢
      int minS = 0;                      //minH 号车厢对应的缓冲铁轨
      //车厢重排
      for (int i = 0; i < n; i++)
        if (p[i] == NowOut)
        {
          Console.WriteLine("Move Car {0} from input to output", p[i]);
          NowOut++;
          //从缓冲铁轨中输出
          while (minH == NowOut)
          {
            Output(ref minH, ref minS, ref H, k, n);
            NowOut++;
          }
        }
        else
        {// 将 p[i] 送入某个缓冲铁轨
          if (!Hold(p[i], ref minH, ref minS,ref H, k, n))
            return false;
        }
      return true;
```

```
}
//把车厢从缓冲铁轨送至出轨处，同时修改 minS 和 minH
void Output(ref int minH, ref int minS, ref  LinkStack<int>[] H, int k, int n)
{
  int c;                                   // 车厢索引
  // 从堆栈 minS 中删除编号最小的车厢 minH
  c = H[minS].Pop();
  Console.WriteLine("Move Car {0} from holding track {1} to output", minH, minS);
 // 通过检查所有的栈顶，搜索新的 minH 和 minS
  minH = n + 2;
  for (int i = 1; i <= k; i++)
    if (!H[i].IsEmpty() && (c = H[i].Top.Data) < minH)
    {
      minH = c;
      minS = i;
    }
}
// 在一个缓冲铁轨中放入车厢 c
bool Hold(int c, ref int minH, ref int minS, ref LinkStack<int>[] H,
              int k, int n)
{
  // 如果没有可用的缓冲铁轨，则返回 false
  // 否则返回 true
  // 为车厢 c 寻找最优的缓冲铁轨
  // 初始化
  int BestTrack = 0;                       // 目前最优的铁轨
  int BestTop = n + 1;                     // 最优铁轨上的头辆车厢
  int x;                                   // 车厢索引
  //扫描缓冲铁轨
  for (int i = 1; i <= k; i++)
    if (!H[i].IsEmpty())
    {// 铁轨 i 不空
      x = H[i].Top.Data;
      if (c < x && x < BestTop)
      {
        //铁轨 i 顶部的车厢编号最小
        BestTop = x;
        BestTrack = i;
      }
    }
    else                                   // 铁轨 i 为空
    {
      if (BestTrack == 0) BestTrack = i;
      break;
    }
  if (BestTrack == 0) return false;        //没有可用的铁轨
  //把车厢 c 送入缓冲铁轨
  H[BestTrack].Push(c);
  Console.WriteLine("Move Car {0} from input to holding track {1}", c, BestTrack);
  //必要时修改 minH 和 minS
  if (c < minH) { minH = c; minS = BestTrack; }
```

```
      return true;
    }
    //调用火车车厢重排算法 Railroad()重排车厢
    public static void Main()
    {
      int[] p = new int[] { 3, 6, 9, 2, 4, 7, 1, 8, 5 };
      int k = 3;
      TrainArrangeByLinkStack ta = new TrainArrangeByLinkStack();
      bool result;
      result = ta.Railroad(p, p.Length, k);
      do
      {
         if (result == false)
         {
           Console.Write("need more holding track, please enter additional number:");
           k = k + Convert.ToInt32(Console.ReadLine());
           result = ta.Railroad(p, p.Length,k);
         }
      } while (result == false);
      Console.ReadLine();
    }
  }
```

独立实践

[问题描述]

汉诺塔(Towers of Hanoi)问题来自一个古老的传说：在世界刚被创建的时候有一座钻石宝塔(A)，其上有 64 个金碟(如图 3.8 所示)。所有碟子按从大到小的次序从塔底堆放至塔顶。紧挨着这座塔有另外两个钻石宝塔(B 和 C)。从世界创始之日起，婆罗门的牧师们就一直在试图把 A 塔上的碟子移动到 B 塔上去，其间借助于 C 的帮助。由于碟子非常重，因此，每次只能移动一个碟子。另外，任何时候都不能把一个碟子放在比它小的碟子上面。按照这个传说，当牧师们完成他们的任务之后，世界末日也就到了。

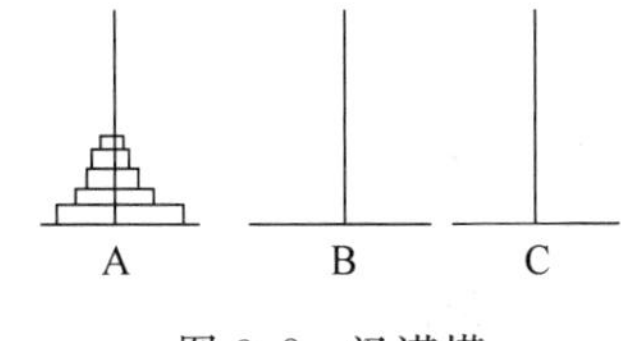

图 3.8 汉诺塔

在汉诺塔问题中，已知 n 个碟子和 3 座塔。初始时所有的碟子按从大到小次序从 A 塔的底部堆放至顶部，现在需要把碟子都移动到 B 塔，每次移动一个碟子，而且任何时候都不能把大碟子放到小碟子的上面。

[基本要求]

(1) 编写一算法实现将 A 塔上的碟子移动 B 塔上，大碟在下，小碟在上。

(2) 将移动的过程显示出来。

提示：为了把最大的碟子移动到塔 B，必须把其余 n—1 个碟子移动到塔 C，然后把最大的碟子移动到塔 B。接下来是把塔 C 上的 n—1 个碟子移动到塔 B，为此可以利用塔 B 和塔 A。可以完全忽视塔 B 上已经有一个碟子的事实，因为这个碟子比塔 3 上将要移过来的任一个碟子都大，因此，可以在它上面堆放任何碟子。由于从每个塔上移走碟子时是按照

LIFO 的方式进行的,因此可以把每个塔表示成一个堆栈。

本 章 小 结

- 堆栈(Stack)是一种特殊的线性表,是一种只允许在表的一端进行插入或删除操作的线性表。栈的主要特点是"后进先出"。
- 堆栈的插入操作也称为进栈或入栈,堆栈的删除操作称为出栈或退栈。
- 允许插入和删除的一端称栈顶(Top),不允许插入和删除的一端称栈底(Bottom)。
- 堆栈的基本操作有以下几种。
  - 初始化栈。也就是产生一个新的空栈。
  - 入栈操作 Push(T x)。将指定类型元素 x 进到栈中。
  - 出栈操作 TPop()。将栈中的栈顶元素取出来,并在栈中删除栈顶元素。
  - 取栈顶元素 GetTop()。将栈中的栈顶元素取出来,栈中元素不变。
  - 判断栈空 IsEmpty()。若栈为空,返回 true,否则返回 false。
  - 清空操作 Clear ()。从栈中清除所有的数据元素。
- 顺序栈用一片连续的存储空间来存储栈中的数据元素。
- 链栈是用链式存储结构存储的栈。

综 合 练 习

一、选择题

1. 栈中元素的进出原则是(　　)。

A. 先进先出　　B. 后进先出　　C. 栈空则进　　D. 栈满则出

2. 若已知一个栈的入栈序列是 1,2,3,…,n,其输出序列为 p1,p2,p3,…,pn,若 p1=n,则 pi 为(　　)。

A. i　　B. n=i　　C. n−i+1　　D. 不确定

3. 若依次输入数据元素序列{a,b,c,d,e,f,g}进栈,出栈操作可以和入栈操作间隔进行,则下列哪个元素序列可以由出栈序列得到?(　　)

A. {d,e,c,f,b,g,a}　　B. { f,e,g,d,a,c,b}

C. {e,f,d,g,b,c,a}　　D. { c,d,b,e,g,a,f}

4. 一个栈的入栈序列是 1,2,3,4,5,则下列序列中不可能的出栈序列是(　　)。

A. 2,3,4,1,5　　B. 5,4,1,3,2　　C. 2,3,1,4,5　　D. 1,5,4,3,2

5. 栈的插入与删除是在(　　)进行。

A. 栈顶　　B. 栈底　　C. 任意位置　　D. 指定位置

二、问答题

1. 什么叫堆栈?堆栈有什么特征?

2. 设有编号为 1,2,3,4 的四辆列车,顺序进入一个栈式结构的车站,具体写出这四辆列车开出车站的所有可能的顺序。

三、编程题

1. 编程实现计算下列后缀表达式。

(1) 12 4+13－6 2 * +＝

(2) 12 15 8 7 / / * 9－12+＝

(3) 10 14 7 9 * /+23－＝

2. 编程实现把下列中缀表达式变为后缀表达式。

(1) 13+24－23 * 6

(2) 67+12 * 2 /4

补充内容：中缀和后缀表达式

一、中缀表达式

一般算术表达式的表示方法称为中缀表示法，其中运算符放于操作数之间。例如：在表达式 C+D 中，运算符"+"在操作数 C 和 D 之间。在中缀表达式中，运算符具有优先级，也就是说，在对表达式从左到右求值时，乘法和除法比加减法有更高的优先级。如果要对表达式以不同的顺序来求值，必须加入括号。例如表达式 A+B * C 中，先对 B 和 C 进行乘法操作后，再将结果与 A 进行加操作，如果要先执行 A+B 操作，再进行乘法操作的话，就必须把表达式改为(A+B) * C。

二、后缀表达式

后缀表达式就是把运算符置于操作数之后的表示法，是在 20 世纪 50 年代早期，由波兰数学家 Lukasiewicz 发现，后缀表达式能省略在中缀表达式中的括号，如：

```
(A + B) * C
```

其后缀表达式是

```
AB + C *
```

三、中缀表达式与后缀表达式的对应表

任何一个中缀表达式都能转换成后缀表达式，都有一个后缀表达式与其对应，以下就是关于中缀表达式与后缀表达式的对应关系表。

中缀表达式	后缀表达式
A+B	A B+
A+B * C	ABC * +
A * B+C	AB * C+
(A+B) * C	AB+C *
(A+B) * (C－D)	AB+CD－ *
(A+B) * (C－D/E)+F	AB+CDE/－ * F+

第4章 解决队列的编程问题

学习情境：用队列解决银行排队叫号软件的编程

[问题描述]

目前，在以银行营业大厅为代表的窗口行业，大量客户的拥挤排队已成为了这些企事业单位改善服务品质、提升企业形象的主要障碍。排队（叫号）系统的使用将成为改变这种状况的有力手段。排队系统完全模拟了人群排队全过程，通过取票进队、排队等待、叫号服务等功能，代替了人们站队的辛苦，把顾客排队等待的烦恼变成一段难得的休闲时光，使客户拥有了一个自由的空间和一份美好的心情。

排队叫号软件的具体操作流程为：

- 顾客取服务序号

当顾客抵达服务大厅时，前往放置在入口处旁的取号机，并按一下其上的相应服务按钮，取号机会自动打印出一张服务单。单上显示服务号及该服务号前面正在等待服务的人数。

- 服务员工呼叫顾客

服务员工只需按一下其柜台上呼叫器的相应按钮，则顾客的服务号就会按顺序的显示在显示屏上，并发出"叮咚"和相关语音信息，提示该顾客前往该窗口办事。当一位顾客办事完毕后，柜台服务员工只需按呼叫器相应键，即可自动呼叫下一位顾客。

编写程序模拟上面的工作过程，主要要求如下：

- 程序运行后，当看到"请点击触摸屏获取号码："的提示时，只要按任一键，即可显示"您的号码是：XXX，你前面有 YYY 位"的提示，其中 XXX 是所获得的服务号码，YYY 是在 XXX 之前来到的正在等待服务的人数。
- 用多线程技术模拟服务窗口（可模拟多个），具有服务员工呼叫顾客的行为，假设每个顾客服务的时间是 10000ms，时间到后，显示"请 XXX 号到 ZZZ 号窗口！"的提示。其中 ZZZ 是即将为客户服务的窗口号。

主界面设计如图 4.1 所示。

```
请选择存储结构的类型:1.顺序队列 2.链队列: 1
请输入队列可容纳人数:100
请点击触模屏获取号码:
您的号码是:1,你前面有0位,请等待!

请点击触模屏获取号码:
您的号码是:2,你前面有1位,请等待!

请点击触模屏获取号码:
您的号码是:3,你前面有2位,请等待!

请点击触模屏获取号码:
您的号码是:4,你前面有3位,请等待!

请点击触模屏获取号码:
您的号码是:5,你前面有4位,请等待!

请点击触模屏获取号码:
您的号码是:6,你前面有5位,请等待!

请点击触模屏获取号码:
您的号码是:7,你前面有6位,请等待!

请点击触模屏获取号码:

请1号到1号窗口!
请2号到2号窗口!

请3号到1号窗口!

请4号到2号窗口!

您的号码是:8,你前面有3位,请等待!
```

图 4.1　银行排队叫号模拟软件主界面设计图

4.1　认 识 队 列

在银行排队叫号软件中,首先要寻找一种数据结构来存放顾客所得到的服务号,这些服务号表示客户的请求服务的先后顺序,也表示客户被服务的先后顺序。先来的客户先被服务。为了解决这类问题,这可以用队列表示这些关系。在用队列表示客户之间的先后顺序后,新来的客户可以插入到队尾,处理完业务的客户从队头离开。我们可以通过算法实现从队头删除数据和从队尾插入数据等。

4.1.1　分析队列的逻辑结构

1. 队列的定义

队列(Queue)是一种特殊的线性表,是一种只允许在表的一端进行插入操作而在另一端进行删除操作的线性表。把进行插入操作的表尾称为队尾(Rear),把进行删除操作的头部称为队头(Front)。当队列中没有数据元素时称为空队列(Empty Queue)。

队列通常记为 $Q=(a_1,a_2,\cdots,a_n)$,Q 是英文单词 queue 的第 1 个字母。a_1 为队头元素,a_n 为队尾元素。这 n 个元素是按照 $a_1,a_2,\cdots,a_n$ 的次序依次入队的,出队的次序与入队相同,a_1 第一个出队,a_n 最后一个出队。队列的结构示意图如图 4.2 所示。

队列的形式化定义为:队列(Queue)简记为 Q,是一个二元组,

$$Q=(D,R)$$

其中,D 是数据元素的有限集合;R 是数据元素之间关系的有限集合。

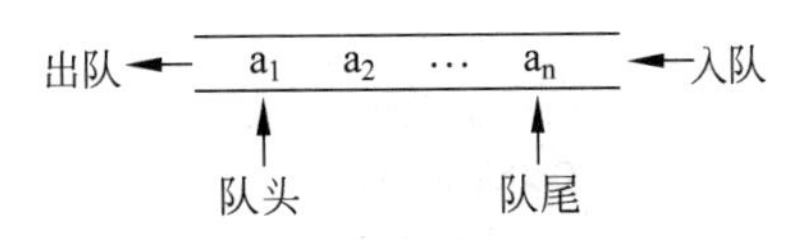

图 4.2　队列结构示意图

2. 队列的特征

队列的操作是按照先进先出(First In First Out)或后进后出(Last In Last Out)的原则进行的,因此,队列又称为 FIFO 表或 LILO 表。

图 4.2 中,队列中元素按 $a_1,a_2,a_3,\cdots,a_n$ 的次序入队,而出队次序也是 $a_1,a_2,a_3,\cdots,a_n$。在实际生活中有许多类似于队列的例子。比如,排队取钱,先来的先取,后来的排在队尾。

4.1.2 识别队列的基本操作

队列的基本操作有以下几种。

(1) 入队列操作:EnQueue (T elem)

初始条件:队列存在。

操作结果:将值为 elem 的新数据元素添加到队尾,队列发生变化。

(2) 出队列操作:DeQueue ()

初始条件:队列存在且不为空。

操作结果:将队头元素从队列中取出,队列发生变化。

(3) 取队头元素:GetFront ()

初始条件:队列存在且不为空。

操作结果:返回队头元素的值,队列不发生变化。

(4) 求队列的长度:GetLength()

初始条件:队列存在。

操作结果:返回队列中数据元素的个数。

(5) 判断队列是否为空:IsEmpty()

初始条件:队列存在。

操作结果:如果队列为空返回 true,否则返回 false。

(6) 清空操作:Clear()

初始条件:队列存在。

操作结果:使队列为空。

(7) 判断是否为满:IsFull()

初始条件:队列存在。

操作结果:如果队列为满返回 true,否则返回 false。

注意:判断队列是否为满的操作只在存储结构为顺序结构时才需要,而在链式存储结构中不会对队列的长度有限制。

将队列的基本操作定义在接口 IQueue 中,代码如下:

```
interface IQueue<T>
  {
   void EnQueue(T elem);                          //入队列操作
    T DeQueue();                                  //出队列操作
    T GetFront();                                 //取对头元素
    int GetLength();                              //求队列的长度
```

```
    bool IsEmpty();                          //判断队列是否为空
    void Clear();                            //清空队列
    bool IsFull();                           //判断队列是否为满
}
```

尽管 IsFull 方法只在顺序存储结构中才需要实现，但还是把它定义在接口，其目的是为应用程序提供一个统一的接口，使应用程序在使用队列表示数据时，不必考虑是顺序存储还是链式存储。

4.2　用顺序队列解决队列的编程问题

队列是一种特殊的线性表，所以线性表的两种存储结构——顺序存储结构和链式存储结构也同样适用于队列。本节讨论队列顺序存储结构。

4.2.1　用顺序队列表示队列

用一片连续的存储空间来存储队列中的数据元素，这样的队列称为顺序队列（Sequence Queue）。类似于顺序栈，用一维数组来存放顺序队列中的数据元素。队头设置在最近一个已经离开队列的元素所占的位置，用 front 表示；队尾设置在最近一个进入队列的元素的位置，用 rear 表示。front 和 rear 随着插入和删除而变化。当队列为空时，front＝rear＝－1。图 4.3 显示了顺序队列的两个指示器与队列中数据元素的关系图。

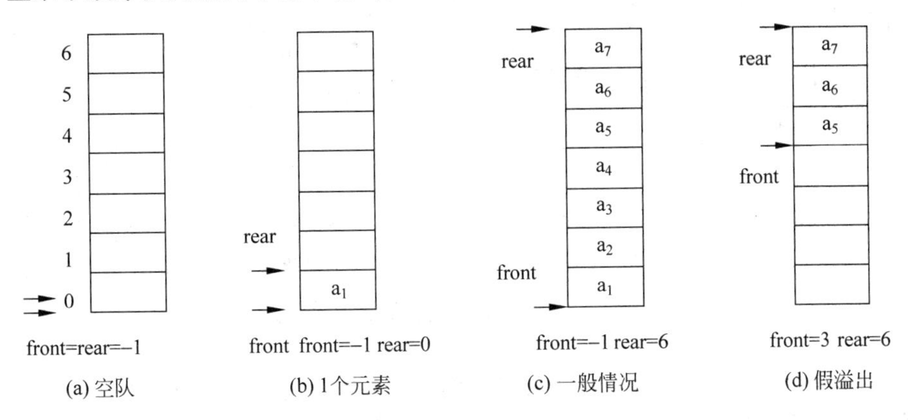

图 4.3　顺序队列动态示意图

当有数据元素入队时，队尾指示器 rear 加 1，当有数据元素出队时，队头指示器 front 加 1。当 front＝rear 时，表示队列为空，队尾指示器 rear 到达数组的上限处而 front 为－1 时，队列为满，如图 4.3(c)所示。队尾指示器 rear 的值大于队头指示器 front 的值，队列中元素的个数可以由 rear－front 求得。

由图 4.3(d)可知，如果再有一个数据元素入队就会出现溢出。但事实上队列中并未满，还有空闲空间，把这种现象称为“假溢出”。这是由于队列“队尾入队队头出队”的操作原则造成的。解决假溢出的方法是将顺序队列看成是首尾相接的循环结构，头尾指示器的关系不变，这种队列叫循环顺序队列（Circular sequence Queue）。循环队列如图 4.4 所示。

当队尾指示器 rear 到达数组的上限时,如果还有数据元素入队并且数组的第 0 个空间空闲时,队尾指示器 rear 指向数组的 0 端。所以,队尾指示器的加 1 操作修改为:

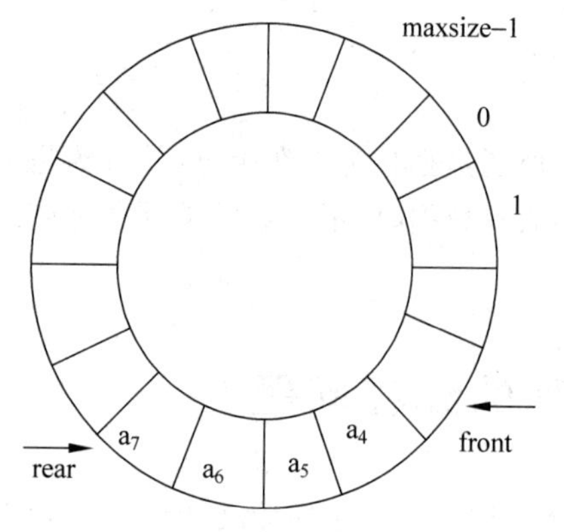

图 4.4　循环顺序队列示意图

```
rear = (rear + 1) % maxsize
```

队头指示器的操作也是如此。当队头指示器 front 到达数组的上限时,如果还有数据元素出队,队头指示器 front 指向数组的 0 端。所以,队头指示器的加 1 操作修改为:

```
front = (front + 1) % maxsize
```

循环顺序队列动态示意图如图 4.5 所示。由图 4.5 可知,队尾指示器 rear 的值不一定大于队头指示器 front 的值,并且队满和队空时都有 rear＝front。也就是说,队满和队空的条件都是相同的。解决这个问题的方法一般是少用一个空间。如图 4.5(d)所示,把这种情况视为队满。所以,判断队空的条件是:rear＝＝front,判断队满的条件是:(rear＋1) ％ maxsize＝＝front。求循环队列中数据元素的个数可由(rear－front＋maxsize)％maxsize 公式求得。

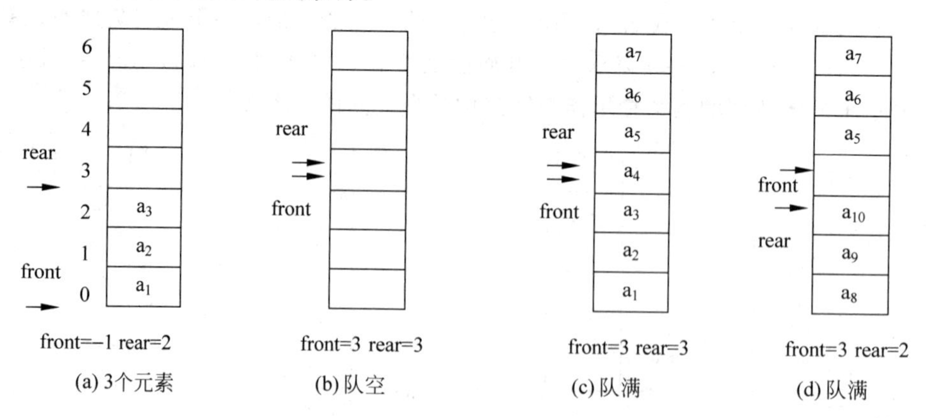

图 4.5　循环顺序队列动态示意图

顺序队列的存储结构可以用 C＃语言中的一维数组来表示。数组的元素类型使用泛型,以实现不同数据类型的顺序队列间代码的重用;因为用数组存储队列,需预先为顺序队列分配最大存储空间,用字段 maxsize 来表示循环队列的最大容量。字段 front 表示队头,front 的范围是 0～maxsize－1。字段 rear 表示队尾,rear 的范围也是 0～maxsize－1,如果用泛型类 CSeqQueue<T>表示循环顺序队列,则 CSeqQueue<T>的存储结构用 C＃代码表示为:

```
class CSeqQueue<T>
  {
    private int maxsize;                    //循环顺序队列的容量
    private T[] data;                       //数组用于存储循环顺序队列中的数据元素
    private int front;                      //指示循环顺序队列的队头
```

```
    private int rear;                    //指示循环顺序队列的队尾
    //索引器
    public T this[int index]
    {
        get
        {
            return data[index];
        }
        set
        {
            data[index] = value;
        }
    }
    //容量属性
    public int Maxsize
    {
        get
        {
            return maxsize;
        }
        set
        {
            maxsize = value;
        }
    }
    //队头属性
    public int Front
    {
        get
        {
            return front;
        }
        set
        {
            front = value;
        }
    }
    //队尾属性
    public int Rear
    {
        get
        {
            return rear;
        }
        set
        {
            rear = value;
        }
}
```

4.2.2 对顺序队列进行操作

1. 初始化顺序队列

初始化顺序队列就是创建一个空队列，即调用 SeqQueue<T>的构造函数，在构造函数中执行下面的步骤：

步骤	操　　作
1	初始化 maxsize 为实际值
2	为数组申请可以存储 maxsize 个数据元素的存储空间，数据元素的类型由实际应用而定
3	将队头和队尾指示变量都置为－1

2. 入队操作：EnQueue(T elem)

入队操作是将一个给定的元素保存在队列的尾部，同时修改队头和队尾指示变量 front 和 rear 的值。要执行入队操作，需要执行下面的步骤：

步骤	操　　作
1	判断队列是否是满的，如果是，停止操作；否则执行下面的步骤
2	设置 rear 的值为(rear＋1)％maxsize，即使 rear 指向要插入元素的位置
3	设置数组索引为 rear 的位置的值为入队元素的值

3. 出队操作：DeQueue()

出队操作是指在队列不为空的情况下从队列的前端删除元素，使队头指示器 front 加 1。要执行出队操作，需要执行下面的步骤：

步骤	操　　作
1	检查队列是否为空，如果为空，停止操作；否则执行下面的步骤
2	设置 front 的值为(front＋1)％maxsize，即使 front 指向要删除元素的位置
3	获取队头指示器 front 所在位置的元素

4. 取队头元素：GetFront()

取队头元素操作与出队操作相似，只是取队头元素操作不改变原有队列，不删除取出的队头元素。要执行取队头操作，需要执行下面的步骤：

步骤	操　　作
1	检查顺序队列中是否含有元素，如果没有，提示队列为空；否则执行下面的步骤
2	设置 front 的值为(front＋1)％maxsize，即使 front 指向所取元素的位置
3	返回队头指示器 front 所在位置的元素

5. 求队列的长度：GetLength()

循环顺序队列的长度取决于队尾指示器 rear 和队头指示器 front。一般情况下，rear 大于 front，因为入队的元素肯定比出队的元素多。特殊的情况是 rear 到达数组的上限之后又从数组的低端开始，此时，rear 是小于 front 的。所以，rear 的大小要加上 maxsize。因此，循环顺序队列的长度应该是：(rear－front＋maxsize)％maxsize。

6. 循环顺序队列是否为满：IsFull()

循环顺序队列为满分两种情况，一种是当队列还没有一个元素出队，队头指示器 front 的值为－1 而队尾指示器 rear 的值为 maxsize－1；另一种情况是队尾指示器 rear 落后于队头指示器 front，而且满足条件：(rear＋1)％maxsize＝＝front。采用条件(rear＋1)％maxsize＝＝front 作为“队列满”的条件，实际上此时队列还有一个空位置，就是 front 所指示的位置。这样队列存区有效空间比定义的最大空间少一个单元。假如把这个单元也利用上，则当 front 与 rear 指向同一单元时，即可能是“满”也可能是“空”，必须根据是 front 追上了 rear 还是 rear 追上了 front 才能区分，这样给处理带来不便。

有关顺序队列的其他操作如判断为空等操作比较简单，实现细节参见下面的 C# 代码。将顺序队列的存储结构定义及对接口 IQueue 中定义的算法的实现封装在类 CSeqQueue<T>中，该类用 C# 语言实现如下：

```
class CSeqQueue<T>:IQueue<T>
  {
    private int maxsize;                    //循环顺序队列的容量
    private T[] data;                       //数组,用于存储循环顺序队列中的数据元素
    private int front;                      //指示最近一个已经离开队列的元素所占的位置
    private int rear;                       //指示最近一个进行入队列的元素的位置
    //索引器
    public T this[int index]
    {
      get
      {
        return data[index];
      }
      set
      {
        data[index] = value;
      }
    }
    //容量属性
    public int Maxsize
    {
      get
      {
        return maxsize;
      }
      set
      {
        maxsize = value;
```

```
        }
    }
    //队头指示器属性
    public int Front
    {
        get
        {
            return front;
        }
        set
        {
            front = value;
        }
    }
    //队尾指示器属性
    public int Rear
    {
        get
        {
            return rear;
        }
        set
        {
            rear = value;
        }
    }
    //初始化队列
    public CSeqQueue() { }
    public CSeqQueue(int size)
    {
        data = new T[size];
        maxsize = size;
        front = rear = -1;
    }
    //入队操作
    public void EnQueue(T elem)
    {
        if (IsFull())
        {
            Console.WriteLine("Queue is full");
            return;
        }
        rear = (rear + 1) % maxsize;;
        data[rear] = elem;
    }
    //出队操作
    public T DeQueue()
    {
        if (IsEmpty())
        {
            Console.WriteLine("Queue is empty");
```

```
            return default(T);
        }
        front = (front + 1) % maxsize;
        return data[front];
    }
    //获取队头数据元素
    public T GetFront()
    {
        if (IsEmpty())
        {
            Console.WriteLine("Queue is empty!");
            return default(T);
        }
        return data[(front + 1) % maxsize];
    }
    //求循环顺序队列的长度
    public int GetLength()
    {
        return (rear - front + maxsize) % maxsize;
    }
    //判断循环顺序队列是否为满
    public bool IsFull()
    {
        if ((front == -1 && rear == maxsize - 1) ||
                (rear + 1) % maxsize == front)
        {
            return true;
        }
        else
        {
            return false;
        }
    }
    //清空循环顺序队列
    public void Clear()
    {
        front = rear = -1;
    }
    //判断循环顺序队列是否为空
    public bool IsEmpty()
    {
        if (front == rear)
        {
            return true;
        }
        else
        {
            return false;
        }
    }
}
```

4.2.3 用循环顺序队列解决银行排队叫号软件的编程

1. 编写银行队列操作接口

在银行排队叫号队列中，除了具有类 CSeqQueue<T>中定义的属性和算法外，还需要一个算法以便顾客获得服务号，这里用 GetCallnumber()定义。为了使应用程序在使用银行队列时有一个统一接口，将银行队列的所有操作定义在 IBankQueue 接口中，代码如下：

```
interface IBankQueue:IQueue<int>
  {
    int GetCallnumber();                    //获得服务号码
  }
```

2. 编写银行排队叫号队列

编写银行排队叫号队列 CSeqBankQueue 类，该类除了需要实现 IBankQueue 接口中所定义的全部行为外，还需要一个记录系统自动产生的新来顾客的服务号的属性，这里用 Callnumber 表示。因为 IBankQueue 接口的父接口 IQueue<T>的行为已在 CSeqQueue<T>中实现，所以通过继承 CSeqQueue<T>类可以将已实现的全部行为继承过来，然后再实现属于接口 IBankQueue 但不属于接口 IQueue 的 GetCallnumber()方法即可。代码如下：

```
//银行叫号顺序队列类
class CSeqBankQueue:CSeqQueue<int>, IBankQueue
{
  private int callnumber;           //记录系统自动产生的新来顾客的服务号
  //叫号属性
  public int Callnumber
  {
    get
    {
      return callnumber;
    }
    set
    {
      callnumber = value;
    }
  }
  public CSeqBankQueue (){}
  public CSeqBankQueue(int size):base(size){}
  //获得服务号码
  public int GetCallnumber()
  {
    if ((IsEmpty()) && callnumber == 0)
      callnumber = 1;
     else
      callnumber++;
   return callnumber;
```

```
    }
  }
```

3. 编写服务窗口类

在银行排队叫号软件中，还有一个类是服务窗口类，服务窗口的职能是为排队的人服务，每当服务窗口按照先进先出的原则从队列中选取一个人进行服务时，就有一个人出队。该类的代码如下：

```
using System;
using System.Threading;
//服务窗口类
 class ServiceWindow
  {
    IBankQueue bankQ;
    //服务队列属性
    public IBankQueue  BankQ
    {
      get
      {
        return bankQ;
      }
      set
      {
        bankQ = value;
      }
    }
//作为线程的方法
    public void Service()
    {
      while (true)
      {
        Thread.Sleep(10000);
        if (!bankQ.IsEmpty())
        {
          Console.WriteLine();
          lock (bankQ)
          {
            Console.WriteLine ("请{0}号到{1}号窗口!", bankQ.DeQueue(),
                             Thread.CurrentThread.Name);
          }
        }
      }
    }
  }
```

4. 编写银行排队叫号软件主程序

```
class BankQueueApp
  {
```

```
    public static void Main()
    {
      IBankQueue bankQueue = null;
      Console.Write("请选择存储结构的类型:1.顺序队列 2.链队列:");
      char seleflag = Convert.ToChar(Console.ReadLine());
      switch (seleflag)
      {
        /*初始化顺序队列*/
        case '1':
          int count;                  //接受循环顺序队列的容量
          Console.Write("请输入队列可容纳人数:");
          count = Convert.ToInt32(Console.ReadLine());
          bankQueue = new CSeqBankQueue(count);
          break;
        /*初始化链队列*/
        case '2':
          bankQueue = new LinkBankQueue();
          break;
      }
      int windowcount = 1;            //设置银行柜台的服务窗口数。先设为1,然后依次
                                        增加看效果
      ServiceWindow[] sw = new ServiceWindow[windowcount];
      Thread[] swt = new Thread[windowcount];
      for (int i = 0; i<windowcount; i++)
      {
        sw[i] = new ServiceWindow();
        sw[i].BankQ = bankQueue;
        swt[i] = new Thread(new ThreadStart(sw[i].Service));
        swt[i].Name = "" + (i + 1);
        swt[i].Start();
      }
      while (true)
      {
        Console.Write("请点击触摸屏获取号码:");
        Console.ReadLine();
        int callnumber;
        if (!bankQueue.IsFull())
        {
          callnumber = bankQueue.GetCallnumber();
          Console.WriteLine("您的号码是:{0},你前面有{1}位,请等待!",
          callnumber, bankQueue.GetLength());
          bankQueue.EnQueue(callnumber);
        }
        else
          Console.WriteLine("现在业务繁忙,请稍后再来!");
        Console.WriteLine();
      }
    }
  }
```

注意:在运行上面的程序时,当提示选择"请选择存储结构的类型:1.顺序队列 2.链队

列”时，这时输入“1”，即选择顺序队列作为存储结构存储服务序号。因链银行队列类 LinkBankQueue 还没有创建，在运行该程序时，请将下面的代码暂时注释掉，在后面学完链队列并创建了 LinkBankQueue 类后再使用它。

```
case '2':
        bankQueue = new LinkBankQueue();
        break;
```

4.3　用链队列解决队列的编程问题

在前面用顺序队列存储客户的服务序号时，是有容量限制的，最大容量为 maxsize，如果超过了这个容量，新来的客户就不能申请到服务序号。有时一些排队软件不需要这个限制，为了解决这个问题，可以采用链式存储结构存储服务序号队列。

4.3.1　用链队列表示队列

队列的另外一种存储方式是链式存储，这样的队列称为链队列（Linked Queue）。同链栈一样，链队列通常用单链表来表示，所以链队列的结点结构与单链表一样，如图 4.6 所示。

data	next

图 4.6　链式队列的结点结构

```
class QueueNode<T>
  {
    private T data;                      //数据域
    private QueueNode<T> next;           //引用域
    //构造函数
    public QueueNode(T val, QueueNode<T> p)
    {
      data = val;
      next = p;
    }
    //构造函数
    public QueueNode(QueueNode<T> p)
    {
      next = p;
    }
    //构造函数
    public QueueNode(T val)
    {
      data = val;
      next = null;
    }
    //构造函数
    public QueueNode()
    {
      data = default(T);
      next = null;
```

```
    }
    //数据域属性
    public T Data
    {
      get
      {
        return data;
      }
      set
      {
        data = value;
      }
    }
    //引用域属性
    public QueueNode<T> Next
    {
      get
      {
        return next;
      }
      set
      {
        next = value;
      }
    }
  }
}
```

为了编程方便，和链表一样，链队列大多采用带头结点的链队列，设队头指针为 front，再设一个队尾指针指向链队列的末尾。图 4.7 为链式队列结构示意图。

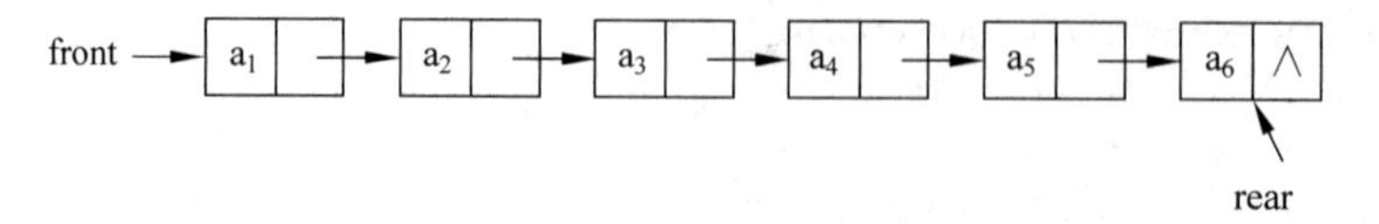

图 4.7 链队列的结构示意图

为了用 C# 语言描述链队列，把链队列看做一个泛型类，类名为 LinkQueue<T>。LinkQueue<T>类中有一个字段 front 表示队头指示器和一个字段 rear 表示队尾指示器及一个记录链结点个数的属性 size。这样链队列的存储结构用 C# 代码描述为：

```
class LinkQueue<T>:IQueue<T>
  {
    private QueueNode<T> front;      //队列头指示器
    private QueueNode<T> rear;       //队列尾指示器
    private int size;                //队列结点个数
    //队头属性
    public QueueNode<T> Front
    {
      get
      {
```

```
            return front;
        }
        set
        {
            front = value;
        }
    }
    //队尾属性
    public QueueNode<T> Rear
    {
        get
        {
            return rear;
        }
        set
        {
            rear = value;
        }
    }
    //队列结点个数属性
    public int Size
    {
        get
        {
            return size;
        }
        set
        {
            size = value;
        }
    }
}
```

4.3.2 对链队列进行操作

1. 初始化链队列

初始化链队列就是创建一个空队列，即调用 LinkQueue<T>的构造函数，在构造函数中执行下面的步骤：

步骤	操　　作
1	将队头指针 front 设为 null
2	将队尾指针 rear 设为 null
3	设置链队列结点数 size 为 0

2. 入队操作：EnQueue(T elem)

入队操作是将一个给定的元素保存在队列的尾部，要执行入队操作，需要执行下面的步骤：

步骤	操　　作
1	创建一个新结点
2	如果队列为空，将 front 和 rear 都指向新结点，退出
3	如果队列不为空，将 rear 的 next 指向新结点
4	将 rear 指向新结点

3. 出队操作：DeQueue()

出队操作是在链队列不为空的情况下，先取出链队列头结点的值，然后将链队列队头指示器指向链队列头结点的直接后继结点，使之成为新的队列头结点，size 减 1。要执行出队操作，需要执行下面的步骤：

步骤	操　　作
1	如果队列为空，显示提示信息，退出
2	将 front 指向的结点标记为出队结点
3	将 front 指向链队列中的下一个结点
4	如果 front 为 null，将 rear 也设为 null
5	链队列结点数 size 减 1
6	将出队结点的数据返回给调用者

4. 取队头元素：GetFront()

取队头元素操作与出队操作相似，只是取队头元素操作不改变原有队列，不删除取出的队头元素。要执行取队头操作，需要执行下面的步骤：

步骤	操　　作
1	检查链队列中是否含有元素，如果没有，提示队列为空；否则执行下面的步骤
2	返回队头指针 front 所在位置的元素

5. 求队列的长度：GetLength()

size 的大小表示链队列中数据元素的个数，所以通过返回 size 的值来求链队列的长度。

6. 清空操作：clear()

清除链队列中的结点是使链队列为空，此时，链队列队头指示器 front 和队尾指示器 rear 等于 null 并且 size 设为 0。

7. 判断链队列是否为空：IsEmpty()

判断队列中结点的数量 size 是否为 0，如为 0，则返回 true，否则返回 false。

将链队列的存储结构定义及对接口 IQueue 中定义的算法的实现封装在类LinkqQueue<T>

中,该类用C#语言实现如下:

```
class LinkQueue<T>:IQueue<T>
 {
   private QueueNode<T> front;                         //队列头指示器
   private QueueNode<T> rear;                          //队列尾指示器
   private int size;                                   //队列结点个数
   //队头属性
   public QueueNode<T> Front
   {
     get
     {
       return front;
     }
     set
     {
       front = value;
     }
   }
   //队尾属性
   public QueueNode<T> Rear
   {
     get
     {
       return rear;
     }
     set
     {
       rear = value;
     }
   }
   //队列结点个数属性
   public int Size
   {
     get
     {
       return size;
     }
     set
     {
       size = value;
     }
   }
   //初始化链队列
   public LinkQueue()
   {
     front = rear = null;
     size = 0;
   }
   //入队操作
   public void EnQueue(T item)
```

```
{
  QueueNode<T> q = new QueueNode<T>(item);
  if (IsEmpty())
  {
    front = q;
    rear = q;
  }
  else
  {
    rear.Next = q;
    rear = q;
  }

  ++size;
}
//出队操作
public T DeQueue()
{
  if (IsEmpty())
  {
    Console.WriteLine("Queue is empty!");
    return default(T);
  }
  QueueNode<T> p = front;
  front = front.Next;
  if (front == null)
  {
    rear = null;
  }
  --size;
  return p.Data;
}
//获取链队列头结点的值
public T GetFront()
{
  if (IsEmpty())
  {
    Console.WriteLine("Queue is empty!");
    return default(T);
  }
  return front.Data;
}
//求链队列的长度
public int GetLength()
{
  return size;
}
//清空链队列
```

```
    public void Clear()
    {
      front = rear = null;
      size = 0;
    }
    //判断链队列是否为空
    public bool IsEmpty()
    {
      if ((front == rear) && (size == 0))
      {
        return true;
      }
      else
      {
        return false;
      }
    }
  // 判断循环顺序队列是否为满，因为链队列对容量没有限制，所以返回 false
  public bool IsFull() { return false; }
  }
```

4.3.3 用链队列解决银行排队叫号软件的编程

1. 编写银行排队叫号队列

编写银行排队叫号链式队列 LinkBankQueue 类，该类除了需要实现 IBankQueue 接口中所定义的全部行为外，还需要一个记录系统自动产生的新来顾客的服务号的属性，这里用 Callnumber 表示。因为 IBankQueue 接口的父接口 IQueue<T>的行为已在 LinkQueue<T>中实现，所以通过继承 LinkQueue<T>类可以将已实现的全部行为继承过来，然后再实现属于接口 IBankQueue 但不属于接口 IQueue 的 GetCallnumber()方法即可。代码如下：

```
class LinkBankQueue:LinkQueue<int>, IBankQueue
{
  private int callnumber;                  //记录系统自动产生的新来顾客的服务号
  //叫号属性
  public int Callnumber
  {
    get
    {
      return callnumber;
    }
    set
    {
      callnumber = value;
    }
  }
  //获得服务序号
```

```
    public int GetCallnumber()
    {
      if ((IsEmpty()) && callnumber == 0)
        callnumber = 1;
      else
        callnumber++;
     return callnumber;
    }
}
```

2. 编写银行排队叫号软件主程序

用顺序队列和用链队列解决银行排队叫号软件编程的主程序已整合，参见4.2.3节，只要在运行BankQueueApp主类时，当提示选择"请选择存储结构的类型：1.顺序队列 2.链队列："时，这时输入"2"，即选择链队列作为存储结构存储服务序号。

独立实践

[问题描述]

假设在周末舞会上，男士们和女士们进入舞厅时，各自排成一队。跳舞开始时，依次从男队和女队的队头上各出一人配成舞伴。若两队初始人数不相同，则较长的那一队中未配对者等待下一轮舞曲。编写一程序，模拟该场景。

[基本要求]

(1) 模拟男士们和女士们进入舞厅排队的场景。

(2) 写一算法模拟上述舞伴配对过程。

(3) 显示一场舞会男女舞伴搭配记录。

本 章 小 结

- 队列(Queue)是一种特殊的线性表，是一种只允许在表的一端进行插入操作而在另一端进行删除操作的线性结构。
- 队列上可进行的主要操作有插入和删除。
- 可通过使用数组或链接列表来实现队列。
- 一个使用循环数组实现的队列能克服线性数组实现的队列的空间利用率问题。
- 使用链式结构实现的队列也被称为链队列。
- 队列能在多个领域中得到应用：
  - 打印机暂存
  - CPU 调度
  - 邮件服务
  - 键盘缓冲
  - 电梯

综合练习

一、选择题

1. 队列中元素的进出原则是(　　)。

A. 先进先出　　B. 后进先出　　C. 队空则进　　D. 队满则出

2. 判断一个循环队列(m_0 为最大队列长度(以元素为单位),front 和 rear 分别为队列的队头指针和队尾指针)为空队列的条件是(　　)。

A. front==rear　　B. front !=rear

C. front==(rear+1) % m_0　　D. front !=(rear+1) % m_0

3. 判断一个循环队列(m_0 为最大队列长度(以元素为单位),front 和 rear 分别为队列的队头指针和队尾指针)为满队列的条件是(　　)。

A. front==rear　　B. front!=rear

C. front==(rear+1) % m_0　　D. front!=(rear+1) % m_0

4. 在少用一个元素空间的循环队列(m_0 为最大队列长度(以元素为单位),front 和 rear 分别为队列的队头指针和队尾指针)中,当队列非空时,若插入一个新的数据元素,则其队尾指针 rear 的变化是(　　)。

A. rear==(front+1) % m_0　　B. rear==(rear+1) % m_0

C. rear==(front+1)　　D. rear==(rear+1)

5. 在少用一个元素空间的循环队列(m_0 为最大队列长度(以元素为单位),front 和 rear 分别为队列的队头指针和队尾指针)中,当队列非满时,若删除一个数据元素,则其队头指针 front 的变化是(　　)。

A. front==(rear+1) % m_0　　B. front==(front+1)

C. front==(rear+1)　　D. front==(front+1) % m_0

二、问答题

1. 说明线性表、栈与队的异同点。

2. 实现链接表和链队列有什么不同?

3. 顺序队列的“假溢出”是怎样产生的?如何知道循环队列是空还是满?

三、编程题

1. 编程判断一个字符串是否是回文。回文是指一个字符序列以中间字符为基准两边字符完全相同,如字符序列"ACBDEDBCA"是回文。

2. 假设一个数组 squ[m]存放循环队列的元素。若要使这 m 个分量都得到利用,则需另一个标志 tag,以 tag 为 0 或 1 来区分尾指针和头指针值相同时队列的状态是“空”还是“满”。试编写相应的入队和出队的算法。

第5章 解决串的编程问题

学习情境：用串解决“以一敌百”游戏的编程

［问题描述］

湖南卫视2008年力推的益智型节目“以一敌百”深受大家的欢迎。“以一敌百”的节目核心就是集中凸显一个人对垒一百人的智力对抗。其中，每道题由问题回答人与台下的100位来自各行各业的挑战者（也称为“快乐答人”）分别作答，回答人胜利将继续作答，而台下回答错误的挑战者将出局，由剩下的人继续比赛。回答人一路闯关胜利将抱得奖金归，如果中途落败，奖金将由剩下的挑战者们瓜分。

编写程序模拟上面的工作过程，主要要求如下：

- 出题，题目已存在一个文件名为question.txt的文件中，格式如图5.1所示。

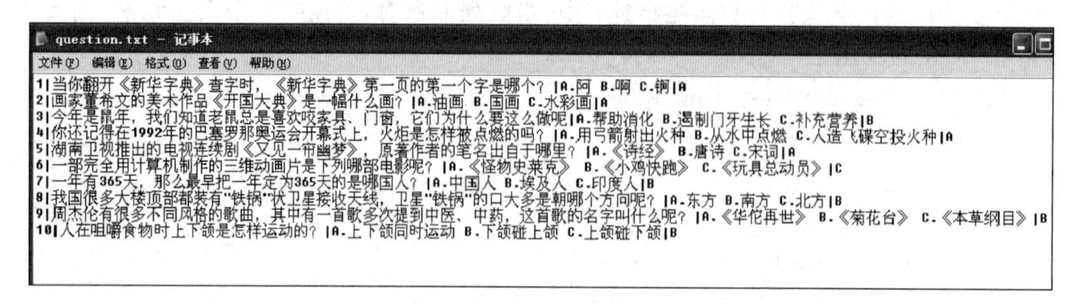

question.txt - 记事本

文件(F) 编辑(E) 格式(O) 查看(V) 帮助(H)

```
1|当你翻开《新华字典》查字时，《新华字典》第一页的第一个字是哪个？|A.阿 B.啊 C.锕|A
2|画家董希文的美术作品《开国大典》是一幅什么画？|A.油画 B.国画 C.水彩画|A
3|今年是鼠年，我们知道老鼠总是喜欢咬家具、门窗，它们为什么要这么做呢|A.帮助消化 B.遏制门牙生长 C.补充营养|B
4|你还记得在1992年的巴塞罗那奥运会开幕式上，火炬是怎样被点燃的吗？|A.用弓箭射出火种 B.从水中点燃 C.人造飞碟空投火种|A
5|湖南卫视推出的电视连续剧《又见一帘幽梦》，原著作者的笔名出自于哪里？|A.《诗经》 B.唐诗 C.宋词|A
6|一部完全用计算机制作的三维动画片是下列哪部电影呢？|A.《怪物史莱克》 B.《小鸡快跑》 C.《玩具总动员》|C
7|一年有365天，那么最早把一年定为365天的是哪国人？|A.中国人 B.埃及人 C.印度人|B
8|我国很多大楼顶部都装有"铁锅"状卫星接收天线，卫星"铁锅"的口大多是朝哪个方向呢？|A.东方 B.南方 C.北方|B
9|周杰伦有很多不同风格的歌曲，其中有一首歌多次提到中医、中药，这首歌的名字叫什么呢？|A.《华佗再世》 B.《菊花台》 C.《本草纲目》|B
10|人在咀嚼食物时上下颌是怎样运动的？|A.上下颌同时运动 B.下颌碰上颌 C.上颌碰下颌|B
```

图5.1 “以一敌百”题库格式

从图5.1可以看出，每道题目由四项组成，依次是编号、题目内容、选项和标准答案，每一项用字符“|”分隔，选择一种合适的数据结构来表示题库，根据上面的描述，编程实现下面的功能：

- 依次显示题库中的每一道题目的编号、题目内容、选项，然后先由挑战者开始做答，但不显示结果。接着由问题回答人做答。
- 问题回答人和挑战者都回答完毕后，显示题目正确答案，然后给出问题回答人的得分，每答对1题得100金球，答对将和剩下的挑战者继续比赛，答错所得金球将由剩下挑战者瓜分。
- 程序主界面设计图如图5.2所示。

```
1.当你翻开《新华字典》查字时，《新华字典》第一页的第一个字是哪个?
A.阿 B.啊 C.锕

请选择正确答案: A
正确答案是:A

恭喜你,答对了!你现在金球数已增至:100
现在答对题目的快乐达人数是:35
你选择继续还是离开(Y/N)!Y


2.画家董希文的美术作品《开国大典》是一幅什么画?
A.油画 B.国画 C.水彩画

请选择正确答案: A
正确答案是:A

恭喜你,答对了!你现在金球数已增至:200
现在答对题目的快乐达人数是:15
你选择继续还是离开(Y/N)!Y


3.今年是鼠年，我们知道老鼠总是喜欢咬家具、门窗，它们为什么要这么做呢
A.帮助消化 B.遏制门牙生长 C.补充营养

请选择正确答案: B
正确答案是:B

恭喜你,答对了!你现在金球数已增至:300
现在答对题目的快乐达人数是:5
你选择继续还是离开(Y/N)!Y


4.你还记得在1992年的巴塞罗那奥运会开幕式上，火炬是怎样被点燃的吗?
A.用弓箭射出火种 B.从水中点燃 C.人造飞碟空投火种

请选择正确答案: A
正确答案是:A

恭喜你,答对了!你现在金球数已增至:400
现在答对题目的快乐达人数是:0
恭喜你获得了400个金球!
```

图 5.2　“以一敌百”益智游戏主界面设计图

5.1　认　识　串

在“以一敌百”智力游戏中，文件中存储的每一道题目都是一个字符串，而这样一个字符串又由编号、题目内容、选项和标准答案四个子串组成，当程序将问题读到内存中时，需将问题分离成4个子串，以便灵活地对四个子串进行操作，如编号、题目内容、选项三项与标准答案的分开显示，标准答案同问题回答人和挑战人的答案的比较，等等。前面说的这些取子串、比较字符串操作都是对字符串进行操作，但要有效地实现串操作，就要了解串的内部表示和处理机理。下面讨论串的基本概念、存储结构及在“以一敌百”智力游戏中可能用到的操作。

5.1.1　分析串的逻辑结构

1. 串的定义

串即字符串，是由0个或多个字符组成的有限序列，是数据元素为单个字符的特殊线性表。一般记为：

$$s = \text{“}a_1, a_2, \cdots, a_n\text{”} \quad (n \geq 0)$$

其中，S是串名，双引号作为串的定界符，用双引号引起来的字符序列是串值；$a_i(1 \leq i \leq n)$可以是字母、数字或其他字符；n为串的长度，当n=0时，称为空串(Empty String)。字符

串的例子如下：

```
"David Ruff"
"the quick brown fox jumped over the lazy dog"
"123 - 45 - 6789"
"mmcmillan@pulaskitech.edu"
```

串中任意个连续的字符组成的子序列称为该串的子串(Substring)。包含子串的串相应地称为主串。子串的第一个字符在主串中的位置叫子串的位置。如串 s_1 ="David Ruff",它的长度是 10,串 s_2 ="Ruff"的长度是 4,s_2 是 s_1 的子串,s_2 的位置是 6。

如果两个串的长度相等并且对应位置的字符都相等,则称这两个串相等。而在 C# 中,比较两个串是否相等还要看串的语言文化等信息。

2. 串的特征

串从数据结构上来说是一种特殊的线性表,其特殊性在于串中的数据元素是一个个的字符。但是,串的基本操作和线性表的基本操作相比却有很大的不同,线性表上的操作主要是针对线性表中的某个数据元素进行的,而串上的操作主要是针对串的整体或串的某一部分子串上进行的。

5.1.2 识别串的基本操作

串的基本操作有以下几种。

(1) 串比较：Compare(s)

初始条件：串存在且不为空。

操作结果：如果两个串的长度相等并且对应位置的字符相同,则串相等,返回 0；如果串 s 对应位置的字符大于该串的字符,或者如果串 s 的长度大于该串,而在该串的长度返回内二者对应位置的字符相同,则返回 -1,该串小于串 s；其余情况返回 1,该串大于串 s。

(2) 求子串：SubString(int index,int len)

初始条件：串存在且不为空。

操作结果：从主串的 index 位置起找长度为 len 的子串,若找到,返回该子串,否则,返回一个空串。

(3) 求串的长度：GetLength()

初始条件：串存在。

操作结果：返回串中字符的个数。

(4) 串连接：Concat(s)

初始条件：串存在。

操作结果：将一个串和另外一个串连接成一个串,其结果返回一个新串,新串的长度是两个串的长度之和,新串的前部分是原串,长度为原串的长度,新串的后部分是串 s,长度为串 s 的长度。

(5) 串定位：IndexOf(s,startpos)

初始条件：串存在,且给定起始位置正确。

操作结果：在主串的 startpos 位置开始，查找子串 s 在主串中首次出现的位置。

(6) 串插入：Insert(index,s)

初始条件：串存在，且插入位置正确。

操作结果：串插入是指在主串的位置 index 处插入一个串 s。如果位置符合条件，则该操作返回一个新串，新串的长度是主串的长度与串 s 的长度之和，新串的第 1 部分是该串的开始字符到第 index 之间的字符，第 2 部分是串 s，第 3 部分是主串从 index 位置字符到串的结束位置处的字符。如果位置不符合条件，则返回一个空串。

(7) 串删除：Delete(index,len)

初始条件：串存在，且给定的位置和长度正确。

操作结果：串删除是从串的第 index 位置起连续的 len 个字符的子串从主串中删除掉。

将串的基本操作定义在接口 IString 中，代码如下：

```
interface IString<T>
  {
    int Compare(T s);
    T SubString(int index, int len);
    int GetLength();
    T Concat(T s);
    int IndexOf(T s, int startpos);
    T Insert(int index, T s);
    T Delete(int index, int len);
  }
```

5.2　用顺序存储解决串的编程问题

串是一种特殊的线性表，所以线性表的两种存储结构——顺序存储结构和链式存储结构也同样适用于串。鉴于串的主要操作是串比较、串定位、求子串等操作，现在很多的高级语言如本书用的 C# 语言都是用顺序存储结构存储字符串的，所以，本书只讨论串的顺序存储结构，不讨论串的链式存储。

5.2.1　用顺序存储结构表示串

串的静态存储结构即顺序存储结构是用一组地址连续的存储单元存储串的字符序列。因此可用高级语言的字符数组来实现。不同的语言在用数组存放字符串时，其处理方式可能有所不同。

例如在 C 语言中，先按预定义的数组大小，为每一个串变量分配一个固定长度的数组，接着再使用定长的字符数组存放串内容外，一般可使用一个不会出现在串中的特殊字符“\0”放在串值的末尾来表示串的结束。所以串空间最大值为 MaxStrSize 时，最多只能放 MaxStrSize－1 个字符。如图 5.3 所示的是字符串“STUDENT”在 C 语言中的存储结构，程序先预定义了一个可存储 10 字符的空间，但因为要存储字符串结束符“\0”，所以最多只能存储 9 个字符的字符串。

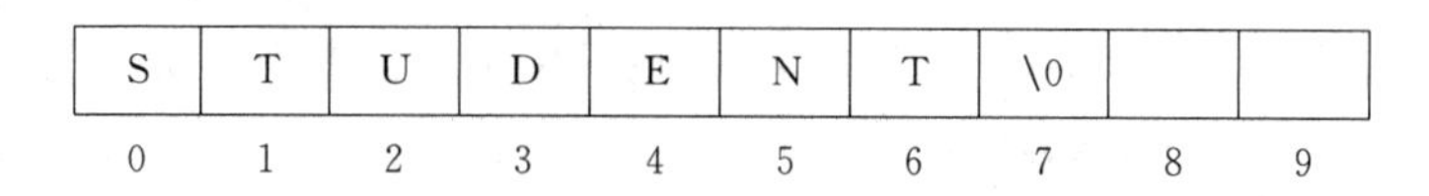

图 5.3　字符串 STUDENT 在 C 语言中的存储结构

在.NET 框架中，字符串以常量方式存储。这意味着，当你用 C#(或任何其他.NET 语言)创建一个字符串时，该字符串以一种固定大小存储在内存以便 CLR(Common Language Runtime，通用语言运行时)运行更快些。如图 5.4 所示的是字符串 STUDENT 在C#语言中的存储结构，此时.NET 运行库会为该字符串分配足够的内存(存储 7 个字符的空间)来保存这个字符串。

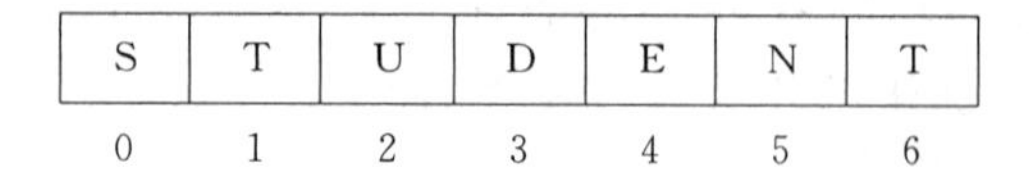

图 5.4　字符串 STUDENT 在 C#语言中的存储结构

5.2.2　对顺序串进行操作

在进行顺序串操作的讲解前，先假设顺序串用类 SeqString 表示，它将实现前面在 IString＜T＞接口中定义的所有操作。

1. 创建顺序串

创建顺序串就是利用给定的字符数组、已有的一个字符串，调用 SeqString 类的构造函数，在构造函数中执行下面的操作：

步骤	操　作
1	如果给定的参数是字符数组的话，将创建一个一样大的数组，并将参数数组中的每个字符复制到字符串的存储空间里，即新创建的数组里
2	如果给定的参数是 SeqString 类的实例的话，就将参数串所在存储空间的每个字符复制到新创建字符串的数组空间中

2. 求子串：SubString(int index,int len)

从主串的 index 位置起找长度为 len 的子串，要寻找子串，需要执行下面的步骤：

步骤	操　作
1	首先确定 index 和 len 的合法性，index 应限定在 0≤index≤主串长度－1 的范围内，len 应限定在 0＜len≤主串长度－index 的范围内，如果不合法，将 null 返回主调程序
2	创建一个新的字符串，并为新字符串申请数组空间，空间大小和子串的长度 len 一样的大小
3	从主串的 index 位置开始，将主串 len 个字符复制到子串的数组空间中
4	将子串返回主调程序

3. 串比较：Compare(SeqString s)

就是将主串中的每个字符与 s 中的每个字符进行比较，需要执行下面的步骤：

步骤	操　作
1	依次将较短字符串中的每个字符与较长字符串的每个字符比较，当被比较的两个字符不相等时，终止比较
2	如果比较在中途退出，需进一步判断主串与字符串 s 在退出比较时所比较字符的大小，如果主串的字符小，返回－1，否则返回 1
3	如果比较是正常退出，则需进一步判断两个字符串的长度是否相等，如相等，返回 0，否则如果主串的长度大于 s 的长度，返回 1，否则返回－1

4. 求串的长度：GetLength()

在 C# 中，字符数组的长度即为字符串的长度。

5. 串连接：Concat(s)

串连接就是将主串和字符串 s 连接生成一个新的字符串，要进行串连接，需要执行下面的步骤：

步骤	操　作
1	申请一块连续的可以存储两个字符串的空间
2	将主串中的每个字符逐个复制到连续空间的前部分
3	将字符串 s 逐个复制到主串的后面
4	将新生成的字符串返回给使用者

6. 串定位：IndexOf(SeqString s,int startpos)

从主串的 startpos 位置开始，查找子串 s 在主串中首次出现的位置。这里使用的是 Brute-Force 算法，在这个算法中，s 称为模式串。具体需执行下面的步骤：

步骤	操　作
1	获取从主串 startpos 位置开始到主串最后一个字符的子串
2	将主串从 startpos 开始的子串中的每个字符与 s 中的每个字符比较，若相等则继续比较后续字符，否则从主串中子串的下一个位置开始比较，以此类推
3	若存在模式串中的每个字符依次和主串中一个连续的字符序列相等，则匹配成功，返回模式串 s 第一个字符在主串中的位置，否则返回－1

7. 串插入：Insert(int index,SeqString s)

串插入是指在主串的位置 index 处插入一个串 s。如果位置符合条件，则该操作返回一个新串，新串的长度是主串的长度与串 s 的长度之和，新串的第 1 部分是该串的开始字符到第 index 个字符之间的字符，第 2 部分是串 s，第 3 部分是主串从 index 位置字符到串的结束位置处的字符。如果位置不符合条件，则返回一个空串。

插入操作如图 5.5 所示。算法请参见下面的代码。

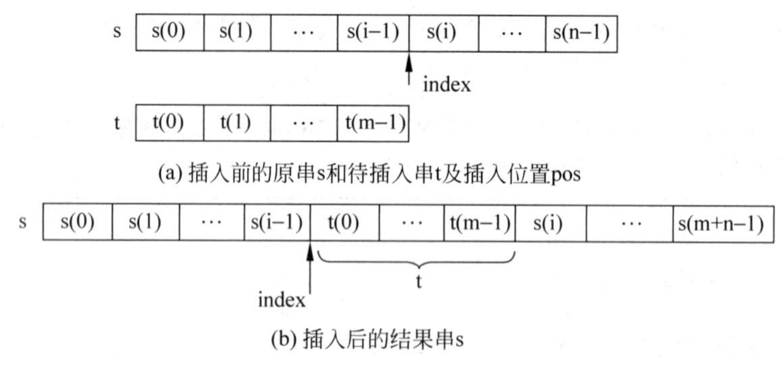

图 5.5　向串 s 中插入另一个串 t

8. 串删除：Delete(int index,int len)

串删除是从串的第 index 位置起连续的 len 个字符的子串从主串中删除掉。如果位置和长度符合条件，则该操作返回一个新串，新串的长度是原串的长度减去 len，新串的前部分是原串的开始到第 index 个位置之间的字符，后部分是原串从第 index+len 位置到原串结束的字符。如果位置和长度不符合条件，则返回一个空串。如图 5.6 所示为删除字符串 S 从 i 位置起的 num 个字符。

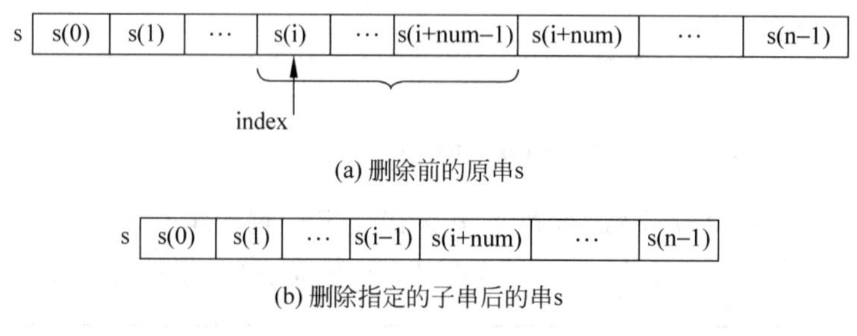

图 5.6　删除字符串 S 从 i 位置起的 num 个字符

将顺序串的存储结构定义及对接口 IString<T>中定义的算法的实现封装在类 SeqString 中，该类用 C#语言实现如下：

```
class SeqString:IString<SeqString>
  {
    private char[] data;      //字符数组
    //索引器
    public char this[int index]
```

```
{
  get
  {
    return data[index];
  }
  set
  {
    data[index] = value;
  }
}
//构造函数
public SeqString(char[] arr)
{
  data = new char[arr.Length];
  for (int i = 0; i < arr.Length; ++i)
  {
    data[i] = arr[i];
  }
}
//构造函数
public SeqString(SeqString s)
{
  data = new char[s.GetLength ()];
  for (int i = 0; i < s.GetLength(); ++i)
  {
    data[i] = s[i];
  }
}
//构造函数
private  SeqString(int len)
{
  data = new char[len];
}
//求串长
public int GetLength()
{
  return data.Length;
}
//串比较
public int Compare(SeqString s)
{
  int len = ((this.GetLength() <= s.GetLength()) ? this.GetLength():
             s.GetLength());
  int i = 0;
  for (i = 0; i < len; ++i)
  {
    if (this[i] != s[i])
    {
      break;
    }
  }
```

```
    if (i < len)
    {
        if (this[i] < s[i])
        {
            return -1;
        }
        else
        {
            return 1;
        }
    }
    else if (this.GetLength() == s.GetLength())
    {
        return 0;
    }
    else if (this.GetLength() < s.GetLength())
        return -1;
    else
        return 1;
}
//求子串
public SeqString SubString(int index, int len)
{
    if ((index < 0) || (index > this.GetLength() - 1)
    || (len <= 0) || (len > this.GetLength() - index))
    {
        Console.WriteLine("Position or Length is error!");
        return null;
    }
    SeqString s = new SeqString(len);
    for (int i = 0; i < len; ++i)
    {
        s[i] = this[i + index];
    }
    return s;
}
//串连接
public SeqString Concat(SeqString s)
{
    SeqString s1 = new SeqString(this.GetLength() + s.GetLength());
    for (int i = 0; i < this.GetLength(); ++i)
    {
        s1.data[i] = this[i];
    }
    for (int j = 0; j < s.GetLength(); ++j)
    {
        s1.data[this.GetLength() + j] = s[j];
    }
    return s1;
}
//串定位
```

```
public int IndexOf(SeqString s, int startpos)
{
  SeqString sub;
  sub = this.SubString(startpos, this.GetLength() - startpos);
  if (sub.GetLength() < s.GetLength())
  {
    Console.WriteLine("There is not string s!");
    return - 1;
  }
  int i, j, v;
  i = 0; j = 0;
  while (i < sub.GetLength() && j < s.GetLength())
  {
    if (sub.data[i] == s.data[j])
    {
      i++;
      j++;
    }
    else
    {
      i = i - j + 1;
      j = 0;
    }
  }
  if (j == s.GetLength()) v = i - s.GetLength() + startpos;
  else v = - 1;
  return v;
}
//串插入
public SeqString Insert(int index, SeqString s)
{
  int len = s.GetLength();
  int len2 = len + this.GetLength();
  SeqString s1 = new SeqString(len2);
  if (index < 0 || index > this.GetLength() - 1)
  {
    Console.WriteLine("Position is error!");
    return null;
  }
  for (int i = 0; i < index; ++i)
  {
    s1[i] = this[i];
  }
  for (int i = index; i < index + len; ++i)
  {
    s1[i] = s[i - index];
  }
  for (int i = index + len; i < len2; ++i)
  {
    s1[i] = this[i - len];
  }
```

```
            return s1;
        }
        //串删除
        public SeqString Delete(int index, int len)
        {
            if ((index < 0) || (index > this.GetLength() - 1)
            || (len < 0) || (len > this.GetLength() - index))
            {
                Console.WriteLine("Position or Length is error!");
                return null;
            }
            SeqString s = new SeqString(this.GetLength() - len);
            int j = 0;
            for (int i = 0; i < index; ++i)
            {
                s[j++] = this[i];
            }
            for (int i = index + len; i < this.GetLength(); ++i)
            {
                s[j++] = this[i];
            }
            return s;
        }
       //取字符串的值
        public override string ToString()
        {
            return new String(data);
        }
    }
```

5.2.3 用顺序串解决“以一敌百”游戏的编程

1. 编写题库列表类

编写题库列表类 OneToHunderdQ，该类的主要作用是将题库文件的题目以列表的形式存放在内存中，列表的每个元素是由编号、题目内容、选项和标准答案四项组成的一个 SeqString 类型的数组，列表用的是 C# 提供的 ArrayList 类，当然也可以用在第 2 章中自己定义的顺序表 SeqList 或单链表 SLinkList 类。OneToHunderdQ 类还提供了接口方法 GetQuestionList()，以便应用程序获取问题列表。该类的 C# 代码实现如下：

```
using System;
using System.Collections;
using System.Text;
using System.IO;
class OneToHunderdQ
  {
     ArrayList questionlist = new ArrayList();
//初始化问题列表
```

```
    public OneToHunderdQ()
    {
      FileStream fs = new FileStream ("question.txt", FileMode.Open, FileAccess.Read);
      StreamReader sr = new
                 StreamReader(fs,Encoding.GetEncoding("gb2312"));
      /* 这里 sr.ReadLine()方法的返回值为 C# 的串类型 String 类型，将其转换成自定义的串类
型 SeqString，完全是为了说明 SeqString 类的用法，实际开发中不需要进行这样的转换. */
      SeqString str = ConvertToSeqS(sr.ReadLine());
      while (str.GetLength()! = 0)
      {
        int startpos = 0;
        int endpos = 0;
        SeqString[] temp = new SeqString[4];
        int i = 0;
        do
        {
          endpos = str.IndexOf(new SeqString("|".ToCharArray()), startpos);
          if (endpos == -1) endpos = str.GetLength();
          if (endpos ! = startpos)
            temp[i++] = str.SubString(startpos, (endpos - startpos));
          startpos = (endpos + 1);
        } while (startpos < str.GetLength());
        questionlist.Add(temp);
        str = ConvertToSeqS(sr.ReadLine());
      }
    }
  //将 String 类型的字符串转换为自定义的 SeqString 类型字符串
    public SeqString ConvertToSeqS(String s)
      {
       Char[] temp = s.ToCharArray();
       return new SeqString(temp);
      }
  //获取问题列表
    public ArrayList GetQuestionList()
      {
        return questionlist;
      }
  }
```

2. 编写问题回答类

问题回答类 OneToHundredA 依次显示题库中的每一道题目的编号、题目内容、选项，然后先由挑战者开始做答，但不显示结果。接着由问题回答人做答。问题回答人和挑战者都回答完毕后，显示题目正确答案，然后给出问题回答人的得分，每答对 1 题得 100 金球，答对将和剩下的挑战者继续比赛，答错所得金球将由剩下挑战者瓜分。代码如下：

```
using System;
using System.Collections;
using System.Security.Cryptography;
class OneToHundredA
```

```
{
  OneToHunderdQ onq;
  ArrayList questionlist;
  SeqString answer;
  SeqString tenanswer;
  int daren = 100;
  public OneToHundredA(OneToHunderdQ onq)
  {
    this.onq = onq;
    questionlist = onq.GetQuestionList();
  }
 //显示题目及回答问题
  public void DisplayQ()
  {

    int score = 0;
    char flag;
    int correctdaren = 0;
    foreach (SeqString[] ques in questionlist)
    {
      Console.WriteLine("{0}.{1}", ques[0], ques[1]);
      Console.WriteLine("{0}", ques[2]);
      Console.Write("\n");
      Console.Write("请选择正确答案:  ");
      HundredA(daren);
      answer = new SeqString(Console.ReadLine().ToCharArray());
      Console.WriteLine("正确答案是:{0}\n",ques[3]);
      int startpos = 0;
      int endpos = 0;
      do
      {
        endpos = tenanswer.IndexOf(answer, startpos);
        if (endpos == -1) endpos = tenanswer.GetLength();
        if (endpos != tenanswer.GetLength())
          correctdaren = correctdaren + 1;
        startpos = (endpos + 1);
      } while (startpos < tenanswer.GetLength());
      if (answer.Compare(ques[3]) == 0)
      {
        score = score + 100;
        Console.WriteLine("恭喜你,答对了! 你现在金球数已增至:{0}", score);
        Console.WriteLine("现在答对题目的快乐答人数是:{0}", correctdaren);
        if (correctdaren > 0)
        {
          Console.Write("你选择继续还是离开(Y/N)!");
          daren = correctdaren;

        }
        else
        {
          Console.WriteLine("恭喜你获得了{0}个金球!", score);
```

```
            return;
          }
          correctdaren = 0;
          flag = Convert.ToChar(Console.ReadLine());
          Console.WriteLine("\n");
          if (flag == 'N' || flag == 'n') return;
        }
        else
        {
          Console.WriteLine("报歉，你的金球将被{0}个快乐答人瓜分!", daren);
          return;
        }
      }
    }
    //挑战者回答题目
    public void HundredA(int daren)
    {
      tenanswer = new SeqString(" ".ToCharArray ());
      for(int i = 0;i<daren;i++)
      {
        Random ra = new Random(new RNGCryptoServiceProvider().GetHashCode() * unchecked
            ((int)DateTime.Now.Ticks));
      int numrand = ra.Next(1,4);
      switch (numrand)
      {
        case 1:
          tenanswer = new SeqString (tenanswer.Concat(new SeqString("A".ToCharArray())));
          break;
        case 2:
          tenanswer = new SeqString (tenanswer.Concat(new SeqString("B".ToCharArray())));
          break;
        case 3:
         tenanswer = new SeqString (tenanswer.Concat (new SeqString("C".ToCharArray())));
          break;
      }
      }
    }
    //程序的入口
    public static void Main()
    {
      OneToHunderdQ onq = new OneToHunderdQ();
      OneToHundredA ona = new OneToHundredA(onq);
      ona.DisplayQ();
      Console.ReadLine();
    }
}
```

在"以一敌百"的游戏编程中，字符串的处理使用的是自定义的类 SeqString，但真正的开发中，开发人员是没有必要创建自己的字符串处理程序的。目前各常用的高级语言中都已经实现了串类型，但由于它是通过软件实现的，因此作为一个软件工作者还是应该掌握串的实现方法。

独立实践

［**问题描述**］

恺撒密码是一种简单的信息加密方法,通过将信息中每个字母在字母表中向后移动常量k,以实现加密。例如,如果k等于3,则对待加密的信息,每个字母都向后移动3个字符:a替换为d,b替换为e,以此类推,字母表尾部的字母绕回到开头,因此,x替换为a,y替换为b。即映射关系为:

$$F(a) = (a + k) \bmod n$$

其中,a是要加密的字母;k是移动的位数;n是字母表的长度。

要解密信息,则将每个字母向前移动相同数目的字符即可。例如,如果k等于3,对于已加密的信息frpsxwhu vbvwhpv,将解密为computer systems。

［**基本要求**］

(1) 设要加密的信息为一个串,组成串的字符均取自ASCII中的小写英文字母,假设串采用顺序存储,串的长度存放在数组的0号单元,串值从1号单元开始存放,给出恺撒密码的加密算法。

(2) 编写程序,测试恺撒密码的加密算法。

本 章 小 结

- 字符串是在应用程序中使用最频繁的数据类型之一。字符串简称串,是一种特殊的线性表,其特殊性在于串的数据元素是一个个的字符。
- 长度为0的串称为空串(Empty String),它不包含任何字符。仅由一个或多个空格组成的串称为空白串(Blank String)。
- 串中任意个连续字符组成的子序列称为该串的子串。包含子串的串相应地称为主串。通常将子串在主串中首次出现时,该子串首字符对应的主串中的序号定义为子串在主串中的序号(或位置)。
- 串提供的基本运算有:
  - ➢ 串比较 Compare(s)
  - ➢ 求子串 SubString(int index,int len)
  - ➢ 求串的长度 GetLength()
  - ➢ 串连接 Concat(s)
  - ➢ 串定位 IndexOf(s,startpos)
  - ➢ 串插入 Insert(index,s)
  - ➢ 串删除 Delete(index,len)
- 因为串是特殊的线性表,故其存储结构与线性表的存储结构类似。只不过由于组成串的结点是单个字符,所以存储时有一些特殊的技巧。

综合练习

一、选择题

1. 串是一种特殊的线性表,其特殊性体现在(　　)。

A. 可以顺序存储　　B. 数据元素是一个字符

C. 可以链式存储　　D. 数据元素可以是多个字符

2. 设有两个串 p 和 q,求 q 在 p 中首次出现的位置的运算称为(　　)。

A. 连接　　B. 模式匹配　　C. 求子串　　D. 求串长

3. 设串 s1='ABCDEFG',s2='PQRST',函数 con(x,y)返回 x 和 y 串的连接串,subs(s,i,j)返回串 s 的从序号 i 开始的 j 个字符组成的子串,len(s)返回串 s 的长度,则 con(subs(s1,2,len(s2)),subs(s1,len(s2),2))的结果串是(　　)。

A. BCDEF　　B. BCDEFG　　C. BCPQRST　　D. BCDEFEF

4. 下列哪些为空串?(　　)。

A. S=""　　B. S=" "　　C. S="φ"　　D. S="θ"

5. 假设 S="abcaabcaaabca",T="bca",Index (S,T,3) 的结果是(　　)(假设第一个字符的位置为 1)。

A. 2　　B. 6　　C. 11　　D. 0

二、问答题

1. 在高级程序设计语言中,通常将串的连接操作 concat(s,t)表示成字符加(+)运算。设有:

```
s = "good_"; t = "student"
```

写出 s+t 运算结果,并解释系统对此是如何处理的。

2. 比较串和线性表的区别。

三、编程题

1. 编写一算法,实现字符串的置换。该算法用 Replace(s,t)表示。s,t 为字符串,若主串中存在和 s 相等的子串,则用串 t 替换主串中所有不重叠的子串 s,否则不进行任何操作。

2. 用 C# 语言的 String 类,实现“以一敌百”智力游戏的编程。

第6章

解决数组的编程问题

学习情境：用数组解决数学魔术游戏编程

[问题描述]

根据下面的数学魔术原理编写一个小游戏。有5张卡片，上面写着数字：

卡片1：1,3,5,7,9,11,13,15,17,19,21,23,25,27,29,31

卡片2：2,3,6,7,10,11,14,15,18,19,22,23,26,27,30,31

卡片3：4,5,6,7,12,13,14,15,20,21,22,23,28,29,30,31

卡片4：8,9,10,11,12,13,14,15,24,25,26,27,28,29,30,31

卡片5：16,17,18,19,20,21,22,23,24,25,26,27,28,29,30,31

数据分布的规律是：这些卡片上的数字为0～31之间的数字，0～31数字可以用5位二进制数表示，那5张卡片就是各代表一位。每张卡片上的数字就是代表这个数字在表示成二进制时这一位为1。比如数字21表示成5位的二进制是10101，这5位二进制的第1位(最右边一位)和第3位、第5位都是“1”，那么就是在第1、3、5号卡片上都有这个数字。

注意：卡片号必须完全猜对，如31也在1,3,5这三张卡片上，除此之外它还在1,2上，这样就不符合条件了。

根据上面的陈述，实现下面的功能：

- 由计算机根据数据分布的规律自动产生5张卡片上的数字。
- 随机地抽取一个数字，显示这个数字所在的卡片号，让用户猜这个数字是多少。
- 在用户提交所猜数字后，给出正确与否，并亮出所猜卡片上的数字。

6.1 认识数组

现在让我们分析一下5张卡片上的数字，可以看出：每个数字都是整数，每个数字都是一个独立的数据元素；根据数据分布规律这些数字被分布在5张卡片上；在同一张卡片上，除第一个和最后一个元素外，每个元素都有一个直接前趋和一个直接后趋，卡片上的元素的逻辑关系可用线性表表示，同样卡片同卡片的逻辑关系也可用线性表表示。同时因为这组数据一旦被存储后，就不再进行插入和删除操作，所以应采用顺序存储结构来存储。具有这些特点的数据结构称为数组。

6.1.1　分析数组的逻辑结构

1. 数组的定义

数组是由 n(n≥1)个相同类型的数据元素组成的有限序列，数组中的每一个数据通常为数据元素。数组中的元素可以通过下标随机访问，其中下标的个数由组数的维数决定。

数组可以看做是线性表的推广，一维数组为按顺序存储的线性表，二维数组为数据元素类型为一维数组的线性表，三维数组为数据元素类型为二维数组的线性表，以此类推。

对于一个 m 行 n 列的二维数组，可以表示成图 6.1 所示的数据结构。

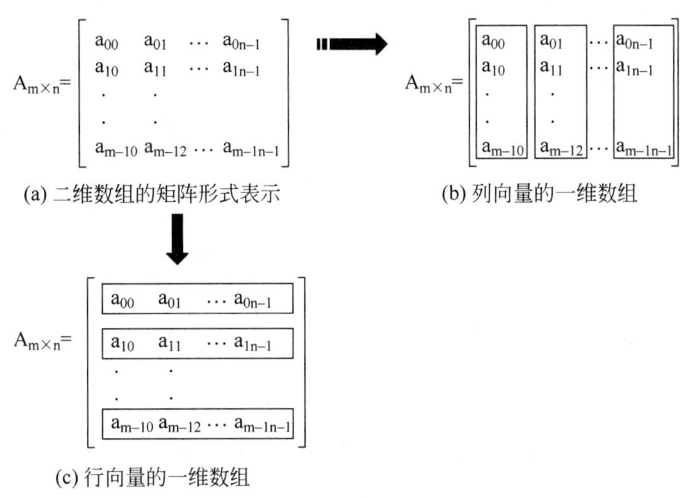

(a) 二维数组的矩阵形式表示　(b) 列向量的一维数组

(c) 行向量的一维数组

图 6.1　m×n 二维数组结构示意图

图 6.1(a)所示是一个二维数组，以 m 行 n 列的矩阵形式表示。它可以看成是一个线性表。

$$A=(a_0, a_1, \cdots, a_p)\quad (p=m-1 \text{ 或 } n-1)$$

图 6.1(b)所示为一个列向量线性表，其中每一个数据元素是一个列向量；图 6.1(c)所示为一个行向量线性表，其中每一个数据元素是一个行向量。

根据上面的讨论，5 张卡片上的数字可用一个 5 行 16 列二维数组来表示。

2. 数组的特点

通过以上的分析可总结出数组具有以下特点：

- 数组中的数据元素数目确定。一旦定义了一个数组，其数据元素的数目不再增减。
- 数组中的数据元素具有相同的数据类型。
- 数组中的每个数据元素都和一组唯一的下标值对应。
- 数组是一种随机存储结构，可随机存取数组中的任意数据元素。

6.1.2　识别数组的基本操作

数组在高级程序设计语言中表示一种数据类型，几乎所有高级程序设计语言都支持数组这样一种数据类型,前面几章的各种线性结构的顺序存储结构都是借用一维数组这种类型来描述的。不同的高级程序设计语言允许的数组操作不同,但如下两种基本操作是每个数组必备的。

(1) 随机存。给定一组下标,修改相应数据元素中的值。

(2) 随机取。给定一组下标,获取对应数据元素的值。

除了上面的操作外,在 C# 语言中,提供的对数组常用的操作还有:

- int Length{get;}。获取数组元素的个数。
- int Rank { get; }。获取数组的秩(维数)。
- static void Clear(Array array,int index,int length)。将数组设置为 0、false 或 null,具体取决于元素类型。
- static void Copy(Array sourceArray,Array destinationArray,int length)。从第一个元素开始复制数组中的一系列元素,到另一数组中。
- void CopyTo(Array array,int index)。将一维数组的所有元素复制到指定的一维数组 Array 中。
- int GetLength(int dimension)。获取数组指定维中的元素数。
- static void Sort(Array array)。对整个一维数组 Array 中的元素进行排序。

6.1.3 用顺序存储结构存储数组

如何将 5 张卡片上的数字存放到计算机中呢?我们已经知道这些数字可以用一个二维数组来表示。由于数组一般不进行插入或删除操作,也就是说,一旦建立了数组,则结构中的数据元素个数和元素之间的关系就不再发生变动,变动的只能是数据元素的值。因此,采用顺序存储结构表示数组是自然的事了。

由于存储单元是一维结构,而数组是多维结构,则用一组连续存储单元存放数组的数据元素就有个次序约定的问题。对于一维数组,可根据数组元素的下标得到它的存储地址,也可根据下标来访问一维数组中的元素。而对于多维数组,需要把多维的下标表达式转换成一维的下标表达式。这产生了两种存储方式:一种是以行序为主序(先行后列)的顺序存放,另一种是以列序为主序(先列后行)的顺序存放。图 6.2 给出了图 6.1 中的二维数组的两种存放方式示意图。

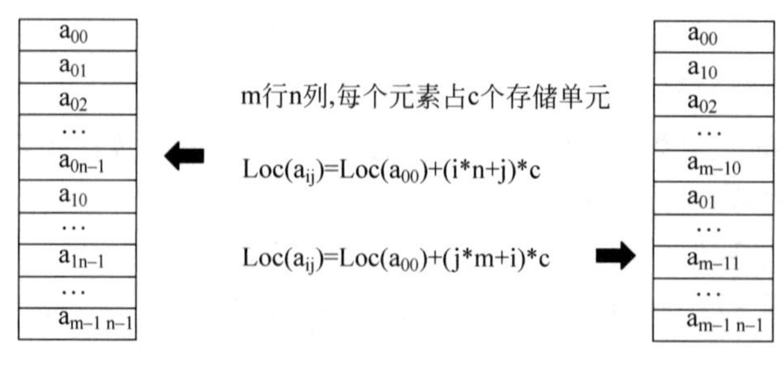

图 6.2 m 行 n 列二维数组的存放方式

由图 6.2 的公式可知,数组元素的存储位置是其下标的线性函数,一旦确定了数组各维的长度,就可以计算任意一个元素的存储地址,并且时间相等。所以,存取数组中任意一个元素的时间也相等，因此，数组是一种随机存储结构。

6.1.4　编程实现数组的基本操作

在C#中，数组实际上是对象。System.Array是所有数组类型的抽象基类型。提供创建、操作、搜索和排序数组的方法，因而在公共语言运行库中用做所有数组的基类。因此所有数组都可以使用它的属性和方法。

当在程序中声明并创建了一个数组后，该数组就是一个Array类的实例，该类除了具有在6.1.2节中提到的属性和方法外，还有很多其他的属性和方法，可以满足大部分开发的需要。在本书中不再编写实现抽象数据类型数组的代码。

6.1.5　用数组解决数学魔术游戏的编程

```
class GuessNumber
  {
    public static void Main()
    {
      int[,] num = new int[5,16];           //存储卡片上的数字
      int[] len = new int[5];               //动态添加卡片上的数字,统计每张卡片上数字个数
      char[] bit;                           //临时存储一个十进制数转换成的二进制数
      for (int i = 1; i <= 31; i++)
      {
        bit = ToBinary(i);
        for (int j = 0; j<bit.Length ; j++)
          if(bit[j] == '1')
            num[j,len[j]++] = i;
      }
      //随机产生一个 1 到 31 之间的整数
      Random ra = new Random(unchecked((int)DateTime.Now.Ticks));
      int numrand = ra.Next(1,31);
      bit = ToBinary(numrand);
      string cardrand = "";
      for (int i = 0; i < bit.Length; i++)
        if (bit[i] == '1')
          cardrand = cardrand + (i + 1) + ",";
      Console.Write("在卡片:{0}都存在的数是:", cardrand);
      int guessnum = Convert.ToInt32 (Console.ReadLine());
      if (guessnum == numrand)
        Console.WriteLine("恭喜你，猜对了!");
      else
        Console.WriteLine("猜错了，该数应该为:{0}，再试一次了!", numrand);
      //列出随机数据在卡片上的数字
      Console.WriteLine ("{0}所在卡片上的数字为:", numrand);
      for (int i = 0; i < bit.Length; i++)
      {
        if (bit[i] == '1')
        {
```

```
                Console.Write("卡片{0}:", (i + 1));
                for (int j = 0; j < 16; j++)
                {
                    Console.Write(num[i, j] + " ");
                }
            }
            Console.WriteLine();
        }
        Console.ReadLine();
    }
    //将一个十进制数转换成二进制数并将其存放在字符数组中
    public static char[]  ToBinary(int x)
    {
        char temp;                          //实现 bit 反转时用
        char[] bit = new char[5];
        bit = Convert.ToString(x, 2).ToCharArray();
        for (int j = 0; j < bit.Length / 2; j++)
        {
            temp = bit[j];
            bit[j] = bit[bit.Length - 1 - j];
            bit[bit.Length - 1 - j] = temp;
        }
        return bit;
    }
}
```

独立实践

[问题描述]

魔方阵是一个古老的智力问题，它要求在一个 $n \times n$ 的矩阵中填入 1 到 n^2 的数字(n 为奇数)，使得每一行、每一列、每条对角线的累加和都相等，如图 6.3 所示。

6	1	8
7	5	3
2	9	4

(a) 3 阶魔方阵

15	8	1	24	17
16	14	7	5	23
22	20	13	6	4
3	21	19	12	10
9	2	25	18	11

(b) 5 阶魔方阵

图 6.3 魔方阵示例

解魔方阵问题的方法很多，这里采用如下规则产生魔方阵：

(1) 由 1 开始填数，将 1 放在第 0 行的中间位置；

(2) 将魔方阵想象成上下、左右相接，每次往左上角走一步，会有下列情况：

- 左上角超出上方边界，则在最下边相对应的位置填入下一个数字；
- 左上角超出左边边界，则在最右边相对应的位置填入下一个数字；

- 如果按上述方法找到的位置已填入数据，则在同一列下一行填入下一个数字。

下面以 3×3 魔方阵为例，说明其填数过程，如图 6.4 所示。

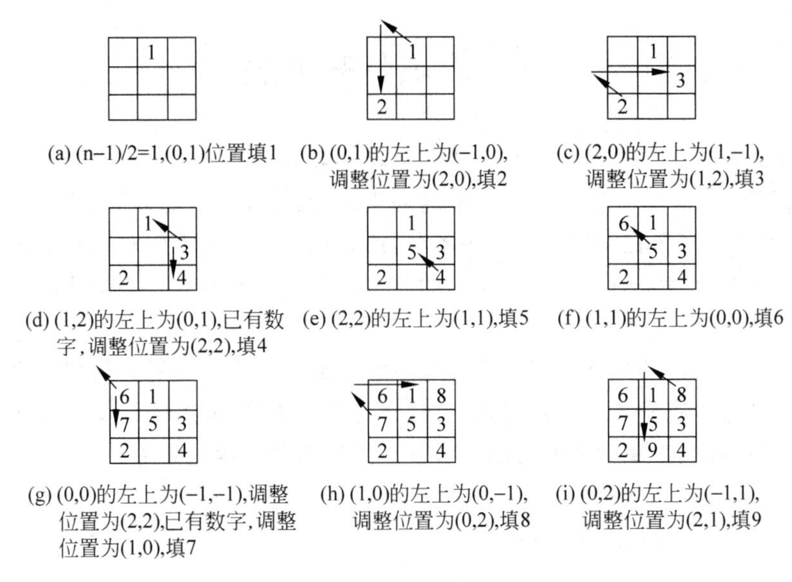

图 6.4　三阶魔方阵的生成

由上述三阶魔方阵的生成过程可知，某一位置(p,q)的左上角的位置是(p－1,q－1)，如果 p－1≥0，不用调整，否则将其调整为(p－1＋n)；同理，如果 q－1≥0，不用调整，否则将其调整为(q－1＋n)。所以，位置(p,q)的左上角的位置可以用求模的方法获得，即：

```
p = (p - 1 + n) % n
q = (q - 1 + n) % n
```

[**基本要求**]

请按照上述提示，给出魔方阵的实现程序。

学习情境：用特殊矩阵解决查询城市间的距离的编程

[**问题描述**]

考察美国佛罗里达州的六个城市 Gainesville，Jacksonville，Miami，Orlando，Tallahassee 和 Tampa。将这六个城市从 1～6 进行编号。任意两个城市之间的距离可以用一个 6×6 的矩阵来表示。矩阵的第 i 行和第 i 列代表第 i 个城市，distance (i,j) 代表城市 i 和城市 j 之间的距离。图 6.5 给出了相应的矩阵。由于对于所有的 i 和 j，有 distance (i,j)＝distance (j,i)，所以该矩阵是一个对称矩阵。

根据该矩阵的特点，编程实现下面的要求：

	GN	JX	MI	OD	TL	TM
GN	0	73	333	114	148	129
JX	73	0	348	140	163	194
MI	333	348	0	229	468	250
OD	114	140	229	0	251	84
TL	148	163	468	251	0	273
TM	129	194	250	84	273	0

GN＝Gainesville	OD＝Orlando
JX＝Jacksonville	TL＝Tallahassee
MI＝Miami	TM＝Tampa

距离单位：公里

图 6.5　城市距离矩阵

- 两个城市间的距离只存储一次，自己到自己的距离不要存储。
- 当用户任意输入两个城市的名字，将在屏幕上显示这两个城市间的距离。

6.2 认识特殊矩阵

图 6.5 用矩阵表示城市间的距离。矩阵在科学计算和工程应用中被广泛使用，然而在某些特殊情况下，经常会出现一些阶数很高的矩阵，其中含有很多值相同的元素或者零元素，图 6.5 中就含有很多相同的元素。为了节省存储空间，经常需要对这些矩阵进行压缩存储。所谓的压缩存储就是对矩阵中值相同的元素只分配一个存储空间，而对零元素则不分配空间。

对于需要压缩存储的矩阵可以分为特殊矩阵和稀疏矩阵。**对那些具有相同值元素或零元素在矩阵中分布具有一定规律的矩阵，被称之为特殊矩阵，而对于那些零元素数目远远多于非零元素数目，并且非零元素的分布没有规律的矩阵称为稀疏矩阵。**

6.2.1 分析特殊矩阵的逻辑结构

对那些具有相同值元素或零元素在矩阵中分布具有一定规律的矩阵，被称之为特殊矩阵。特殊矩阵通常有：

- 对角矩阵(diagonal)。M 是一个对角矩阵当且仅当 $i \neq j$ 时有 $M(i,j)=0$，如图 6.6(a)所示。
- 三对角矩阵(tridiagonal)。M 是一个三对角矩阵当且仅当 $|i-j|>1$ 时有 $M(i,j)=0$，如图 6.6(b)所示。
- 下三角矩阵(lower triangular)。M 是一个下三角矩阵当且仅当 $i<j$ 时有 $M(i,j)=0$，如图 6.6(c)所示。
- 上三角矩阵(upper triangular)。M 是一个上三角矩阵当且仅当 $i>j$ 时有 $M(i,j)=0$，如图 6.6(d)所示。
- 对称矩阵(symmetric)。M 是一个对称矩阵当且仅当对于所有的 i 和 j 有 $M(i,j)=M(j,i)$，如图 6.6(e)所示。

2 0 0 0	2 1 0 0	2 0 0 0	2 1 3 0	2 4 6 0
0 1 0 0	3 1 3 0	5 1 0 0	0 1 3 8	4 1 9 5
0 0 4 0	0 5 2 7	0 3 1 0	0 0 1 6	6 9 4 7
0 0 0 6	0 0 9 0	4 2 7 0	0 0 0 0	0 5 7 0
(a)	(b)	(c)	(d)	(e)

图 6.6 特殊矩阵示意图

矩阵的逻辑关系可用二维数组来表示。分析图 6.5 中的距离矩阵，可知该矩阵为对称矩阵。

在一个 n 阶方阵 A 中，若元素满足下述性质：

$$a_{ij}=a_{ji} \quad 0 \leqslant i,j \leqslant n-1$$

则称其为 n 阶对称方阵。这样距离矩阵为 6 阶方阵。

6.2.2 特殊矩阵的压缩存储

通常的情况下，矩阵用二维数组存储时，存储的密度为 1。可以对其元素进行随机存取，各种矩阵运算也非常简单。但对于具有许多相同元素或者零元素且其分布又有一定规律的特殊矩阵，有时为了节省空间，可以对这类矩阵进行压缩存储，矩阵中值相同的元素只分配一个存储空间，零元素不存储。图 6.5 的城市距离矩阵为对称矩阵，下面就以对称矩阵为列，讲解特殊矩阵的压缩存储。

由于对称矩阵中的元素关于主对角线对称，为了节省空间，可以为每一对称元素只分配一个存储空间，存储时只存储对称矩阵中的上三角或下三角中的元素。这样存储单元的总数是：

$$\sum_{i=0}^{n-1}(i+1)=n(n+1)/2 \text{ 包含对角线上的元素时}$$

$$\sum_{i=0}^{n-1}(i)=n(n-1)/2 \text{ 不包含对角线上的元素时}$$

可以以行序为主进行压缩存储，也可以以列序为主进行压缩存储。假设以行序为主进行压缩存储，可以用一个一维数组 b(n(n+1)/2)作为 n 阶对称矩阵 a 的存储结构，则 b[k] 和矩阵元素 a_{ij}之间存在如下一对应关系：

$$K=\begin{cases}\dfrac{i(i+1)}{2}+j & \text{当 } i\geqslant j \text{ 时}\\ \dfrac{j(j+1)}{2}+i & \text{当 } i<j \text{ 时}\end{cases} \quad \text{存储对角线上的元素时}$$

$$K=\begin{cases}\dfrac{i(i-1)}{2}+j & \text{当 } i>j \text{ 时}\\ \dfrac{j(j-1)}{2}+i & \text{当 } i<j \text{ 时}\end{cases} \quad \text{不存储对角线上的线元素时}$$

以行序为主的对称矩阵的下三角的存储顺序示意图如图 6.7 所示。

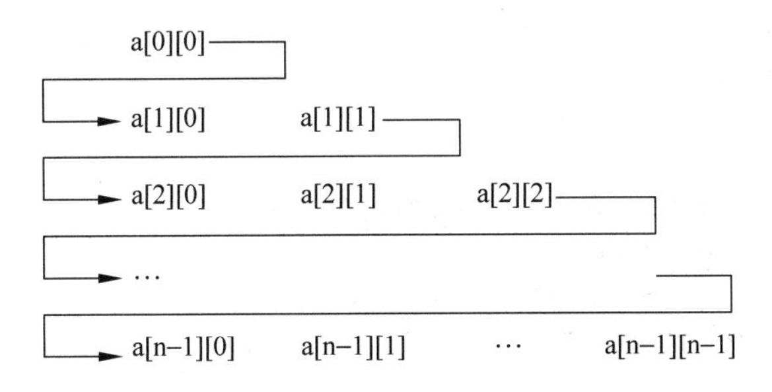

图 6.7 以行序为主的对称矩阵的下三角的存储顺序示意图

对称矩阵压缩后映射到内存中的排列示意图如图 6.8 所示。

通过上面的分析可知：城市距离矩阵因不用存储对角线元素，可用一个 6(6−1)/2=15 个数据元素的一维数组进行存储。

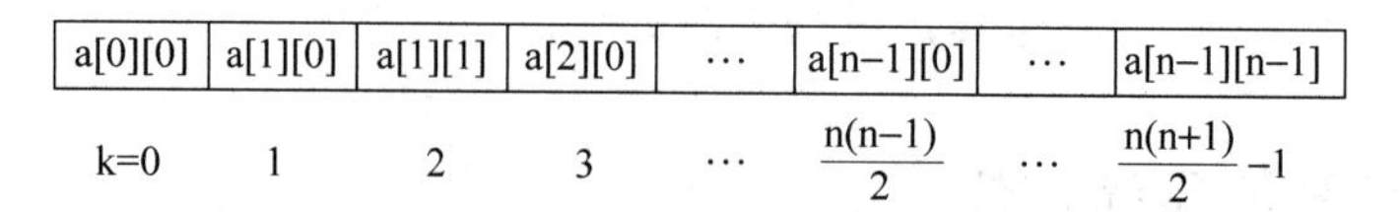

图 6.8　对称矩阵压缩后映射到内存中的排列示意图

6.2.3　用特殊矩阵解决查询城市间距离的编程

通过上面的分析可知，图 6.5 中的城市距离矩阵可用容量为 15 个数据元素的一维数组来存储，用 C# 的代码实现如下：

```
class CityDistance
  {
    public static void Main()
    {
      int[] distance;
      string[] cityname = new string[] { "GN", "JX", "MI", "OD", "TL", "TM" };
      int n, k;
      int i = 0, j = 0;
      Console.Write("请输入城市的数目:!");
      n = Convert.ToInt32(Console.ReadLine());
      k = n * (n - 1) / 2;
      distance = new int[k];
      Console.Write("请输入城市矩阵的下三角矩阵");
      for (int m = 0; m < k; m++)
        distance[m] = Convert.ToInt32(Console.ReadLine());
      string temp;
      Console.Write("请输入源城市简写名称:");
      temp = Console.ReadLine();
      for (int m = 0; m < n; m++)
        if (cityname[m] == temp)
        {
          i = m;
          break;
        }
      char flag = ' ';
      do
      {
        Console.Write("请输入目的城市简写名称:");
        temp = Console.ReadLine();
        for (int m = 0; m < n; m++)
          if (cityname[m] == temp)
          {
            j = m;
            break;
          }
        Console.WriteLine("{0}到{1}的距离是:{2}", cityname[i], cityname[j], i > j ?
        distance[i * (i - 1) / 2 + j]: distance[j * (j - 1) / 2 + i]);
        Console.WriteLine("还要继续查询吗(Y/N)?");
```

```
            flag = Convert.ToChar(Console.ReadLine());
        } while (flag == 'y' || flag == 'Y');
    }
}
```

独立实践

[问题描述]

有一个堆栈，其中有 n 个纸盒，纸盒 1 位于栈顶，纸盒 n 位于栈底。每个纸盒的宽度为 w，深度为 d。第 i 个纸盒的高度为 h_i。堆栈的体积为 $w \times d \times \sum_{i=1}^{n} h_i$。在堆栈折叠(stack folding)问题中，选择一个折叠点 i 把堆栈分解成两个子堆栈，其中一个子堆栈包含纸盒 1～i，另一个子堆栈包含纸盒 i+1～n。重复这种折叠过程，可以得到若干个堆栈。如果创建了 s 个堆栈，则这些堆栈所需要的空间宽度为 s×w，深度为 d，高度 h 为最高堆栈的高度。s 个堆栈所需要的空间容量为 s×w×d×h。由于 h 是第 i 至第 j 纸盒所构成的堆栈的高度(其中 i≤j)，因此 h 的可能取值可由 n×n 矩阵 H 给出，其中对于 i>j 有 H(i,j)=0。即有 $h=\sum_{i=1}^{j} h_i$，i≤j。由于每个纸盒的高度可以认为是大于 0，所以 H(i,j)=0 代表一个不可能的高度。图 6.9(a)给出了一个五个纸盒的堆栈。每个矩形中的数字代表纸盒的高度。图 6.9(b)给出了五个纸盒堆栈折叠成三个堆栈后的情形，其中最大堆栈的高度为 7。矩阵 H 是一个上三角矩阵，如图 6.9(c)所示。

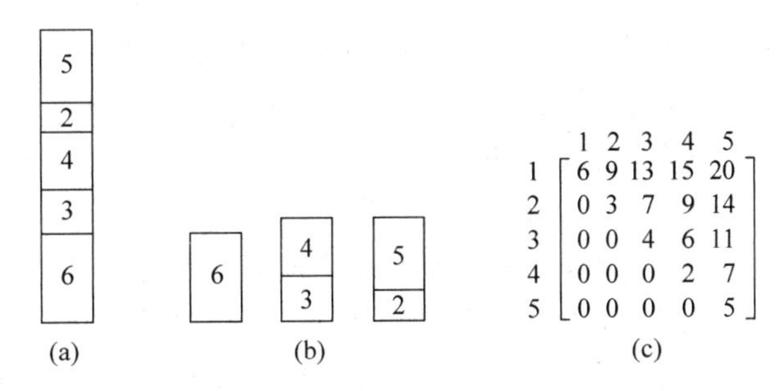

图 6.9　特殊矩阵示意图

[基本要求]

上面的描述，实现下面的功能：

- 编码生成图 6.9(c)所示的矩阵，注意对该矩阵进行压缩存储。
- 显示压缩存储后内存中数据元素的信息。

学习情境：用稀疏矩阵解决超市物品购买数据的编程

[问题描述]

某超级市场正在开展一项关于顾客购物品种的研究。为了完成这项研究，收集了 1000 个顾客的购物数据，这些数据被组织成一个矩阵 purchases，其中 purchases (i,j) 表示顾客 j

所购买的商品 i 的数量。

超级市场有一个 10000×1 的价格矩阵 price，price(i) 代表商品 i 的单价。矩阵 spent＝purchases^T * price 是一个 1000×1 的矩阵，它给出每个顾客所花费的购物金额。

根据上面的描述，编程实现下面的功能：

- 寻找一种节省空间的方式，将矩阵存储到内存中；
- 当超市管理人员输入一顾客编号，即算出该顾客所花费的购物金额；
- 可以实现矩阵的转置，使得行表示顾客，列表示产品。

6.3 认识稀疏矩阵

在前面的学习中，矩阵通常用二维数组来表示，如果用一个二维数组来描述矩阵 purchases，假设每个顾客平均购买了 20 种不同商品，那么在 10000000 个矩阵元素将大约只有 20000 个元素为非 0，而其他的元素全部为 0，并且非 0 元素的分布没有很明确的规律。**对于这种零元素数目远远多于非零元素数目，并且非零元素的分布没有规律的矩阵称为稀疏矩阵。**

6.3.1 分析稀疏矩阵的逻辑结构

对于那些零元素数目远远多于非零元素数目，并且非零元素的分布没有规律的矩阵称为稀疏矩阵(sparse)。人们无法给出稀疏矩阵的确切定义，一般都只是凭个人的直觉来理解这个概念，即矩阵中非零元素的个数远远小于矩阵元素的总数，并且非零元素没有分布规律，就可以称为稀疏矩阵。例如图 6.10 所示的矩阵 M 就是一个稀疏矩阵，在 48 个元素中只有 9 个非零元素，而且分布没有任何规律。

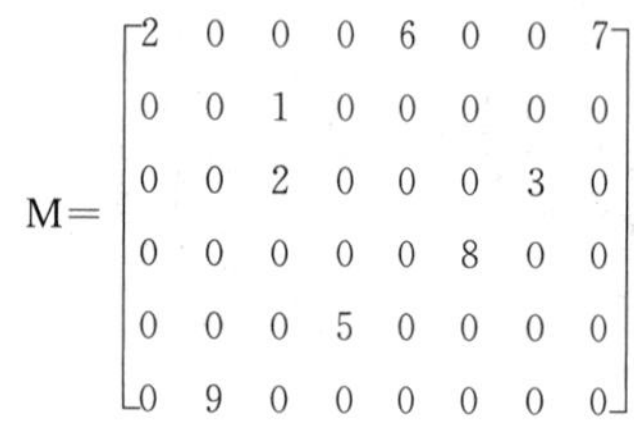

$$M=\begin{bmatrix}2&0&0&0&6&0&0&7\\0&0&1&0&0&0&0&0\\0&0&2&0&0&0&3&0\\0&0&0&0&0&8&0&0\\0&0&0&5&0&0&0&0\\0&9&0&0&0&0&0&0\end{bmatrix}$$

图 6.10 稀疏矩阵示意图

由于稀疏矩阵中非零元素较少，零元素较多，因此可以采用只存储非零元素的方法来进行压缩存储，又由于非零元素分布没有任何规律，所以在进行压缩存储的时候需要存储非零元素值的同时还要存储非零元素在矩阵中的位置，即非零元素所在的行号和列号，也就是在存储某个元素比如 a_{ij} 的值的同时，还需要存储该元素所在的行号 i 和它的列号 j，这样就构成了一个三元组(i，j，a_{ij})的线性表。图 6.10 对应的三元组的线性表为：(0，0，2)，(0，4，6)，(0，7，7)，(1，2，1)，(2，2，2)，(2，6，3)，(3，5，8)，(4，3，5)，(5，1，9)。

以上是按照行号顺序，将三元级组的 9 个非零元素按顺序进行排列，当然也可以按照列号的顺序进行排列。

因为超市物品购买数据矩阵：

purchases(i，j)　(0≤i<10000，0≤j<1000)

矩阵元素太多，不适合用图形表示和进行程序测试，所以这里将用对图 6.10 所示的 6×8 的 M 矩阵分析代替超市物品购买数据矩阵的分析，其原理是一样的。

6.3.2　稀疏矩阵的压缩存储

三元组可以采用顺序表示方法，也可以采用链式表示方法，这样就产生了对稀疏矩阵的不同压缩存储方式。下面对不同形式的稀疏矩阵压缩存储形式分别进行介绍。

1. 用顺序表存储稀疏矩阵的三元组

若把稀疏矩阵的三元组线性表按顺序存储结构存储，则称为稀疏矩阵的三元组顺序表。图 6.11 所示的是稀疏矩阵 M 的三元组的顺序表的表示形式。

顺序表中除了存储三元组外，还应该存储矩阵行数、列数和总的非零元素数目，这样才能唯一地确定一个矩阵。根据上面的分析，用顺序存储结构存储三元组线性表的 C# 语言定义如下：

```
//三元组定义
struct tupletype<T>
  {
    public int i;                    //行号
    public int j;                    //列号
    public T v;                      //元素值
    public tupletype(int i, int j, T v)
    {
      this.i = i;
      this.j = j;
      this.v = v;
    }
  }
//稀疏矩阵的顺序存储结构定义
  class spmatrix<T>
  {
    int MAXNUM;                      //非零元素的最大个数
    int md;                          //行数值
    int nd;                          //列数值
    int td;                          //非零元素的实际个数
    tupletype<T>[] data;             //存储三元组的值
}
```

	6	md	
	7	nd	
	9	td	
0	0	0	2
1	0	4	6
2	0	7	7
3	1	2	1
4	2	2	2
5	2	6	3
6	3	5	8
7	4	3	5
8	5	1	9
	i	j	v

图 6.11　稀疏矩阵 M 的三元组顺序表

2. 用十字链表存储稀疏矩阵的三元组

用一维数组来描述稀疏矩阵所存在的缺点是：当创建这个一维数组时，必须知道稀疏矩阵中的非 0 元素总数。虽然在输入矩阵时这个数是已知的，但随着矩阵加法、减法和乘法操作的执行，非 0 元素的数目会发生变化，因此如果不实际计算，很难精确地知道非 0 元素的数目。超市销售数据矩阵就很难提前精确知道非 0 元素的数目，但如果采用链式存储结构，就可以避免这种情况，下面就介绍稀疏矩阵的链式存储结构——十字链表。

十字链表结点分为三类，一类是表结点，它由五个域组成，其中 i 和 j 存储的是结点所在的行和列，right 和 down 存储的是指向十字链表中该结点所有行和列的下一个结点的指针，v 用于存放元素值；另一类结点为行头和列头结点，这类结点也有域组成，其中行和列的值均为零，没有实际意义，right 和 down 的域用于在行方向和列方向上指向表结点，next 用于指向下一个行或列的表头结点；最后一类结点称为总表头结点，这类结点与表头结点的结构和形式一样，只是它的 i 和 j 存放的是矩阵的行和列数。结点如图 6.12 所示。

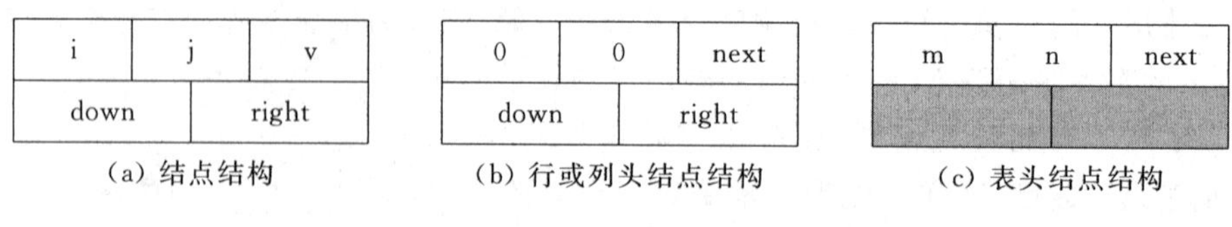

图 6.12　十字链表结点结构

十字链表可以看做是由各个行链表和列链表共同搭建起来的一个综合链表，每个结点 a_{ij} 既是处在第 i 行链表的一个结点，同时也是处在第 j 列链表上的一个结点，就像是处在十字交叉路口上的一个结点一样，这就是十字链表的由来。

十字链表中的每一行和每一列链表都是一个循环链表，都有一个表头结点，如图 6.13 所示。

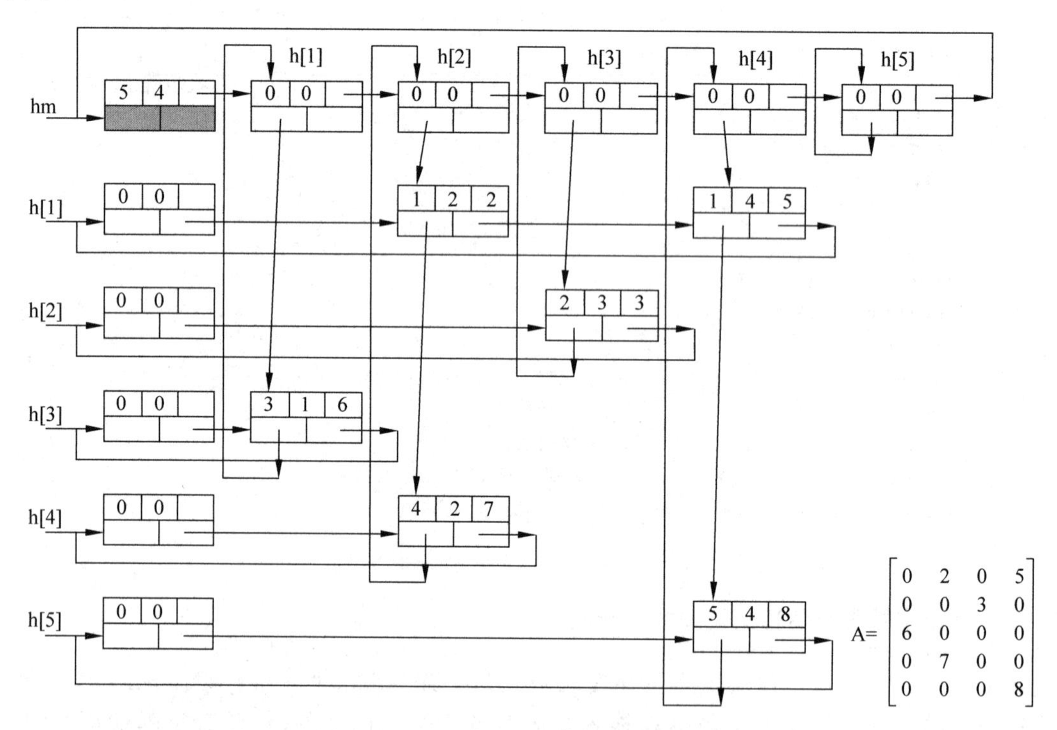

图 6.13　一个稀疏矩阵的十字链表示意图

在十字链表中，由于表头结点的行和列域的 i 和 j 的值都为零，且各自都指向每一行或列链表中的第一个结点，因此可以将行和列链表共享一个表头结点，即第 i 行和第 i 列共用一个表头结点，第 j 列和 j 行共用同一个结点，因些 5×4 稀疏矩阵只需要 5 个表头结点和一个总表头结点，就可以找到稀疏矩阵的任意行和任意列了。

有关稀疏矩阵的其他内容请读者参阅相关书籍，本书不再赘述。

6.3.3　编程实现稀疏矩阵的基本运算

矩阵运算通常包括矩阵转置、矩阵加、矩阵乘、矩阵求逆等。这里仅讨论最简单的矩阵转置运算算法。

矩阵转置运算是矩阵运算中最重要的一项，它是将 $m\times n$ 的矩阵变成另外一个 $n\times m$ 的矩阵，使原来矩阵中元素的行和列的位置互换而值保持不变，即若矩阵 N 是矩阵 M 的转置矩阵，则有：

$$M[i][j]=N[j][i]\quad (0\leqslant i\leqslant m-1, 0\leqslant j\leqslant n-1)$$

例如图 6.14 所示的矩阵是图 6.10 所示的 M 矩阵的转置矩阵。

根据稀疏矩阵类 spmatrix 的定义，假设均按行列有序存储，可以用图 6.15 表示矩阵 M 在转置前和转置后的顺序存储结构。

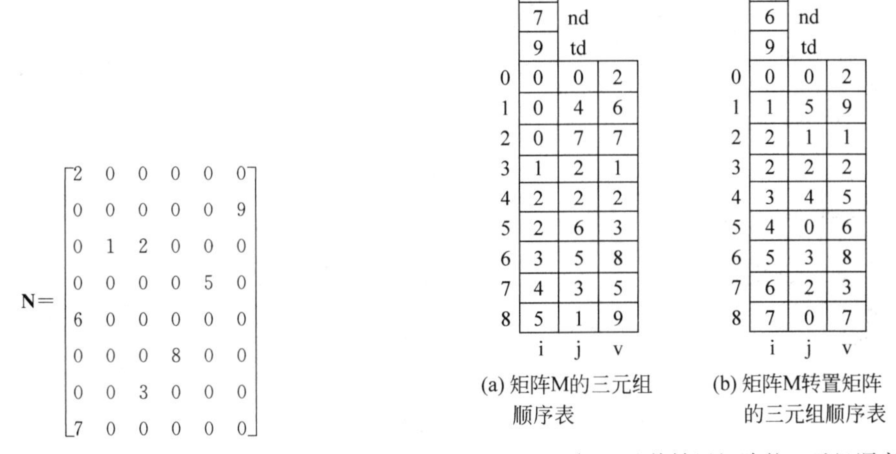

图 6.14　矩阵 M 的转置矩阵　　图 6.15　矩阵 M 及其转置矩阵的三元组顺序表

三元组表表示的矩阵转置的具体方法是：

第一步：根据 M 矩阵的行数、列数和非零元总数确定 N 矩阵的列数、行数和非零元总数。

第二步：当三元组表非空（M 矩阵的非零元不为 0）时，对 M 中的每一列 col（$0\leqslant col\leqslant n-1$），通过从头至尾扫描三元组表 data，找出所有列号等于 col 的那些三元组，将它们的行号和列号互换后依次放人 N 的 data 中，即可得到 N 的按行优先的压缩存储表示。

这样，用 C# 描述的封装转置算法及其他一些常用算法如设置和获取三元组表算法稀疏矩阵顺序表的代码如下：

```
class spmatrix<T>
  {
    int MAXNUM;                  //非零元素的最大个数
    int md;                      //行数值
```

```
    int nd;                        //列数值
    int td;                        //非零元素的实际个数
    tupletype<T>[] data;           //存储非零元素的值及一个表示矩阵行数、列数和总的非零元素数
                                     目的特殊三元组
  public int Md
  {
    get
    {
      return md;
    }
    set
    {
      md = value;
    }
  }
  public int Nd
  {
    get
    {
      return nd;
    }
    set
    {
      nd = value;
    }
  }
  public int Td{
    get{
      return td;
    }
    set{
      td = value;
    }
  }
  //三元组表的data属性
   public tupletype<T>[] Data
   {
     get
     {
       return data;
     }
     set
     {
       data = value;
     }
   }
  //初始化三元组顺序表
  public spmatrix() { }
  public spmatrix(int maxnum, int md, int nd)
  {
    this.MAXNUM = maxnum;
```

```
        this.md = md;
        this.nd = nd;
        data = new tupletype<T>[MAXNUM ];
    }
    //设置三元组表元素的值
    public void setData(int i, int j, T v)
    {
        data[td] = new tupletype<T>(i, j, v);
        td++;
    }
    //矩阵转置算法
    public spmatrix<T> Transpose()
    {
        spmatrix<T> N = new spmatrix<T>();
        int p, q, col;
        N.MAXNUM = MAXNUM;
        N.nd = md;
        N.md = nd;
        N.td = td;
        N.data = new tupletype<T>[N.td];
        if (td != 0)
        {
            q = 0;                                  //控制转置矩阵的下标
            for (col = 0; col < nd; col++)          //扫描矩阵的列
            {
                for (p = 0; p < td; p++)            //p控制被转置矩阵的下标
                {
                    if(data[p].j == col)
                    {
                        N.data[q].i = data[p].j;
                        N.data[q].j = data[p].i;
                        N.data[q].v = data[p].v;
                        q++;
                    }
                }
            }
        }
        return N;
    }
}
```

6.3.4 用稀疏矩阵实现超市物品购买数据的编程

```
class spmaxtrixApp
  {
    public static void Main()
    {
      spmatrix<int> M = null;
      int i, j, v;
```

```
int[] price = new int[] { 20, 35, 10, 2, 98, 22 };
while (true)
{
  Console.WriteLine("请输入操作选项：");
  Console.WriteLine("1.初始化产品购买数据矩阵");
  Console.WriteLine("2.显示产品购买数据矩阵");
  Console.WriteLine("3.显示产品购买数据矩阵的转置矩阵");
  Console.WriteLine("4.显示每位顾客的销售金额");
  Console.WriteLine("5.退出");
  char seleflag = Convert.ToChar(Console.ReadLine());
  switch (seleflag)
  {
    //添加非零销售数据
    case '1':
      {
        char flag;
        int max, pronum, cusnum;
        Console.Write("请输入产品数：");
        pronum = Convert.ToInt32(Console.ReadLine());
        Console.Write("请输入顾客数：");
        cusnum = Convert.ToInt32(Console.ReadLine());
        Console.Write("请输入最大非零数：");
        max = Convert.ToInt32 (Console.ReadLine ());
        M = new spmatrix<int>(max,pronum,cusnum);
        int z = 0;
        do
        {
          Console.WriteLine("请依次输入第{0} 个三元组的产品号、客户号、购买数量:", (z + 1));
          i = Convert.ToInt32(Console.ReadLine());
          j = Convert.ToInt32(Console.ReadLine());
          v = Convert.ToInt32(Console.ReadLine());
          M.setData(i, j, v);
          Console.Write("还有数据输入吗(Y/N):");
          flag = Convert.ToChar(Console.ReadLine());
          z++;
        } while (flag == 'Y' && z <= max);
        break;
      }
    //显示产品购买数据矩阵
    case '2':
      {
       int z = 0;
        Console.WriteLine("以产品编号为行，客户编号为列的矩阵是：");
        for(int row = 0;row < M.Md;row++)
        {
          for (int col = 0; col < M.Nd; col++)
          {
            for (z = 0; z < M.Td; z++)
            {
              if (M.Data[z].i == row && M.Data[z].j == col)
              {
```

```
                Console.Write("{0}\t",M.Data[z].v);
                break;
              }
            }
            if (z == M.Td)
              Console.Write("0\t");
          }
          Console.WriteLine();
        }
      break;
    }
  //显示产品购买数据矩阵的转置矩阵
  case '3':
    {
      Console.WriteLine("以客户编号为行,产品编号为列的矩阵是:");
      spmatrix<int> N = new spmatrix<int>();
      N = M.Transpose();
      int z = 0;
      Console.WriteLine("以产品编号为行,客户编号为列的矩阵是:");
      for (int row = 0; row <N.Md; row++)
      {
        for (int col = 0; col < N.Nd; col++)
        {
          for (z = 0; z < N.Td; z++)
          {
            if (N.Data[z].i == row && N.Data[z].j == col)
            {
              Console.Write("{0}\t",N.Data[z].v);
              break;
            }
          }
          if (z == N.Td)
            Console.Write("0\t");
        }
        Console.WriteLine();
      }
      break;
    }
  //显示每位顾客的销售金额
  case '4':
    {
      Console.WriteLine("顾客的销售金额清单如下:");
      Console.WriteLine("编号\t金额");
      int sum = 0;
      for (int q = 0; q < M.Nd; q++)
      {
        for (int p = 0; p < M.Td; p++)
        {
          if (M.Data[p].j == q)
          {
            sum = sum + M.Data[p].v * price[M.Data[p].i];
```

```
                        }
                    }
                    Console.WriteLine("{0}\t{1}", q, sum);
                    sum = 0;
                }
                break;
            }
        case '5':
            {
                return;
            }
        }
        Console.Write("按任意键继续…");
        Console.ReadLine();
    }
        Console.ReadLine();
    }
}
```

对上述代码进行测试时,可用图 6.14(a)的数据作为测试数据。

独立实践

[问题描述]

假设系数矩阵 A 和 B 均以三元组顺序表作为存储结构。同时假设三元组顺序表 A 的空间足够大,将矩阵 B 加到矩阵 A 上,不增加 A,B 之外的附加空间。

[基本要求]

试写出满足以下条件的矩阵相加的算法:

- 编码实现矩阵 A 加矩阵 B 的算法。
- 分析算法的时间复杂度是否达到了 $O(m+n)$。其中 m 和 n 分别为 A,B 矩阵中非零元的数目。

本 章 小 结

- 数组是由 $n(n\geqslant 1)$个相同类型的数据元素组成的有限序列,数组中的数据是按顺序存储在一块地址连续的内存单元中。
- 数组可以看做是线性表的推广,一维数组为按顺序存储的线性表,二维数组为数据元素类型为一维数组的线性表,三维数组为数据元素类型为二维数组的线性表,依此类推。
- 矩阵在科学计算和工程应用中被泛使用,矩阵用二维数组来表示;在某些特殊情况下,经常会出现一些阶数很高的矩阵,其中含有很多值相同的元素或者零元素,为了节省存储空间,经常需要对这些矩阵进行压缩存储。
- 需要进行压缩存储的矩阵通常有两种类型:

➢ 特殊矩阵。具有相同值元素或零元素在矩阵中分布具有一定规律的矩阵。
➢ 稀疏矩阵。零元素数目远远多于非零元素数目，并且非零元素的分布没有规律的矩阵

- 对特殊矩阵进行压缩存储时，矩阵中值相同的元素只分配一个存储空间，零元素不存储。
- 对稀疏矩阵进行压缩存储的时候需要存储非零元素值的同时还要存储非零元素在矩阵中的位置，即非零元素所在的行号和列号，也就是在存储某个元素比如 a_{ij} 的值的同时，还需要存储该元素所在的行号 i 和它的列号 j，这样就构成了一个三元组(i,j,a_{ij})的线性表。
- 在存储稀疏矩阵的三元组线性表时，可以用稀疏矩阵的三元组顺序表存储，也可以用十字链表存储。
- 稀疏矩阵的三元组顺序表中除了存储三元组外，还应该存储矩阵行数、列数和总的非零元素数目，这样才能唯一地确定一个矩阵。
- 十字链表为稀疏矩阵的每一行设置一个单独的链表，为每一列也设置了一个单独的链表，稀疏矩阵的每一个非零元素同时包含在两个链表中，十字链表的头指针指向链表的头结点。

综合练习

一、选择题

1. 常对数组进行的两种基本操作是（　　）。

A. 建立与删除　　B. 索引和修改
C. 对数据元素的存取和修改　　D. 查找与索引

2. 设有一个 10 阶的对称矩阵 A，采用压缩存储方式，以行序为主存储，a_{11} 为第一元素，其存储地址为 1，每个元素占一个地址空间，则 a_{85} 的地址为（　　）。

A. 13　　B. 33　　C. 18　　D. 40

3. 二维数组 M 的成员是 6 个字符（每个字符占一个存储单元，即一个字节）组成的串，行下标 i 的范围从 0～8，列下标 j 的范围从 0～9，则存放 M 至少需要（①　）个字节；M 数组的第 8 列和第 5 行共占（②　）个字节。

① A. 90　　B. 180　　C. 240　　D. 540
② A. 108　　B. 114　　C. 54　　D. 60

4. 有一个 100×90 的稀疏矩阵，非 0 元素有 10 个，设每个整型数占 2 字节，则用三元组表示该矩阵时，所需的字节数是（　　）。

A. 60　　B. 66　　C. 18000　　D. 33

5. 设 A 是 n×n 的对称矩阵，将 A 的对角线及对角线上方的元素以列为主的次序存放在一维数组 B[1…n(n+1)/2]中，对上述任一元素 a_{ij} $(1\leqslant i,j\leqslant n$，且 $i\leqslant j)$ 在 B 中的位置为（　　）。

A. $i(i-l)/2+j$　　B. $j(j-l)/2+i$
C. $j(j-l)/2+i-1$　　D. $i(i-l)/2+j-1$

6. 对稀疏矩阵进行压缩存储目的是(　　)。

A. 便于进行矩阵运算　　B. 便于输入和输出

C. 节省存储空间　　D. 降低运算的时间复杂度

二、问答题

1. 已知二维数组 Am,m 采用按行优先顺序存放,每个元素占 K 个存储单元,并且第一个元素的存储地址为 $Loc(a_{11})$,请写出求 $Loc(a_{ij})$ 的计算公式。如果采用列优先顺序存放呢?

2. 简述数组和线性表的关系,数组和矩阵的关系。

三、编程题

1. 如图 6.16 所示,在一个 n×n 的 C-矩阵中,除第一行、第 n 行和第一列外,其他的元素均为 0。一个 C-矩阵最多有 3n－2 个非 0 项。可把一个 C-矩阵压缩存储到一个一维数组,方法是首先存储第一行,然后是第 n 行,最后是第一列中的剩余元素。

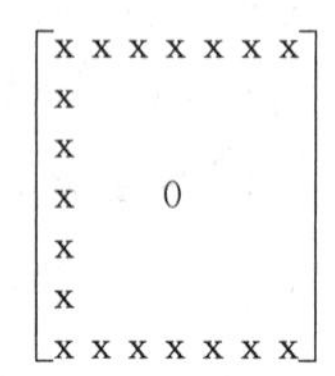

x 表示可能为非 0

所有其他项均为 0

图 6.16　C-矩阵

(1) 给出一个 4×4 的 C-矩阵样例及其压缩存储格式。

(2) 按照上述思想设计一个 C#类 C-矩阵,它用一个一维数组 t 描述一个 n×n 的C-矩阵,要求提供两个共享成员函数 Store 和 Retrieve。

(3) 使用适当的测试数据来测试代码。

2. 试编写一个以三元组形式输出用十字链表表示的稀疏矩阵中非零元素及其下标的算法。

第7章

解决二叉树的编程问题

学习情境：解决快速搜索磁盘文件中记录的问题

磁盘文件中的数据一般是按记录方式组织的。一条记录由许多字段组成，其中一个就是键字段。如图7.1(a)所示的数据文件，它由很多记录组成，每条记录由职工号、姓名、职务等字段组成，其中职工号为每条记录的主键，这个键字段被用于唯一地标识文件中的每个职工的记录。对这个表常有的操作是查询、添加、修改和删除。

为了对数据文件中的记录进行查询、修改和删除操作，首先要定位所要操作的记录。定位的第一种方式就是从文件的第一条记录开始找，直到发现需要的记录。这也就是顺序访问。在这种情况下，如果记录位于文件的末尾，搜索过程将十分耗时。因此必须寻找一种新的方法，以使访问记录能通过指定的键值来完成。

想到在日常生活中，人们常会借助各种索引(如图书资料索引、词典索引等)快速找到所需要的东西，同样也可以为数据文件建立索引表。索引表由关键字及与记录一起存放的物理地址两项组成。如图7.1(b)所示，索引应该按升序排序键值段中的值，为了访问一条特定的记录，需要指定它的键值。如果键值存在于索引表中，就提取相应条目的物理位置，在获取了记录的物理位置后，就可以直接从文件中访问那条记录了。假设需要访问职工号为38号的记录。需要搜索索引表来寻找这个键值，并获取相应的物理地址105，这样就可以从物理地址105处开始访问所要读取的记录了。

	职工号	姓名	职务	其他
101	29	张珊	程序员	
103	05	李四	维修员	
104	02	王红	程序员	
105	38	刘琪	穿孔员	⋮
108	31			
109	43	⋮	⋮	
110	17			
112	48			

(a) 文件数据区

	关键字	物理记录号
	02	104
1	05	103
	17	110
	29	101
2	31	108
	38	105
3	43	109
	48	112

(b) 索引表

图7.1　数据文件和索引表示意图

索引表一般和数据文件同时写入到磁盘中，这样当访问数据时就可以使用索引。当有新记录插入或删除文件时，索引也会同时更新。当文件被打开执行插入、删除或搜索操作时，索引就被载入到主内存中。要保存在主内存中，索引必须按特定的数据结构来存储。

根据上面的描述，完成下面的任务：

- 选择一种数据结构在内存中存放索引表，通过该数据结构能高效地插入、删除和搜索索引表。
- 输入任一关键字，显示出查询该关键字的路径。

7.1 认识二叉树

图 7.1(b)所示的索引表是一种线性表，可以用数组或链式表来存储。如果用数组来存储，可以直接快速地查询，但插入和删除操作将变得很复杂并耗时；如果使用链式表来保存索引，可以快速执行插入和删除操作，但搜索特定的键值将十分耗时，特别是当键值处于链表的末端的时候。因此必须寻找一种新的数据结构，来实现这个目的，二叉搜索树就是这样一种数据结构，它同时提供了数组和链表的优点。

在图 7.2 中，假设希望查找 43。你从根结点 29 开始，将 29 与 43 对比，因为 43 大于 29，移动到 29 的右结点，也就是 38。将 38 与 43 比较，因为 43 大于 38，移动到 38 的右结点，也就是 43。再比较 43 与 43，两个值相同，也就意味着已经找到了二叉搜索树中的结点，即索引表中的键值。可以看到每次比较后，需要搜索的元素数量都减少了一半，这大大提高了查询的速度。

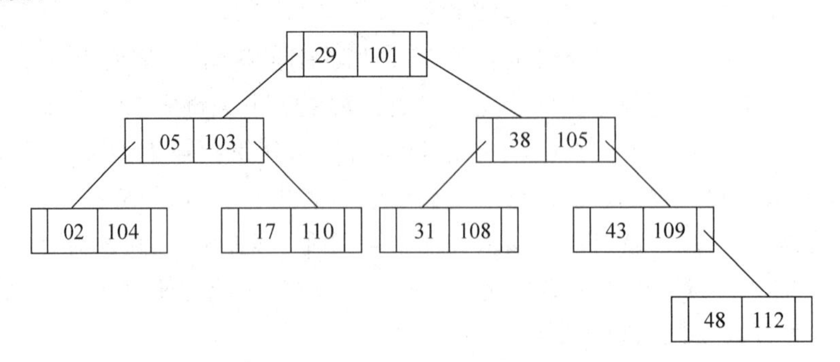

图 7.2　基于图 7.1(b)所示的索引表建立的二叉搜索树

那么图 7.2 所示的二叉搜索树是如何创建的呢。因为二叉搜索树是一种特殊的二叉树，创建这样的搜索树之前，需要了解二叉树的相关内容。

图 7.2 是一种非线性的数据结构，在该结构中至少存在一个数据元素，有两个或两个以上的直接前驱(或直接后继)元素。树形结构和图形就是其中十分重要的非线性结构，可以用来描述客观世界中广泛存在的层次结构和网状结构的关系，如族谱、城市交通等。在本书的第 7～9 章将重点讨论这两类非线性结构的有关概念、存储结构、在各种存储结构上所实施的一些运算以及有关的应用实例。

本章对树型结构中最简单、应用十分广泛的二叉树结构进行讨论。

7.1.1　分析二叉树的逻辑结构

1. 二叉树的定义

二叉树(Binary Tree)是n(n≥0)个有限元素的集合,该集合或者为空、或者由一个称为根(root)的元素及两个不相交的、被分别称为左子树和右子树的二叉树组成。当集合为空时,称该二叉树为空二叉树。在二叉树中,一个元素也称为一个结点。

图7.3中给出了一棵二叉树的示意图。在这棵二叉树中,结点A为根结点,它的左子树是以结点B为根结点的二叉树,它的右子树是以结点C为根结点的二叉树,其中以结点B为根结点的子树只有一棵左子树,而以结点C为根结点的子树既有左子树,又有右子树。

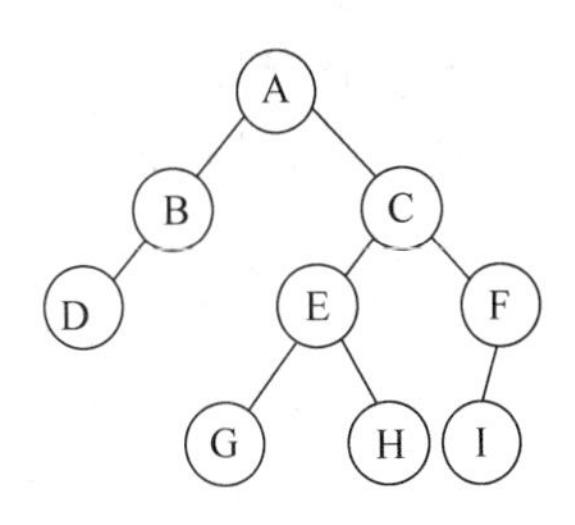

图7.3　二叉树示意图

二叉树是有序的,即若将其左、右子树颠倒,就成为另一棵不同的二叉树。即使树中结点只有一棵子树,也要区分它是左子树还是右子树。因此二叉树具有五种基本形态,如图7.4所示。

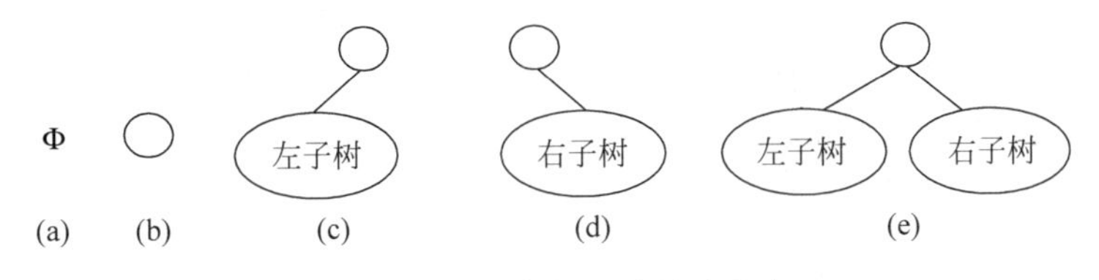

图7.4　二叉树的五种基本形态

其中图7.4(a)为空二叉树;(b)为只有一个根结点的二叉树;(c)为有根结点和左子树的二叉树;(d)为有根结点和右子树的二叉树;(e)为有根结点和左、右子树的二叉树。

2. 二叉树的相关术语

(1) 结点的度。结点所拥有的子树的个数称为该结点的度。

在图7.3中,A结点的度数为2。

(2) 叶结点。度为0的结点称为叶结点,或者称为终端结点。

在图7.3中,D、G、H、I为叶结点。

(3) 分支结点。度不为0的结点称为分支结点,或者称为非终端结点。一棵树的结点除叶结点外,其余的都是分支结点。

在图7.3中,A、B、C、E、F为分支结点。

(4) 孩子、兄弟、双亲。树中一个结点的子树的根结点称为这个结点的孩子。这个结点称为它孩子结点的双亲。具有同一个双亲的孩子结点互称为兄弟。

在图7.3中,B、C是A结点的孩子,C是E和F的双亲,E和F互称兄弟。

(5) 路径、路径长度。如果一棵树的一串结点$n_1,n_2,\cdots,n_k$有如下关系:结点n_i是n_{i+1}的父结点($1\leqslant i<k$),就把$n_1,n_2,\cdots,n_k$称为一条由n_1至n_k的路径。这条路径的长度是$k-1$。

在图7.3中,ACEG是一条路径,路径的长度是3。

(6) 祖先、子孙。在树中,如果有一条路径从结点M到结点N,那么M就称为N的祖先,而 N 称为 M 的子孙。

(7) 结点的层数。规定树的根结点的层数为 1,其余结点的层数等于它的双亲结点的层数加 1。

在图 7.3 中,A 的层数为 1,B 的层数为 2。

(8) 树的深度。树中所有结点的最大层数称为树的深度。

在图 7.3 中,树的层数为 4。

(9) 树的度。树中各结点度的最大值称为该树的度。

二叉树的最大度为 2,图 7.3 的二叉树的度为 2。

(10) 满二叉树。

在一棵二叉树中,如果所有分支结点都存在左子树和右子树,并且所有叶子结点都在同一层上,这样的一棵二叉树称为满二叉树。如图 7.5(a)所示就是一棵满二叉树,图(b)则不是满二叉树,因为,虽然其所有结点要么是含有左右子树的分支结点,要么是叶子结点,但由于其叶子未在同一层上,故不是满二叉树。

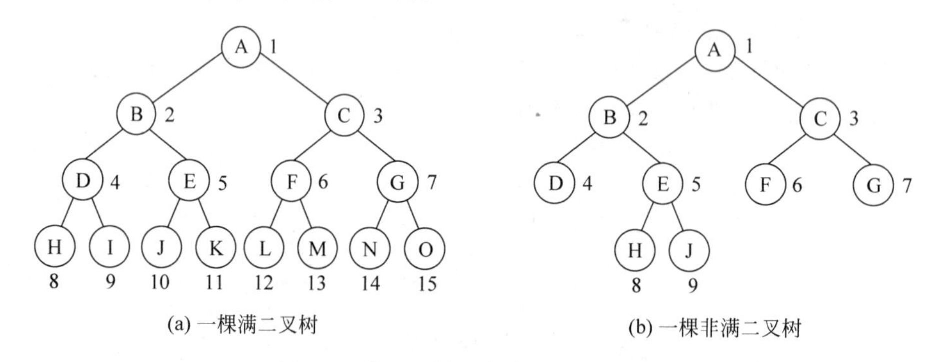

(a) 一棵满二叉树　　(b) 一棵非满二叉树

图 7.5　满二叉树和非满二叉树示意图

(11) 完全二叉树。

一棵深度为 k 的有 n 个结点的二叉树,对树中的结点按从上至下、从左到右的顺序进行编号,如果编号为 i(1≤i≤n)的结点与满二叉树中编号为 i 的结点在二叉树中的位置相同,则这棵二叉树称为完全二叉树。完全二叉树的特点是:叶子结点只能出现在最下层和次下层,且最下层的叶子结点集中在树的左部。显然,一棵满二叉树必定是一棵完全二叉树,而完全二叉树未必是满二叉树。如图 7.6(a)所示为一棵完全二叉树,图 7.6(b)和图 7.5(b)都不是完全二叉树。

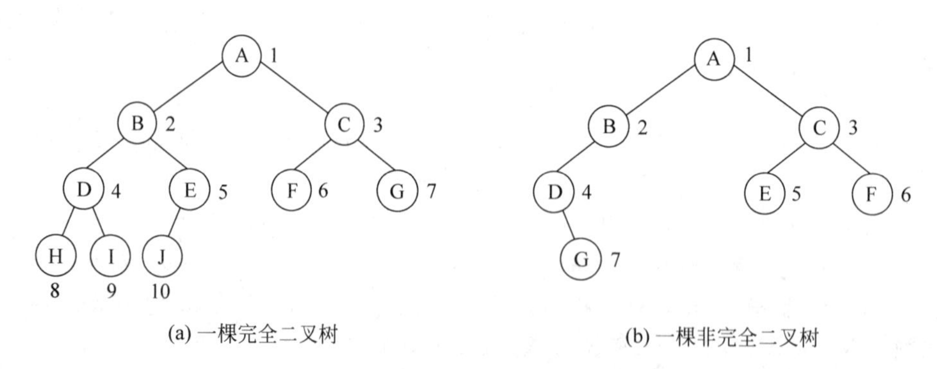

(a) 一棵完全二叉树　　(b) 一棵非完全二叉树

图 7.6　完全二叉树和非完全二叉树示意图

7.1.2　识别二叉树的基本操作

二叉树的基本操作通常有以下几种：

(1) Initiate(bt)建立一棵空二叉树。

(2) Create(x,lbt,rbt)生成一棵以 x 为根结点的数据域信息,以二叉树 lbt 和 rbt 为左子树和右子树的二叉树。

(3) InsertL(bt,x,parent)将数据域信息为 x 的结点插入到二叉树 bt 中作为结点 parent 的左孩子结点。如果结点 parent 原来有左孩子结点,则将结点 parent 原来的左孩子结点作为结点 x 的左孩子结点。

(4) InsertR(bt,x,parent)将数据域信息为 x 的结点插入到二叉树 bt 中作为结点 parent 的右孩子结点。如果结点 parent 原来有右孩子结点,则将结点 parent 原来的右孩子结点作为结点 x 的右孩子结点。

(5) DeleteL(bt,parent)在二叉树 bt 中删除结点 parent 的左子树。

(6) DeleteR(bt,parent)在二叉树 bt 中删除结点 parent 的右子树。

(7) Search(bt,x)在二叉树 bt 中查找数据元素 x。

(8) Traverse(bt)按某种方式遍历二叉树 bt 的全部结点。

7.1.3　识别二叉树的主要性质

性质 1　一棵非空二叉树的第 i 层上最多有 2^{i-1} 个结点($i \geqslant 1$)。

该性质可由数学归纳法证明。证明略。

性质 2　一棵深度为 k 的二叉树中,最多具有 2^k-1 个结点。

证明　设第 i 层的结点数为 x_i($1 \leqslant i \leqslant k$),深度为 k 的二叉树的结点数为 M,$x_i$ 最多为 2^{i-1},则有：

$$M=\sum_{i=1}^{k} x_i \leqslant \sum_{i=1}^{k} 2^{i-1}=2^k-1$$

性质 3　对于一棵非空的二叉树,如果叶子结点数为 n_0,度数为 2 的结点数为 n_2,则有：

$$n_0=n_2+1$$

证明　设 n 为二叉树的结点总数,n_1 为二叉树中度为 1 的结点数,则有：

$$n=n_0+n_1+n_2 \tag{7-1}$$

在二叉树中,除根结点外,其余结点都有唯一的一个进入分支。设 B 为二叉树中的分支数,那么有：

$$B=n-1 \tag{7-2}$$

这些分支是由度为 1 和度为 2 的结点发出的,一个度为 1 的结点发出一个分支,一个度为 2 的结点发出两个分支,所以有：

$$B=n_1+2n_2 \tag{7-3}$$

综合式(7-1)～式(7-3)可以得到：

$$n_0=n_2+1$$

性质 4　具有 n 个结点的完全二叉树的深度 k 为$[\log_2 n]+1$。

证明 根据完全二叉树的定义和性质2可知，当一棵完全二叉树的深度为k、结点个数为n时，有

$$2^{k-1}-1<n\leqslant 2^k-1$$

即

$$2^{k-1}\leqslant n<2^k$$

对不等式取对数，有

$$k-1\leqslant \log_2 n<k$$

由于k是整数，所以有$k=[\log_2 n]+1$。

性质5 对于具有n个结点的完全二叉树，如果按照从上至下和从左到右的顺序对二叉树中的所有结点从1开始顺序编号，则对于任意的序号为i的结点，有：

(1) 如果i>1，则序号为i的结点的双亲结点的序号为i/2("/"表示整除)；如果i=1，则序号为i的结点是根结点，无双亲结点。

(2) 如果2i≤n，则序号为i的结点的左孩子结点的序号为2i；如果2i>n，则序号为i的结点无左孩子。

(3) 如果2i+1≤n，则序号为i的结点的右孩子结点的序号为2i+1；如果2i+1>n，则序号为i的结点无右孩子。

此外，若对二叉树的根结点从0开始编号，则相应的i号结点的双亲结点的编号为(i−1)/2，左孩子的编号为2i+1，右孩子的编号为2i+2。

此性质可采用数学归纳法证明。证明略。

7.2 二叉树的存储实现

二叉树可以使用顺序结构即数组或链式结构来实现，取决于具体的要求，使用数组和链式结构都有优缺点。

7.2.1 用顺序存储结构表示二叉树

所谓二叉树的顺序存储，就是用一组连续的存储单元存放二叉树中的结点。一般是按照二叉树结点从上至下、从左到右的顺序存储。这样结点在存储位置上的前驱后继关系并不一定就是它们在逻辑上的邻接关系，然而只有通过一些方法确定某结点在逻辑上的前驱结点和后继结点，这种存储才有意义。因此，依据二叉树的性质，完全二叉树和满二叉树采用顺序存储比较合适，树中结点的序号可以唯一地反映出结点之间的逻辑关系，这样既能够最大可能地节省存储空间，又可以利用数组元素的下标值确定结点在二叉树中的位置，以及结点之间的关系。如数组下标为1的B结点，它的左孩子的下标为2×1+1=3，即D结点，它的右孩子的下标为2×1+2=4，即E。图7.7给出了图7.6(a)所示的完全二叉树的顺序存储示意图。

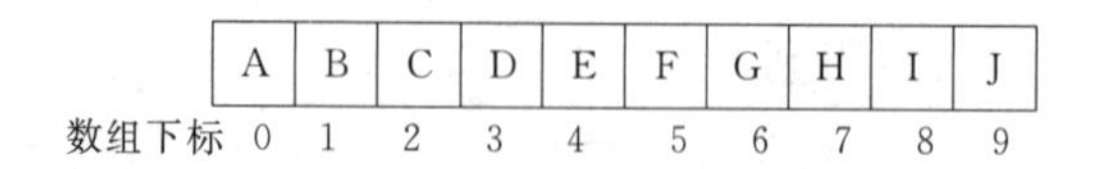

图7.7 完全二叉树的顺序存储示意图

对于一般的二叉树，如果仍按从上至下和从左到右的顺序将树中的结点顺序存储在一维数组中，则数组元素下标之间的关系不能够反映二叉树中结点之间的逻辑关系，只有增添一些并不存在的空结点，使之成为一棵完全二叉树的形式，然后再用一维数组顺序存储。图 7.8 给出了一棵一般二叉树改造后的完全二叉树形态和其顺序存储状态示意图。显然，这种存储需增加许多空结点才能将一棵二叉树改造成为一棵完全二叉树，会造成空间的大量浪费，不宜用顺序存储结构。最坏的情况是右单支树，如图 7.9 所示，一棵深度为 k 的右单支树，只有 k 个结点，却需分配 2^k-1 个存储单元。

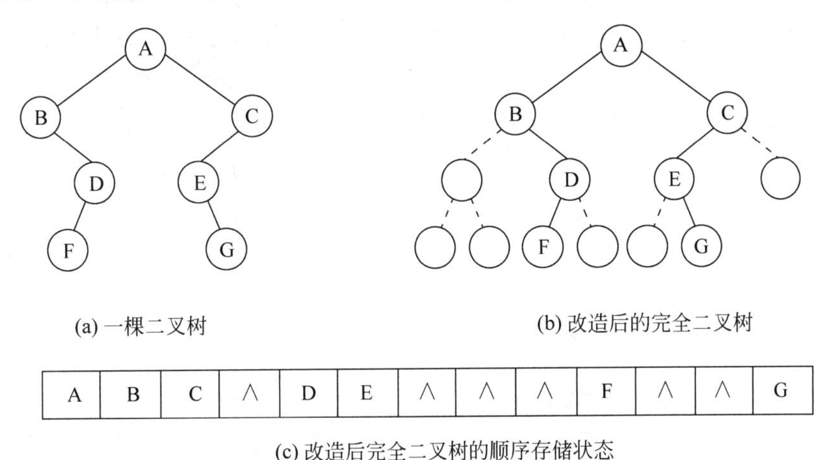

图 7.8　一般二叉树及其顺序存储示意图

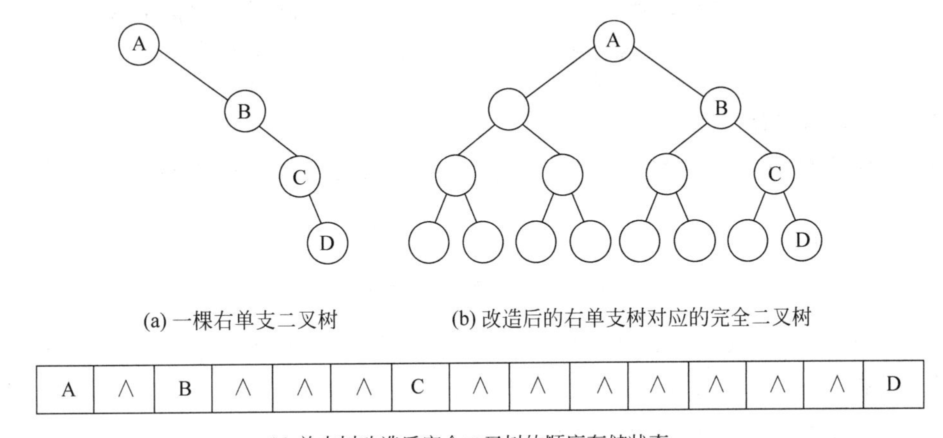

图 7.9　右单支二叉树及其顺序存储示意图

7.2.2　用链式存储结构表示二叉树

1. 链式存储结构

所谓二叉树的链式存储结构是指用链表来表示一棵二叉树，即用链表来指示着元素的逻辑关系。通常有下面两种形式。

(1) 二叉链表存储。

链表中每个结点由三个域组成,除了数据域外,还有两个指针域,分别用来给出该结点左孩子和右孩子所在的链结点的存储地址。结点的存储结构如图 7.10 所示。

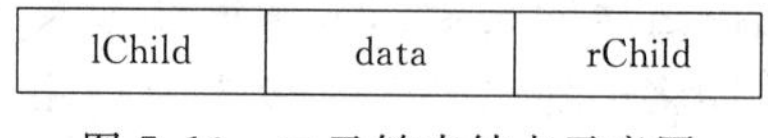

图 7.10 二叉链表结点示意图

其中,data 域存放某结点的数据信息;lChild 与 rChild 分别存放指向左孩子和右孩子的指针,当左孩子或右孩子不存在时,相应指针域值为空(用符号 ∧ 或 null 表示)。

图 7.11(a)给出了图 7.6(b)所示的一棵二叉树的二叉链表示意图。

二叉链表也可以带头结点的方式存放,如图 7.11(b)所示。

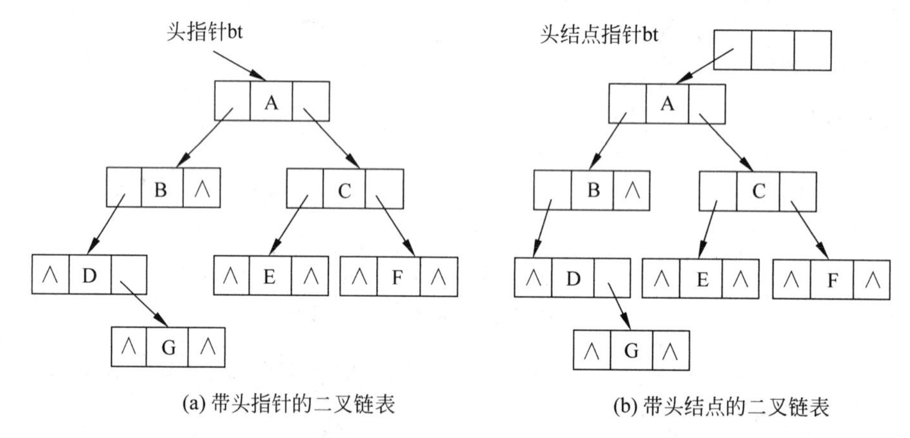

图 7.11 图 7.6(b)所示二叉树的二叉链表示意图

(2) 三叉链表存储。

在三叉链表存储中,每个结点由四个域组成,具体结构如图 7.12 所示。

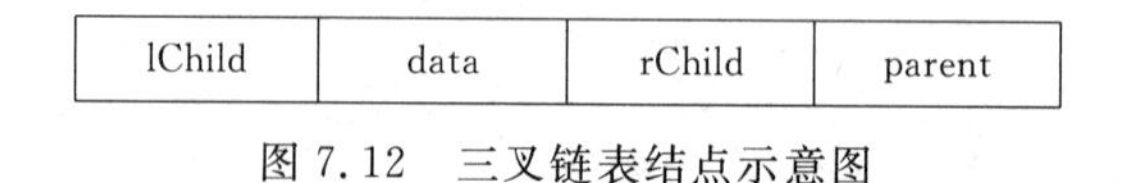

图 7.12 三叉链表结点示意图

其中,data、lChild 以及 rChild 三个域的意义同二叉链表结构;parent 域为指向该结点双亲结点的指针。这种存储结构既便于查找孩子结点,又便于查找双亲结点;但是,相对于二叉链表存储结构而言,它增加了空间开销。

图 7.13 给出了图 7.6(b)所示的一棵二叉树的三叉链表示意图。

尽管在二叉链表中无法由结点直接找到其双亲,但由于二叉链表结构灵活、操作方便,对于一般情况的二叉树,甚至比顺序存储结构还节省空间。因此,二叉链表是最常用的二叉树存储方式。本书后面所涉及的二叉树的链式存储结构不加特别说明的都是指二叉链表结构。

二叉链表的结点结构用 C# 语言表示如下:

```
class Node<T>
{
private T data; //数据域
private Node<T> lChild; //左孩子
```

```
private Node<T> rChild; //右孩子
  //构造函数
public Node(T val, Node<T> lp, Node<T> rp)
{
  data = val;
  lChild = lp;
  rChild = rp;
}
//构造函数
public Node(Node<T> lp, Node<T> rp)
{
  data = default(T);
  lChild = lp;
  rChild = rp;
}
//构造函数
public Node(T val)
{
  data = val;
  lChild = null;
  rChild = null;
}
//构造函数
public Node()
{
  data = default(T);
  lChild = null;
  rChild = null;
}
//数据属性
public T Data
{
  get
  {
    return data;
    }
    set
    {
      value = data;
    }
  }
  //左孩子属性
  public Node<T> LChild
  {
    get
    {
      return lChild;
    }
    set
    {
      lChild = value;
```

```
      }
    }
    //右孩子属性
    public Node<T> RChild
    {
      get
      {
        return rChild;
      }
      set
      {
        rChild = value;
      }
    }
  }
```

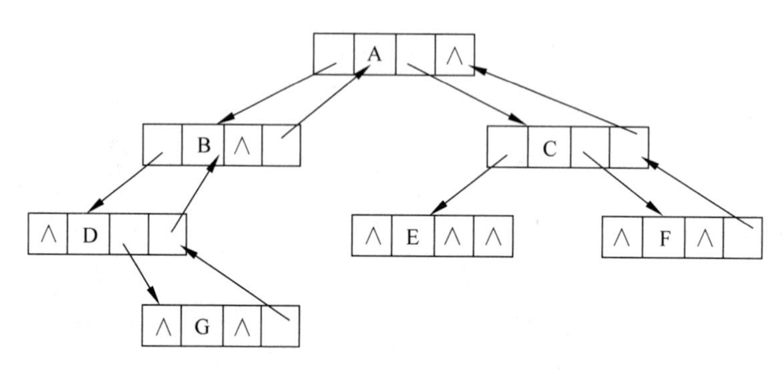

图 7.13　图 7.6(b)所示二叉树的三叉链表示意图

2. 实现链式存储的二叉树的基本操作

下面只介绍不带头结点的二叉树的二叉链表的类 LinkBiTree<T>。LinkBiTree<T>类只有一个成员字段 head 表示头引用。以下是 LinkBiTree<T>类的实现。

由于类中基本操作都比较简单,这里不一一详细说明。

```
using System;
using QueueDs;
namespace BinaryTreeDs
{
  public class LinkBiTree<T>
  {
     private Node<T> head; //头引用
     //头引用属性
    public Node<T> Head
    {
      get
      {
        return head;
      }
      set
```

```
    {
        head = value;
    }
}
    //构造函数
public LinkBiTree()
{
    head = null;
}
//构造函数
public LinkBiTree(T val)
{
    Node<T> p = new Node<T>(val);
    head = p;
}
//构造函数
public LinkBiTree(T val, Node<T> lp,Node<T> rp)
{
    Node<T> p = new Node<T>(val, lp, rp);
    head = p;
}
    //判断是否是空二叉树
public bool IsEmpty()
{
    if (head == null)
    {
        return true;
    }
    else
    {
        return false;
    }
}
    //获取根结点
public Node<T> Root()
{
    return head;
}
    //获取结点的左孩子结点
public Node<T> GetLChild(Node<T> p)
{
    return p.LChild;
}
    //获取结点的右孩子结点
public Node<T> GetRChild(Node<T> p)
{
    return p.RChild;
}
    //将结点p的左子树插入值为val的新结点,
    //原来的左子树成为新结点的左子树
public void InsertL(T val, Node<T> p)
```

```
{
  Node<T> tmp = new Node<T>(val);
  tmp.LChild = p.LChild;
  p.LChild = tmp;
}
  //将结点p的右子树插入值为val的新结点,
  //原来的右子树成为新结点的右子树
public void InsertR(T val,Node<T> p)
{
  Node<T> tmp = new Node<T>(val);
  tmp.RChild = p.RChild;
  p.RChild = tmp;
}
  //若p非空,删除p的左子树
public Node<T> DeleteL(Node<T> p)
{
  if ((p == null) || (p.LChild == null))
  {
    return null;
  }
  Node<T> tmp = p.LChild;
  p.LChild = null;
  return tmp;
}
  //若p非空,删除p的右子树
public Node<T> DeleteR(Node<T> p)
{
  if ((p == null) || (p.RChild == null))
  {
  return null;
}
Node<T> tmp = p.RChild;
p.RChild = null;
return tmp;
}
 //编写算法,在二叉树中查找值为value的结点
public Node<T> Search(Node<T> root, T value)
{
  Node<T> p = root;
  if (p == null)
  {
    return null;
  }
  if (!p.Data.Equals(value))
  {
    return p;
  }
  if (p.LChild != null)
  {
    return Search(p.LChild, value);
  }
```

```
  if (p.RChild != null)
  {
    return Search(p.RChild, value);
  }
  return null;
}
  //判断是否是叶子结点
public bool IsLeaf(Node<T> p)
{
  if ((p != null) && (p.LChild == null) && (p.RChild == null))
  {
    return true;
  }
  else
  {
    return false;
  }
 }
}
}
```

7.3　二叉树的遍历方法及递归实现

二叉树的遍历是指按照某种顺序访问二叉树中的每个结点,使每个结点被访问一次且仅被访问一次。

遍历是二叉树中经常要用到的一种操作。因为在实际应用问题中,常常需要按一定顺序对二叉树中的每个结点逐个进行访问,查找具有某一特点的结点,然后对这些满足条件的结点进行处理。

通过一次完整的遍历,可使二叉树中结点信息由非线性排列变为某种意义上的线性序列。也就是说,遍历操作使非线性结构线性化。

由二叉树的定义可知,一棵二叉树由根结点、根结点的左子树和根结点的右子树三部分组成。因此,只要依次遍历这三部分,就可以遍历整个二叉树。若以 D、L、R 分别表示访问根结点、遍历根结点的左子树、遍历根结点的右子树,则二叉树的遍历方式有六种：DLR、LDR、LRD、DRL、RDL 和 RLD。它们的含义如下所示：

	先左后右	先右后左
先序	DLR	DRL
中序	LDR	RDL
后序	LRD	RLD

如果限定先左后右,则只有前三种方式,即 DLR(称为先序遍历)、LDR(称为中序遍历)和 LRD(称为后序遍历)。

下面参考图 7.6(b)所示的二叉树来讨论三种遍历方式。

1. 先序遍历(DLR)

先序遍历的递归过程为：若二叉树为空,遍历结束。否则,

(1) 访问根结点;

(2) 先序遍历根结点的左子树;

(3) 先序遍历根结点的右子树。

对于图7.6(b)所示的二叉树,首先访问根结点A,然后移动到A结点的左子树。A结点的左子树的根结点是B,于是访问B。移动到B的左子树,访问子树的根结点D。现在D没有左子树,因此移动到它的右子树,它的右子树的根结点是G,因此访问G。现在就完成了对根结点和左子树的遍历。以类似的方法遍历根结点的右子树,如图7.14所示。最后按先序遍历所得到的结点序列为:A B D G C E F。

2. 中序遍历(LDR)

中序遍历的递归过程为:若二叉树为空,遍历结束。否则,

(1) 中序遍历根结点的左子树;

(2) 访问根结点;

(3) 中序遍历根结点的右子树。

对于图7.6(b)所示的二叉树,在访问树的根结点A之前,必须遍历A的左子树,因此移到B。在访问B之前,必须遍历B的左子树,因此移动到D。现在访问D之前,必须遍历D的左子树。但D的左子树是空的,因此就访问结点D。在访问结点D之后,必须遍历D的右子树,因此移动到G,在访问G之前,必须访问G的左子树,因G没有左子树,因此就访问G。在访问G之后,必须遍历G的右子树,G的右子树是空的,遍历B,然后遍历B的右子树,因为空,现在A的左子树就访问完了,那么访问A,接着遍历右子树,因此移动到C。在访问C之前,必须访问C的左子树E,然后访问C,再访问F,如图7.15所示。

按中序遍历所得到的结点序列为:D G B A E C F。

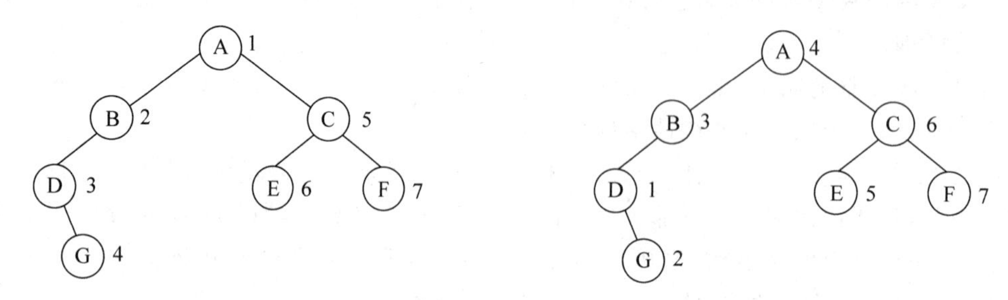

图7.14 图7.6(b)所示二叉树的先序遍历示意图　　图7.15 图7.6(b)所示二叉树的中序遍历示意图

3. 后序遍历(LRD)

后序遍历的递归过程为:若二叉树为空,遍历结束。否则,

(1) 后序遍历根结点的左子树;

(2) 后序遍历根结点的右子树;

(3) 访问根结点。

对于图7.6(b)所示的二叉树,在首先遍历根结点A的左子树。A结点的左子树的根结点是B,因此需要进一步移动到它的左子树。B的左子树的根结点是D。D结点没有左子树,但有右子树,因此移动到它的右子树。D的右子树的根结点是G,G没有左子树和右子

树，因此结点 G 是首先访问的结点。

在访问了 G 之后，遍历 D 的右子树的流程就完成了，因此需要访问 D。现在结点 B 的左子树的遍历就完成了。现在可以遍历 B 结点的右子树，因为没有访问 B，这样 A 的左子树就遍历完了。以同样的方式访问 A 的右子树，如图 7.16 所示。按后序遍历所得到的结点序列为：G D B E F C A。

4. 层次遍历

所谓二叉树的层次遍历，是指从二叉树的第一层(根结点)开始，从上至下逐层遍历，在同一层中，则按从左到右的顺序对结点逐个访问。对于图 7.6(b)所示的二叉树，按层次遍历所得到的结果序列为：A B C D E F G。其层次遍历示意图如图 7.17 所示。

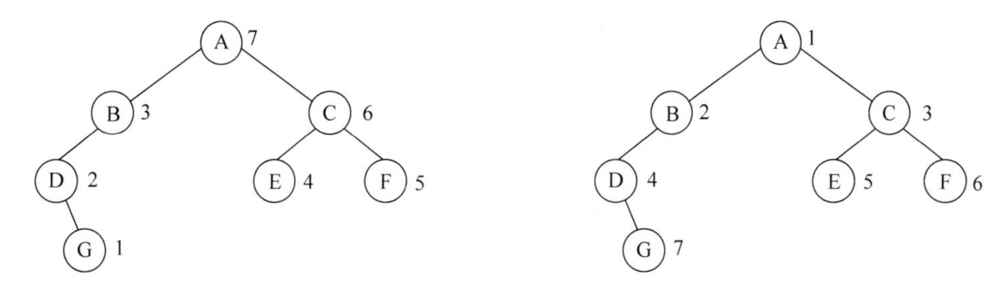

图 7.16　图 7.6(b)所示二叉树的后序遍历示意图　　图 7.17　图 7.6(b)所示二叉树的层次遍历示意图

下面讨论层次遍历的算法。

层序遍历的基本思想是：由于层序遍历结点的顺序是先遇到的结点先访问，与队列操作的顺序相同。所以，在进行层序遍历时，设置一个队列，将根结点引用入队，当队列非空时，循环执行以下三步：

(1) 从队列中取出一个结点引用，并访问该结点；

(2) 若该结点的左子树非空，将该结点的左子树引用入队；

(3) 若该结点的右子树非空，将该结点的右子树引用入队。

二叉树遍历的算法实现如下：

```
//中序遍历
public void inorder(Node<T> ptr)
{
  if (IsEmpty())
  {
    Console.WriteLine("Tree is empty");
    return;
  }
  if (ptr ! = null)
  {
    inorder(ptr.LChild);
    Console.Write(ptr.Data + " ");
    inorder(ptr.RChild);
  }
}
  //先序遍历
```

```
public void preorder(Node<T> ptr)
{
  if (IsEmpty())
  {
    Console.WriteLine("Tree is empty");
    return;
  }
  if (ptr ! = null)
  {
    Console.Write(ptr.Data + " ");
    preorder(ptr.LChild);
    preorder(ptr.RChild);
  }
}
  //后序遍历
public void postorder(Node<T> ptr)
{
  if (IsEmpty())
  {
    Console.WriteLine("Tree is empty");
    return;
  }
  if (ptr ! = null)
  {
    postorder(ptr.LChild);
    postorder(ptr.RChild);
    Console.Write(ptr.Data + " ");
  }
}
//层次遍历
public void LevelOrder(Node<T> root)
{
  //根结点为空
  if (root == null)
  {
    return;
  }
  //设置一个队列保存层次遍历的结点
  CSeqQueue<Node<T>> sq = new CSeqQueue<Node<T>>(50);
  //根结点入队
  sq.EnQueue(root);
  //队列非空，结点没有处理完
  while (!sq.IsEmpty())
  {
    //结点出队
    Node<T> tmp = sq.DeQueue();
    //处理当前结点
    Console.WriteLine("{o}", tmp);
    //将当前结点的左孩子结点入队
    if (tmp.LChild ! = null)
    {
```

```
        sq.EnQueue(tmp.LChild);
      }
      if (tmp.RChild != null)
      {
        //将当前结点的右孩子结点入队
        sq.EnQueue(tmp.RChild);
      }
    }
  }
```

7.4　用二叉搜索树解决快速搜索磁盘文件中记录的问题

在二叉树中，如果一个结点的左子结点的值永远小于该结点的值，而右子结点的值永远大于该结点的值，这样的二叉树称为二叉搜索树。图 7.2 为基于图 7.1(b)所示的索引表建立的二叉搜索树，用二叉搜索树解决快速搜索磁盘文件记录的代码如下：

```
//定义索引文件结点的数据的类型
  public struct indexnode
  {
    int key;
    int offset;
    public indexnode(int key, int offset)
    {
      this.key = key;
      this.offset = offset;
    }
      //键属性
    public int Key
    {
      get
      {
        return key;
      }
      set
      {
        value = key;
      }
    }
      //位置属性
    public int Offset
    {
      get
      {
      return offset;
      }
      set
```

```
        {
          value = offset;
        }
      }
      public override string ToString()
      {
        return key + "," + offset;
      }
    }
    //定义二叉搜索树
    public class LinkBiSearchTree:LinkBiTree<indexnode>
    {
        //定义增加结点的方法
      public void insert(indexnode element)
      {
        Node<indexnode> tmp,parent = null, currentNode = null;
        //调用 FIND 方法
        find(element, ref parent, ref currentNode);
        if (currentNode != null)
        {
          Console.WriteLine("Duplicates words not allowed");
          return;
        }
        else
        {
          // 创建结点
          tmp = new Node<indexnode>(element);
          if (parent == null)
            Head = tmp;
          else
            if (element.Key<parent.Data.Key)
              parent.LChild = tmp;
            else
              parent.RChild = tmp;
        }
      }
        //定位父结点
      public void find(indexnode element, ref Node<indexnode> parent, ref Node<indexnode>
          currentNode)
      {
      currentNode = Head;
      parent = null;
      while ((currentNode != null) && (currentNode.Data.ToString()! = element.ToString()))
      {
        parent = currentNode;
        if (element.Key<currentNode.Data.Key)
          currentNode = currentNode.LChild;
        else
```

```
                currentNode = currentNode.RChild;
            }
        }
        //定位结点
        public void find(int key)
        {
            Node<indexnode> currentNode = Head;
            while ((currentNode != null) && (currentNode.Data.Key != key))
            {
                Console.WriteLine(currentNode.Data.Key);
                if (key < currentNode.Data.Key)
                    currentNode = currentNode.LChild;
                else
                    currentNode = currentNode.RChild;
            }
        }
        //主函数
        static void Main(string[] args)
        {
            LinkBiSearchTree b = new LinkBiSearchTree();
            while (true)
            {
            //菜单
                Console.WriteLine("\nMenu");
                Console.WriteLine("1. 创建二叉搜索树");
                Console.WriteLine("2. 执行中序遍历");
                Console.WriteLine("3. 执行先序遍历");
                Console.WriteLine("4. 执行后序遍历");
                Console.WriteLine("5. 显示搜索一个结点的路径");
                Console.WriteLine("6. exit");
                //接受用户选择
                Console.Write("\n 输入你的选择(1-5):");
                char ch = Convert.ToChar(Console.ReadLine());
                Console.WriteLine();
                //对选择进行响应
                switch (ch)
                {
                    case '1':
                        {
                            int key,offset;
                            string flag;
                            do
                            {
                                Console.Write("请输入键:");
                                key = Convert.ToInt32(Console.ReadLine());
                                Console.Write("请输入位置:");
                                offset = Convert.ToInt32(Console.ReadLine());
                                indexnode elem = new indexnode(key,offset);
                                b.insert(elem);
                                Console.Write("继续添加新的结点吗(Y/N):");
                                flag = Console.ReadLine();
```

```
                }
                while (flag == "Y" || flag == "y");
              }
              break;
            case '2':
              {
              b.inorder(b.Head);
              }
              break;
            case '3':
              {
                b.preorder(b.Head);

              }
              break;
            case '4':
              {
              b.postorder(b.Head);
              }
              break;
            case '5':
              {
                int key;
                Console.Write("请输入键:");
                key = Convert.ToInt32(Console.ReadLine());
                b.find(key);
              }
              break;
            case '6':
              return;
            default:
            {
              Console.WriteLine("Invalid option");
              break;
            }
          }
        }
      }
    }
```

独立实践

[问题描述]

统计出二叉树中叶子结点的数目。

[基本要求]

(1) 动态构建二叉树。

(2) 用递归实现该算法。

7.5　最优二叉树——哈夫曼树

7.5.1　哈夫曼树的基本概念

最优二叉树，也称哈夫曼(Haffman)树，是指对于一组带有确定权值的叶结点，构造的具有最小带权路径长度的二叉树。

那么什么是二叉树的带权路径长度呢？

在前面我们介绍过路径和结点的路径长度的概念，而二叉树的路径长度则是指由根结点到所有叶结点的路径长度之和。如果二叉树中的叶结点都具有一定的权值，则可将这一概念加以推广。设二叉树具有 n 个带权值的叶结点，那么从根结点到各个叶结点的路径长度与相应叶结点权值的乘积之和叫做二叉树的带权路径长度，记为：

$$WPL = \sum_{k=1}^{n} W_k \cdot L_k$$

其中，W_k 为第 k 个叶结点的权值；L_k 为第 k 个叶结点的路径长度。如图 7.18 所示的二叉树，它的带权路径长度值 WPL＝2×2＋4×2＋5×2＋3×2＝28。

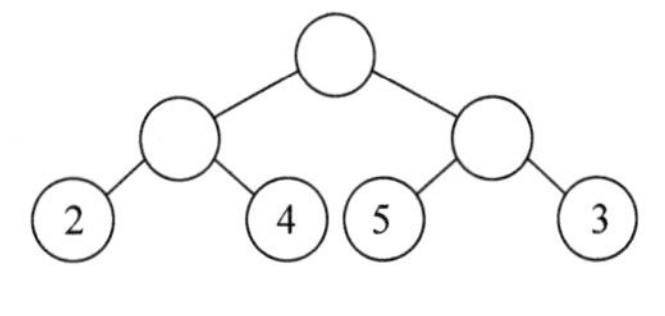

图 7.18　一个带权二叉树

在给定一组具有确定权值的叶结点，可以构造出不同的带权二叉树。例如，给出 4 个叶结点，设其权值分别为 1，3，5，7，我们可以构造出形状不同的多个二叉树。这些形状不同的二叉树的带权路径长度将各不相同。图 7.19 给出了其中 5 个不同形状的二叉树。

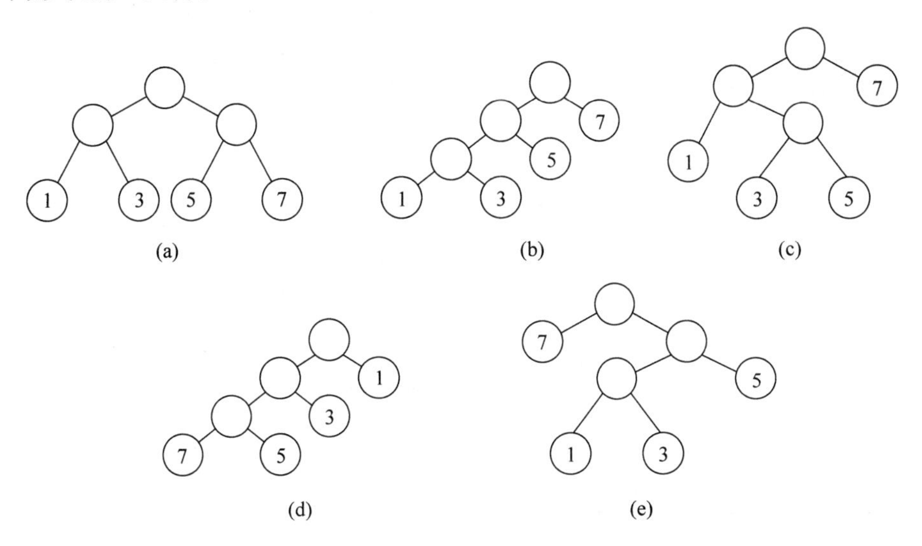

图 7.19　具有相同叶子结点和不同带权路径长度的二叉树

这五棵树的带权路径长度分别为：

(a) WPL＝1×2＋3×2＋5×2＋7×2＝32

(b) WPL＝1×3＋3×3＋5×2＋7×1＝29

(c) WPL＝1×2＋3×3＋5×3＋7×1＝33

(d) WPL＝7×3＋5×3＋3×2＋1×1＝43

(e) WPL＝7×1＋5×2＋3×3＋1×3＝29

由此可见,由相同权值的一组叶子结点所构成的二叉树有不同的形态和不同的带权路径长度,那么如何找到带权路径长度最小的二叉树(即哈夫曼树)呢?根据哈夫曼树的定义,一棵二叉树要使其 WPL 值最小,必须使权值越大的叶结点越靠近根结点,而权值越小的叶结点越远离根结点。哈夫曼(Haffman)依据这一特点提出了一种方法,这种方法的基本思想是:

(1) 由给定的 n 个权值{W1,W2,…,Wn}构造 n 棵只有一个叶结点的二叉树,从而得到一个二叉树的集合 F＝{T1,T2,…,Tn};

(2) 在 F 中选取根结点的权值最小和次小的两棵二叉树作为左、右子树构造一棵新的二叉树,这棵新的二叉树根结点的权值为其左、右子树根结点权值之和;

(3) 在集合 F 中删除作为左、右子树的两棵二叉树,并将新建立的二叉树加入到集合 F 中;

(4) 重复(2)、(3)两步,当 F 中只剩下一棵二叉树时,这棵二叉树便是所要建立的哈夫曼树。

图 7.20 给出了前面提到的叶结点权值集合为 W＝{1,3,5,7}的哈夫曼树的构造过程。可以计算出其带权路径长度为 29,由此可见,对于同一组给定叶结点所构造的哈夫曼树,树的形状可能不同,但带权路径长度值是相同的,一定是最小的。

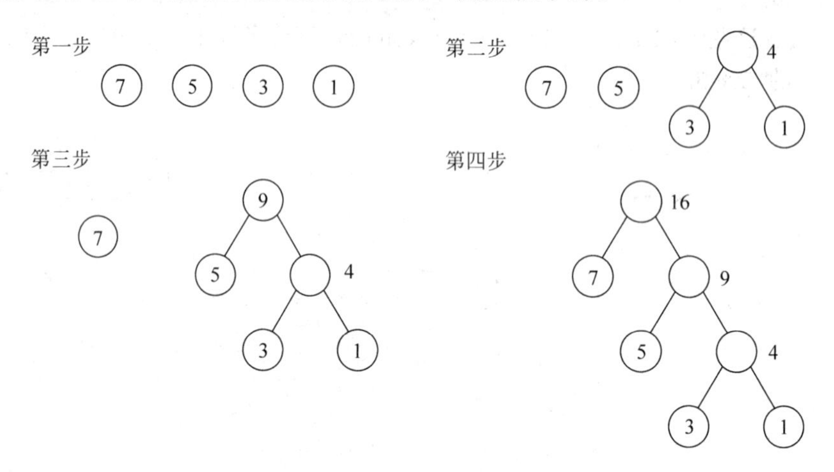

图 7.20 哈夫曼树的建立过程

7.5.2 哈夫曼树的构造算法

由哈夫曼树的构造思想可知,用一个数组存放原来的 n 个叶子结点和构造过程中临时生成的结点,数组的大小为 2n－1。所以,哈夫曼树类 HuffmanTree 中有两个成员字段:data 数组用于存放结点,leafNum 表示哈夫曼树叶子结点的数目。结点有四个域,一个域 weight,用于存放该结点的权值;一个域 lChild,用于存放该结点的左孩子结点在数组中的序号；一个域 rChild，用于存放该结点的右孩子结点在数组中的序号；一个域 parent，用于判定该结点是否已加入哈夫曼树中。当该结点已加入到哈夫曼树中时，parent 的值为其双亲结点在数组中的序号，否则为－1。哈夫曼树结点的结构为。

weight	lchild	rchild	parent

结点类 HNode 的定义如下：

```
class HNode
  {
    private int weight;              //结点权值
    private int lChild;              //左孩子结点
    private int rChild;              //右孩子结点
    private int parent;              //父结点
      //结点权值属性
    public int Weight
    {
      get
      {
        return weight;
      }
      set
      {
        weight = value;
      }
    }
      //左孩子结点属性
    public int LChild
    {
      get
      {
        return lChild;
      }
      set
      {
        lChild = value;
      }
    }
      //右孩子结点属性
    public int RChild
    {
      get
      {
        return rChild;
      }
      set
      {
        rChild = value;
    }
  }
    //父结点属性
```

```
    public int Parent
    {
        get
        {
          return parent;
        }
        set
        {
          parent = value;
        }
    }
        //构造器
    public HNode()
    {
        weight = 0;
        lChild = -1;
        rChild = -1;
        parent = -1;
    }
  }
```

哈夫曼树类 HuffmanTree 中只有一个成员方法 Create,它的功能是输入 n 个叶子结点的权值,创建一棵哈夫曼树。哈夫曼树类 HuffmanTree 的实现如下。

```
class HuffmanTree
  {
    private HNode[] data;        //结点数组
    private int leafNum;         //叶子结点数目
    //索引器
    public HNode this[int index]
    {
      get
      {
        return data[index];
      }
      set
      {
        data[index] = value;
      }
    }
    //叶子结点数目属性
    public int LeafNum
    {
      get
      {
        return leafNum;
      }
      set
      {
        leafNum = value;
      }
```

```
}

//构造器
public HuffmanTree(int n)
{
  data = new HNode[2 * n - 1];
  for (int i = 0; i < 2 * n - 1; i++)
    data[i] = new HNode();
  leafNum = n;
}
//创建哈夫曼树
public void Create()
{
  int m1,m2,x1,x2;
  //输入 n 个叶子结点的权值
  for (int i = 0; i < this.leafNum; ++i)
  {
    data[i].Weight = Convert.ToInt32(Console.ReadLine());
  }
  //处理 n 个叶子结点,建立哈夫曼树
  for (int i = 0; i < this.leafNum - 1; ++i)
  {
    m1 = m2 = Int32.MaxValue;
    x1 = x2 = 0;
    //在全部结点中找权值最小的两个结点
    for (int j = 0; j < this.leafNum + i; ++j)
    {
      if ((data[j].Weight < m1)
      && (data[j].Parent == -1))
      {
        m2 = m1;
        x2 = x1;
        m1 = data[j].Weight;
        x1 = j;
      }
      else if ((data[j].Weight < m2)
      && (data[j].Parent == -1))
      {
        m2 = data[j].Weight;
        x2 = j;
      }
    }
    data[x1].Parent = this.leafNum + i;
    data[x2].Parent = this.leafNum + i;
    data[this.leafNum + i].Weight = data[x1].Weight + data[x2].Weight;
    data[this.leafNum + i].LChild = x1;
    data[this.leafNum + i].RChild = x2;
  }
}
//测试哈夫曼树
public static void Main()
```

```
    {
        HuffmanTree ht;
        Console.Write("请输入叶结点的个数:");
        int leafNum = Convert.ToInt32(Console.ReadLine());
        ht = new HuffmanTree(leafNum);
        ht.Create();
        Console.WriteLine("位置\t权值\t父结点\t左孩子结点\t右孩子结点");
        for (int i = 0; i < 2 * leafNum - 1; i++)
        {
          Console.WriteLine("{0}\t{1}\t{2}\t{3}\t\t{4}",
          i,ht[i].Weight,ht[i].Parent,ht[i].LChild,ht[i].RChild);
        }
        Console.ReadLine();
    }
}
```

本章小结

- 二叉树(Binary Tree)是个有限元素的集合,该集合或者为空、或者由一个称为根(root)的元素及两个不相交的、被分别称为左子树和右子树的二叉树组成。
- 二叉树中的相关概念:结点的度,叶结点,分支结点,左孩子、右孩子、双亲,路径、路径长度,祖先、子孙,结点的层数,树的深度,树的度,满二叉树,完全二叉树。
- 二叉树的5个性质。
  - 性质1　一棵非空二叉树的第i层上最多有2^{i-1}个结点($i \geqslant 1$)。
  - 性质2　一棵深度为k的二叉树中,最多具有2^k-1个结点。
  - 性质3　对于一棵非空的二叉树,如果叶子结点数为n_0,度数为2的结点数为n_2,则有:$n_0=n_2+1$。
  - 性质4　具有n个结点的完全二叉树的深度k为$[\log_2 n]+1$。
  - 性质5　对于具有n个结点的完全二叉树,如果按照从上至下和从左到右的顺序对二叉树中的所有结点从1开始顺序编号,则对于任意的序号为i的结点,有:
    (1) 如果$i>1$,则序号为i的结点的双亲结点的序号为i/2("/"表示整除);如果$i=1$,则序号为i的结点是根结点,无双亲结点。
    (2) 如果$2i \leqslant n$,则序号为i的结点的左孩子结点的序号为2i;如果$2i>n$,则序号为i的结点无左孩子。
    (3) 如果$2i+1 \leqslant n$,则序号为i的结点的右孩子结点的序号为$2i+1$;如果$2i+1>n$,则序号为i的结点无右孩子。
- 二叉树的存储主要有三种:顺序存储结构、二叉链表存储、三叉链表存储。
- 二叉树的7种基本操作和二叉链表存储结构的类实现。
- 二叉树的四种遍历方法:中序遍历、先序遍历、后序遍历、层次遍历。
- 最优二叉树,也称哈夫曼(Haffman)树,是指对于一组带有确定权值的叶结点,构造的具有最小带权路径长度的二叉树。
- 哈夫曼树的构造算法。

综合练习

一、选择题

1. 二叉树的数据结构描述了数据之间的哪种关系？（　　）

A. 链接关系　　B. 层次关系　　C. 网状关系　　D. 随机关系

2. 哪种遍历方法在遍历它的左子树和右子树后再遍历它自身？（　　）

A. 先序遍历　　B. 后序遍历　　C. 中序遍历　　D. 层次遍历

3. 一棵非空二叉树的第 i 层上最多有多少个结点？（　　）

A. 2^{i-1}　　B. 2^{i}　　C. 2^{i+1}　　D. 2^{i-2}

4. 一棵深度为 k 的二叉树中，最多具有多少个结点？（　　）

A. $2^{k}+1$　　B. $2^{k}-1$　　C. 2^{k}　　D. $2^{k}+2$

5. 在构造哈夫曼(Haffman)树的过程中说法正确的是(　　)。

A. 使权值越大的叶结点越远离根结点，而权值越小的叶结点越靠近根结点

B. 使权值越大的叶结点越靠近根结点，而权值越小的叶结点越远离根结点

C. 最终是带权路径长度最大的二叉树

D. 构造的过程是一次到位

二、问答题

1. 二叉树有哪些性质？

2. 已知结点的后序序列和中序序列如下：

后序序列：A B C D E F G

中序序列：A C B G D F E

请构造该二叉树。

三、编程题

编写程序，用递归算法求二叉树的深度。

解决树和森林的编程问题

学习情境：用树来解决学院组织结构的编程问题

［问题描述］

×××学院是一所示范性的院校，学院设有民政系、社会工作系、经济贸易系等10个教学系，其中每个系下又分设多个教研室，每个教研室又有多名老师。相关信息见表8.1。

表8.1　×××学院教学组织结构及人员的部分信息表

学院	系	教研室	教　师
×××学院(a)	计算机系(b)	软开教研室(f)	雷军环(l)、贺宗梅(m)、唐一韬(n)等
		软技教研室(g)	付朝晖(o)、李政仪(p)等
		计信教研室(h)	胡伏湘(q)等
		计网教研室(i)	邱春荣(r)等
	民政系(c)	民管教研室(j)	张三(s)等
		物管教研室(k)	李四(t)等
	社会工作系(d)		
	经济贸易系(e)		

现在×××学院在进行示范性院校的建设，需要建设数字化教务管理平台。因此需要将整个学院的组织结构及教师信息存储在计算机中，以方便对组织结构和教师信息进行管理。现在需要完成以下任务：

① 用C#编写一程序来存储表8.1中的信息；

② 用C#编写一程序来显示表8.1中的信息；

③ 用C#编写一程序来添加、删除表8.1中的信息。

8.1　认　识　树

为了解决前面的问题，需要以某种数据结构来表示并存储表8.1中的信息，而在现实世界中，表8.1的信息可以用图8.1来形象地描述。

从图8.1可以形象地看出，这是一棵倒长的树，树的根为“×××学院”，这根又长出了

“计算机系”、“民政系”、“社会工作系”等10根树枝；而“计算机系”这根树枝又长出了“软开教研室”、“软技教研室”等4根树枝；而“软开教研室”又长出了“雷军环”、“贺宗梅”、“唐一韬”3片树叶。

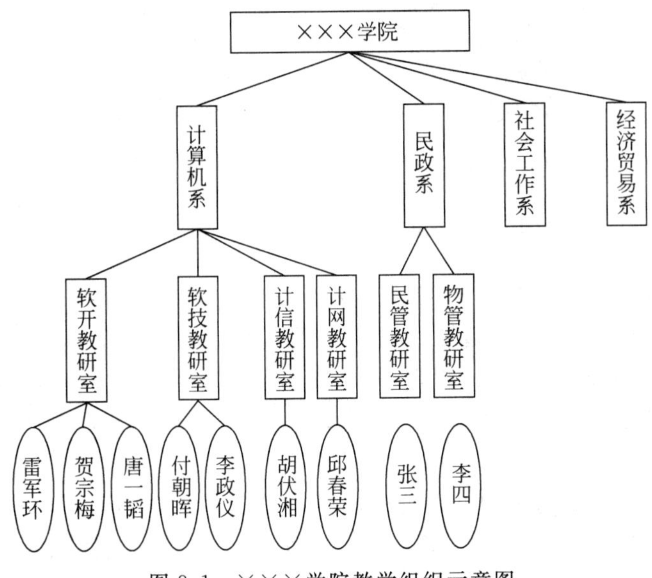

图8.1　×××学院教学组织示意图

树形结构在现实世界中广泛存在，如家族的家谱、一个单位的行政机构组织等都可以用树形结构来形象地表示。树形结构在计算机领域中也有着非常广泛的应用，如Windows操作系统中对磁盘文件的管理、编译程序中对源程序的语法结构的表示等都采用树形结构。在数据库系统中，树形结构也是数据的重要组织形式之一。

本章是对第7章内容的扩充，即对具有更一般意义的树结构进行讨论。本章所讨论的树结构，其结点可以有任意数目的子结点，这使其在存储以及操作实现上要比二叉树更复杂。

8.1.1　分析树的逻辑结构

1. 树的定义

树(Tree)是n(n≥0)个相同类型的数据元素的有限集合。树中的数据元素叫结点(Node)。n=0的树称为空树(Empty Tree)；对于n>0的任意非空树T有：

(1) 有且仅有一个特殊的结点称为树的根(Root)结点，根没有前驱结点；

(2) 若n>1，则除根结点外，其余结点被分成了m(m>0)个互不相交的集合T1,T2,…,Tm,其中每一个集合Ti(1≤i≤m)本身又是一棵树。树T1,T2,…,Tm称为这棵树的子树(Subtree)。

由树的定义可知，树的定义是递归的，用树来定义树。因此，树(以及二叉树)的许多算法都使用了递归。

对于图8.1，为了描述方便，将树中的各结点元素用表8.1中对应的符号替换，如图8.2所示。

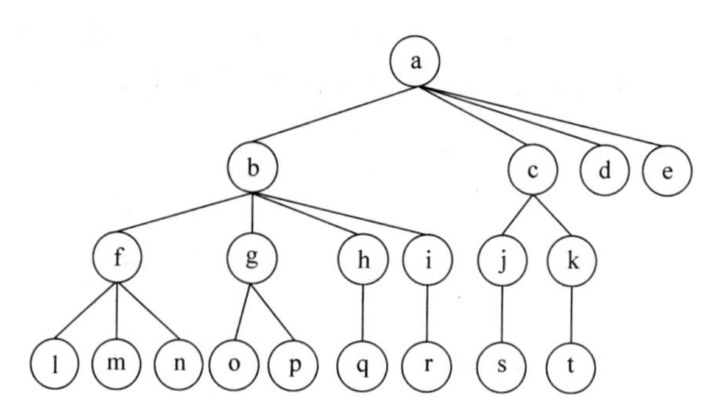

图 8.2　符号化的×××学院教学组织树形示意图

图 8.2 描述的是一棵具有 20 个结点的树。即 T＝{a,b,c,d,e,…,s,t},其中结点 a 是树的根结点,根结点 a 没有前驱结点。除 a 之外的其余结点分成了 4 个互不相交的集合：T1＝{b,f,g,h,i,l,m,n,o,p,q,r},T2＝{c,j,k,s,t},T3＝{d},T4＝{e},分别形成了 4 棵子树,b,c,d,e 分别成为这 4 棵子树的根结点,因为这 4 个结点分别在这 4 棵子树中没有前驱结点。

从树的定义和图 8.2 的示例可以看出,树具有下面两个特点：

(1) 树的根结点没有前驱结点,除根结点之外的所有结点有且只有一个前驱结点。

(2) 树中所有结点可以有零个或多个后继结点。

由此特点可知,图 8.3(a)是树形结构,而图 8.3(b)、(c)、(d)所示的都不是树结构。

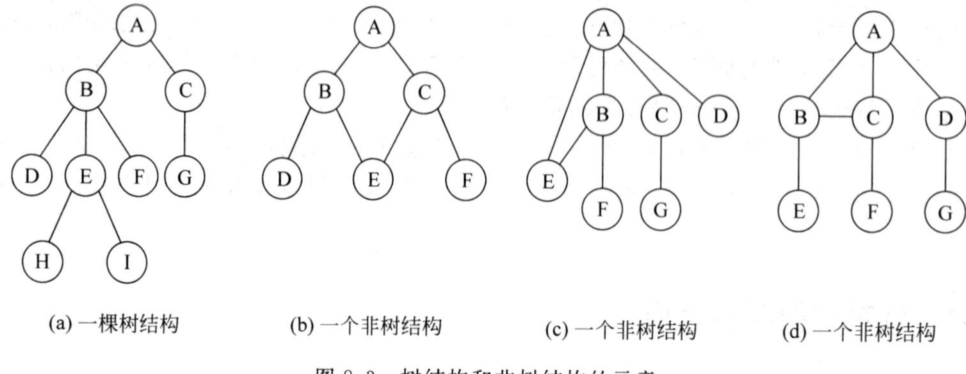

(a) 一棵树结构　(b) 一个非树结构　(c) 一个非树结构　(d) 一个非树结构

图 8.3　树结构和非树结构的示意

2. 树的相关术语

树的相关术语有以下一些。

(1) 结点(Node)。表示树中的数据元素,由数据项和数据元素之间的关系组成。在图 8.2 中,共有 20 个结点。

(2) 结点的度(Degree of Node)。结点所拥有的子树的个数,在图 8.2 中,结点 a 的度为 4。

(3) 树的度(Degree of Tree)。树中各结点度的最大值。在图 8.2 中,树的度为 4。

(4) 叶子结点(Leaf Node)。度为 0 的结点,也叫终端结点。在图 8.2 中,结点 d、e、l、m、n、o、p、q、r、s、t 都是叶子结点。

(5) 分支结点(Branch Node)。度不为0的结点,也叫非终端结点或内部结点。在图8.2中,结点a、b、c、f、g、h、i、j、k是分支结点。

(6) 孩子(Child)。结点子树的根。在图8.2中,结点b、c、d、e是结点a的孩子。

(7) 双亲(Parent)。结点的上层结点叫该结点的双亲。在图8.2中,结点j、k的双亲是结点c。

(8) 祖先(Ancestor)。从根到该结点所经分支上的所有结点。在图8.2中,结点k的祖先是a和c。

(9) 子孙(Descendant)。以某结点为根的子树中的任一结点。在图8.2中,除a之外的所有结点都是a的子孙。

(10) 兄弟(Brother)。同一双亲的孩子。在图8.2中,结点j、k互为兄弟,结点o、p互为兄弟。

(11) 结点的层次(Level of Node)。从根结点到树中某结点所经路径上的分支数称为该结点的层次。根结点的层次规定为1,其余结点的层次等于其双亲结点的层次加1。

(12) 堂兄弟(Sibling)。同一层的双亲不同的结点。在图8.2中,i和j互为堂兄弟。

(13) 树的深度(Depth of Tree)。树中结点的最大层次数。在图8.2中,树的深度为4。

(14) 无序树(Unordered Tree)。树中任意一个结点的各孩子结点之间的次序构成无关紧要的树。通常树指无序树。

(15) 有序树(Ordered Tree)。树中任意一个结点的各孩子结点有严格排列次序的树。二叉树是有序树,因为二叉树中每个孩子结点都确切定义为是该结点的左孩子结点还是右孩子结点。

(16) 森林(Forest)。m(m≥0)棵树的集合。自然界中的树和森林的概念差别很大,但在数据结构中树和森林的概念差别很小。从定义可知,一棵树有根结点和m个子树构成,若把树的根结点删除,则树变成了包含m棵树的森林。当然,根据定义,一棵树也可以称为森林。

8.1.2　树的逻辑表示

树的表示方法有以下四种,各用于不同的目的。

1. 直观表示法

它像日常生活中的树木一样。整个图就像一棵倒立的树,从根结点出发不断扩展,根结点在最上层,叶子结点在最下面,是数据结构中最常用的树的描述方法。图8.2就是一个学院组织结构的直观表示。

2. 嵌套集合表示法

所谓嵌套集合是指一些集合的集体,对于其中任何两个集合,或者不相交,或者一个包含另一个。用嵌套集合的形式表示树,就是将根结点视为一个大的集合,其若干棵子树构成这个大集合中若干个互不相交的子集,如此嵌套下去,即构成一棵树的嵌套集合表示。图8.4(a)就是对图8.2的嵌套集合表示。

3. 凹入表示法

每个结点对应一个矩形,所有结点的矩形都右对齐,根结点用最长的矩形表示,同一层的结点的矩形长度相同,层次越高,矩形长度越短。树的凹入表示法主要用于树的屏幕和打印输出。图 8.4(b)是对图 8.2 的凹入表示法。

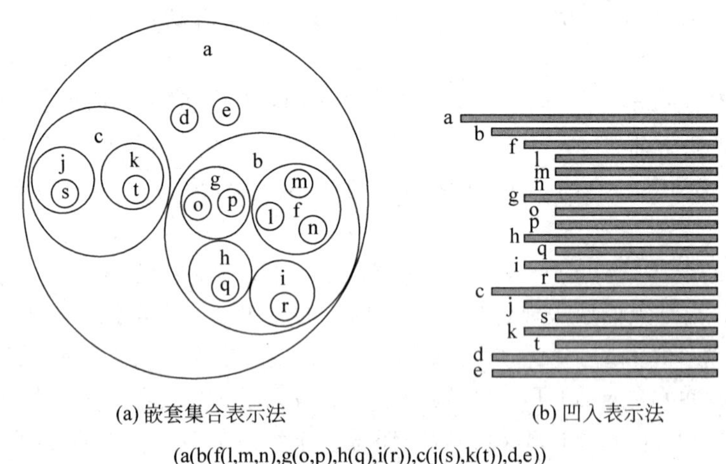

(a) 嵌套集合表示法　　(b) 凹入表示法

(a(b(f(l,m,n),g(o,p),h(q),i(r)),c(j(s),k(t)),d,e))

(c) 广义表表示法

图 8.4　对图 8.2 所示树的其他三种表示法示意

4. 广义表表示法

用广义表的形式表示,根结点排在最前面,用一对圆括号把它的子树结点括起来,子树结点用逗号隔开,这样依次将树表示出来。图 8.4(c)就是对图 8.2 所表示的树的广义表表示。

8.1.3　识别树的基本操作

为了管理树中的信息,需要对树进行操作,比如访问根结点,得到结点的值、求结点的双亲结点、某个子结点和某个兄弟结点。又比如,插入一个结点作为某个结点的最左子结点、最右子结点等。删除结点也是一样。也可按照某种顺序遍历一棵树。在这些操作中,有些操作是针对结点的(访问父亲结点、兄弟结点或子结点),有些操作是针对整棵树的(访问根结点、遍历树)。树的操作通常有下面几种。

(1) Root()。求树的根结点,如果树非空,返回根结点,否则返回空。

(2) Parent(t)。求结点 t 的双亲结点。如果 t 的双亲结点存在,返回双亲结点,否则返回空。

(3) Child(t,i)。求结点 t 的第 i 个子结点。如果存在,返回第 i 个子结点,否则返回空。

(4) RightSibling(t)。求结点 t 第一个右边兄弟结点。如果存在,返回第一个右边兄弟结点,否则返回空。

(5) Insert(s,t,i)。把以 s 为头结点的树插入到树中作为结点 t 的第 i 棵子树。成功返回 true，否则返回 false。

(6) Delete(t,i)。删除结点 t 的第 i 棵子树。成功返回第 i 棵子树的根结点，否则返回空。

(7) Traverse(TraverseType)。按某种方式遍历树。

(8) Clear()。清空树。

(9) IsEmpty()。判断树是否为空树。如果是空树，返回 true，否则返回 false。

(10) GetDepth()。求树的深度。如果树不为空，返回树的层次，否则返回 0。

树的基本操作用接口表示，用 C# 实现如下：

```
public interface ITree<T> {
    T Root();
    T Parent(T t);
    T Child(T t, int i);
    T RightSibling(T t);
    bool Insert(T s, T t, int i);
    T Delete(T t, int i);
    void Traverse(int TraverseType);
    void Clear();
    bool IsEmpty();
    int GetDepth();
}
```

8.2 实现树的存储

为了在计算机中对图 8.1 中的组织结构的信息进行处理，需要将其保存在计算机中。在计算机中，树的存储有多种方式，既可以采用顺序存储结构，也可以采用链式存储结构，但无论采用何种存储方式，都要求存储结构不但能存储各结点本身的数据信息，还要能唯一地反映树中各结点之间的逻辑关系。下面介绍几种基本的树的存储方式。

8.2.1 用多重链表表示法存储树

由于树中每个结点都有零个或多个孩子结点，因此，可以令每个结点包括一个结点信息域和多个指针域，每个指针域指向该结点的一个孩子结点，通过各个指针域值反映出树中各结点之间的逻辑关系。在这种表示法中，树中每个结点有多个指针域，形成了多条链表，所以这种方法又常称为多重链表法。

在一棵树中，各结点的度数各异，因此结点的指针域个数的设置有两种方法：

① 每个结点指针域的个数等于该结点的度数；

② 每个结点指针域的个数等于树的度数。

对于方法①，它虽然在一定程度上节约了存储空间，但由于树中各结点的度数是不相同的，各种操作不容易实现，所以这种方法很少采用；方法②中各结点的度数是相同的，各种操作相对容易实现，但为此付出的代价是存储空间的浪费，显然，方法②适用于各结点的度数相差不大的情况。

1. 学院组织结构的逻辑存储表示

用多重链表表示的学院组织结构(图 8.2)的存储结构如图 8.5 所示,因为该树的度数为 4,所以每个结点设置了 5 个域,第 1 个域存储结点的数据信息,后面 4 个域分别存储子结点的位置信息,如果该结点没有 4 个子结点,则多出来的域设为空。

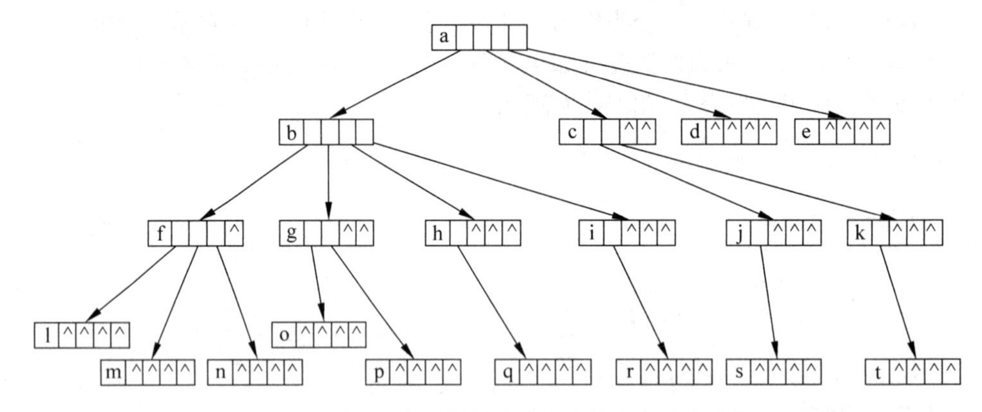

图 8.5 图 8.2 所示树的孩子多重链表表示法示意

2. 用 C# 表示的数据结构

用 MLNode<T>来表示多链表法存储中的树的结点,其中 data 存储树中结点信息,而 childs 保存当前结点的每个子结点在存储中的位置。树的多链表表示法的结点的结构实现如下:

```
class MLNode<T> {
    //存储结点的数据
    private T data;
    //存储子结点的位置
    private MLNode<T>[] childs;
    //初始化结点
    public MLNode(int max) {
        childs = new MLNode<T>[max];
        for (int i = 0; i < childs.Length; i++) {
            childs[i] = null;
            }
        }
        public T Data
        {
            get { return data; }
            set { data = value; }
        }

        public MLNode<T>[] Childs{
            get { return childs; }
            set { childs = value; }
        }
    }
```

3. 用 C# 实现多链表表示的树形结构

用 MLTree<T>来表示多链表法存储中的树，MLTree 实现了 ITree 接口，其中 head 存储树的头结点，代码如下：

```
class MLTree<T>:ITree<MLNode<T>>
    {
        private MLNode<T> head;

        public MLNode<T> Head {
            get { return head; }
            set { head = value; }
        }
        public MLTree() {
            head = null;
        }
        public MLTree(MLNode<T> node) {
            head = node;
        }
        //求树的根结点,如果树非空,返回根结点,否则返回空
        public MLNode<T> Root()
        {
            return head;
        }
        //求结点 t 的双亲结点。如果 t 的双亲结点存在,返回双亲结点,否则返回空
        //按层序遍历的算法进行查找
        public MLNode<T> Parent(MLNode<T> t)
        {
            MLNode<T> tmp = head;
            if (IsEmpty() || t == null) return null;
            if (tmp.Data.Equals(t.Data)) return null;

            Queue que = new Queue();
            que.Enqueue(tmp);
            while (que.Count > 0)
            {
                tmp = (MLNode<T>)que.Dequeue();

                for (int i = 0; i < tmp.Childs.Length; i++)
                {
                    if (tmp.Childs[i] != null)
                    {
                        if (tmp.Childs[i].Data.Equals(t.Data))
                        {
                            return tmp;
                        }
                        else
                        {
                            que.Enqueue(tmp.Childs[i]);
                        }
```

```
                }
            }
        }
        return null;
    }
    //求结点t的第i个子结点。如果存在,返回第i个子结点,否则返回空
    //i=0时表示求第1个子结点
    public MLNode<T> Child(MLNode<T> t,int i)
    {
        if (t!=null && i < t.Childs.Length)
        {
            return t.Childs[i];
        }
        else {
            return null;
        }
    }
    //求结点t第一个右边兄弟结点。如果存在,返回第一个右边兄弟结点,否则返回空
    public MLNode<T> RightSibling(MLNode<T> t)
    {
        MLNode<T> pn=Parent(t);
        if (pn != null)
        {
            //查找亲兄弟
            int i=FindRank(t);
            return Child(pn,i+1);
        }
        else
        {
            return null;
        }
    }
    //把以s为头结点的树插入到树中作为结点t的第i棵子树。成功返回true,否则返回false
    public bool Insert(MLNode<T> s,MLNode<T> t,int i)
    {
        if (IsEmpty()) head=t;
        t=FindNode(t);
        if (t != null && t.Childs.Length > i)
        {
            t.Childs[i]=s;
            return true;
        }
        else {
            return false;
        }
    }
    //删除结点t的第i棵子树。成功返回第i棵子树的根结点,否则返回空
    public MLNode<T> Delete(MLNode<T> t,int i)
    {
        t=FindNode(t);
        MLNode<T> node=null;
```

```
    if (t != null && t.Childs.Length > i) {
        node = t.Childs[i];
        t.Childs[i] = null;
    }
    return node;
}
//按某种方式遍历树
// TraverseType：0:先序 1:后序 2:层序
//具体的遍历算法请参考 8.5.1 节树的遍历
public void Traverse(int TraverseType)
{
    if (TraverseType == 0) PreOrder(head);
    else if (TraverseType == 1) PostOrder(head);
    else BroadOrder(head);
}
//清空树
public void Clear()
{
    head = null;
}

//判断树是否为空树。如果是空树,返回 true,否则返回 false
public bool IsEmpty()
{
    return head == null;
}
//求树的深度。如果树不为空,返回树的层次,否则返回 0。
public int GetDepth()
{
    return 0;
}
//查找结点 t 在兄弟中的排行,成功时返回位置,否则返回 -1
private int FindRank(MLNode<T> t)
{
    MLNode<T> pn = Parent(t);
    for (int i = 0; i < pn.Childs.Length; i++)
    {
        MLNode<T> tmp = pn.Childs[i];
        if (tmp != null && tmp.Data.Equals(t.Data))
        {
            return i;
        }
    }
    return -1;
}
//查找在树中的结点 t,成功时返回 t 的位置,否则返回 null
private MLNode<T> FindNode(MLNode<T> t)
{
    if (head.Data.Equals(t.Data)) return head;
    MLNode<T> pn = Parent(t);
    foreach(MLNode<T> tmp in pn.Childs)
```

```
            {
                if (tmp ! = null && tmp.Data.Equals(t.Data))
                {
                    return tmp;
                }
            }
            return null;
        }
```

8.2.2 用双亲表示法存储树

在树形结构的多链表表示中，由于结点中只存储了子结点的信息而没有存储父亲结点的信息，因此在查找和寻找父亲结点时比较困难，需要遍历整个树形结构才能完成操作。

从树的定义可知，除根结点外，树中的每个结点都有唯一的一个双亲结点。根据这一特性，可用一组连续的存储空间(一维数组)存储树中的各结点。树中的结点除保存结点本身的信息之外，还要保存其双亲结点在数组中的位置(数组的序号)，树的这种表示法称为双亲表示法。

树的双亲表示法的结点的结构如图 8.6 所示，data 存储结点的数据，parent 保存当前结点的父结点的存储位置。

data	parent

图 8.6 双亲表示法的结点结构

1. 学院组织结构的逻辑存储表示

用双亲表示法表示的学院组织结构(图 8.2)的逻辑存储关系如表 8.2 所示。表中 parent 域的值为−1 时表示该结点无双亲结点，即该结点是一个根结点。

表 8.2 树的双亲表示法数据

位置	0	1	2	3	4	5	6	7	8	9	10
parent	−1	0	0	0	0	1	1	1	1	2	2
data	a	b	c	d	e	f	g	h	i	j	k
位置	**11**	**12**	**13**	**14**	**15**	**16**	**17**	**18**	**19**	**20**	**21**
parent	5	5	5	6	6	7	8	9	10	14	15
data	l	m	n	o	p	q	r	s	t		

2. 用 C# 表示的数据结构

用 PNode<T>来表示双亲法存储中的树的结点，其中 data 存储树中结点信息，而 parent 保存当前结点的父结点在存储中的位置。树的双亲表示法的结点的结构实现如下：

```
public class PNode<T>
  {
    private T data;
```

```
    private int parent;
    public PNode(T val,int pos) {
        data = val;
        parent = pos;
    }
    public PNode(PNode<T> node)
    {
        data = node.data;
        parent = node.parent;
    }
    //结点的数据
    public T Data {
        get { return data; }
        set { data = value; }
    }
    //指向结点的父结点位置
    public int Parent {
        get { return parent; }
        set { parent = value; }
    }
}
```

树的双亲表示法的树类 PTree<T>的定义如下，为了方便，假定 nodes 中的第 0 个元素总是存放根结点。

```
public class PTree<T>
{
    private PNode<T>[] nodes;              //用于存储树的结点信息的数组
    //构造器，初始化存储树信息的数组
    public PTree(int size)
    {
        nodes = new PNode<T>[size];
    }
    ...
}
```

3. 用 C# 实现树的基本操作

(1) Parent(t)操作的实现

```
//求结点 t 的双亲结点。如果 t 的双亲结点存在，返回双亲结点，否则返回空
    public PNode<T> Parent(PNode<T> t)
    {
        if (t != null && t.Parent != -1)
        {
            return nodes[t.Parent];
        }
        else {
            return null;
        }
    }
```

(2) Root() 操作的实现

```
//求树的根结点,如果树非空,返回根结点,否则返回空
    public PNode<T> Root()
    {
        return nodes[0];
    }
```

树的双亲表示法对于实现 Parent(t,x)操作和 Root(x)操作很方便,但若求某结点的孩子结点,即实现 Child(t,x,i)操作时,则需要查询整个数组。此外,这种存储方式不能反映各兄弟结点之间的关系,所以实现 RightSibling(t,x)操作也比较困难。在实际中,如果需要实现这些操作,可在结点结构中增设存放第一个孩子的域和存放第一个右兄弟的域,这样就能较方便地实现上述操作了,请读者自己完成双亲表示的树的基本操作。

8.2.3 用孩子链表表示法存储树

孩子链表表示法也是用一维数组来存储树中各结点的信息。但结点的结构与双亲表示法中结点的结构不同,孩子链表表示法中的结点除保存本身的信息外,不是保存其双亲结点在数组中的序号,而是保存一个链表的第一个结点的地址信息。这个链表是由该结点的所有孩子结点组成。每个孩子结点保存有两个信息,一个是每个孩子结点在一维数组中的序号,另一个是下一个孩子结点的地址信息。

1. 学院组织结构的逻辑存储表示

图 8.2 所示的树的孩子链表表示法如图 8.7 所示。

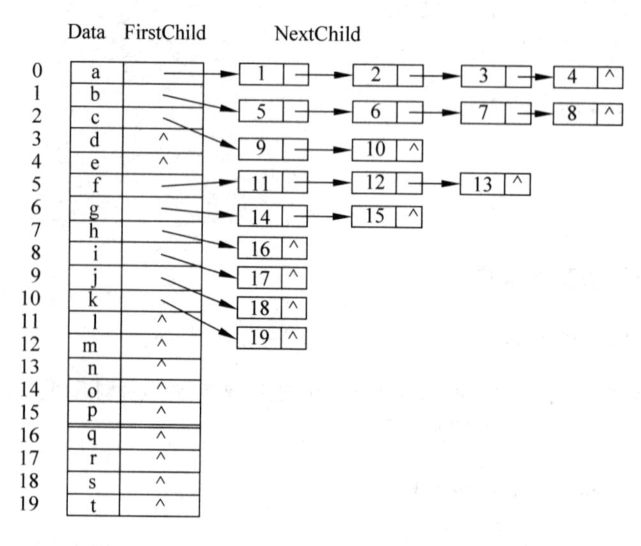

图 8.7 图 8.2 所示树的孩子链表表示法示意

2. 用 C# 表示的数据结构

孩子结点的结构如下所示,其中 pos 表示该孩子结点在数组中的存储位置,nextChild

存储下一个孩子结点的信息。

```
public class ChildNode
{
    private int pos;
    private ChildNode nextChild;

    public ChildNode() {
        pos = -1;
        nextChild = null;
    }
    public ChildNode(int p, ChildNode nc) {
        pos = p;
        nextChild = nc;
    }
    //孩子结点在一维数组中的位置序号
    public int Pos {
        get { return pos; }
        set { pos = value; }
    }

    //下一个孩子结点的地址信息
    public ChildNode NextChild {
        get { return NextChild; }
        set { nextChild = value; }
    }
}
```

树的孩子链表表示法的结点的结构如下所示：

```
public class CLNode<T>
 {
    private T data;
    private ChildNode firstChild;

    public CLNode(){
        data = default(T);
        firstChild = null;
    }

    public CLNode(T d, ChildNode c)
    {
        data = d
        firstChild = c;
    }

    //孩子结点的数据信息
    public T Data {
        get { return data; }
```

```
            set { data = value; }
        }
        //第一个孩子结点的信息
        public ChildNode FirstChild {
            get { return firstChild; }
            set { firstChild = value; }
        }
    }
```

树的孩子链表表示法的树类 CLTree<T>的定义如下，其中 nodes 为存储树结点的一维数组。

```
    public class CLTree<T>
      {
        private CLNode<T>[] nodes;

        public CLTree(int size) {
            nodes = new CLNode<T>[size];
        }
        //索引器
        public CLNode<T> this[int index]
        {
            get{return nodes[index];}
            set { nodes[index] = value; }
        }
        ...
    }
```

3. 用 C# 实现树的基本操作

Child(t,i)操作

```
    //求结点 t 的第 i 个孩子结点。如果存在，返回第 i 个子结点，否则返回空
    //i = 0 时表示求第 1 个子结点
    public CLNode<T> Child(CLNode<T> t,int i)
        {
        if (t != null)
        {
            ChildNode tmp = t.FirstChild;
            if(i == 0 && tmp != null){
                return nodes[tmp.Pos];
            }
            else
            {
                int k = 0;
                while (tmp != null && tmp.NextChild != null && k < i)
                {
                    tmp = tmp.NextChild;
                    k++;
```

```
                }
                if (k == i) return nodes[tmp.Pos];
            }
        }
        return null;
    }
```

在孩子表示法中查找孩子十分方便，查找双亲却比较困难，故适用于对孩子操作多的应用。

8.2.4　用双亲孩子表示法存储树

双亲孩子表示法是将双亲表示法和孩子链表表示法相结合的结果。其仍将各结点的孩子结点分别组成单链表，同时用一维数组顺序存储树中的各结点，数组元素除了包括结点本身的信息和该结点的孩子结点链表的头指针之外，还增设一个域，存储该结点双亲结点在数组中的序号。

1. 学院组织结构的逻辑存储表示

图 8.8 所示为图 8.2 的树采用这种方法的存储示意图。

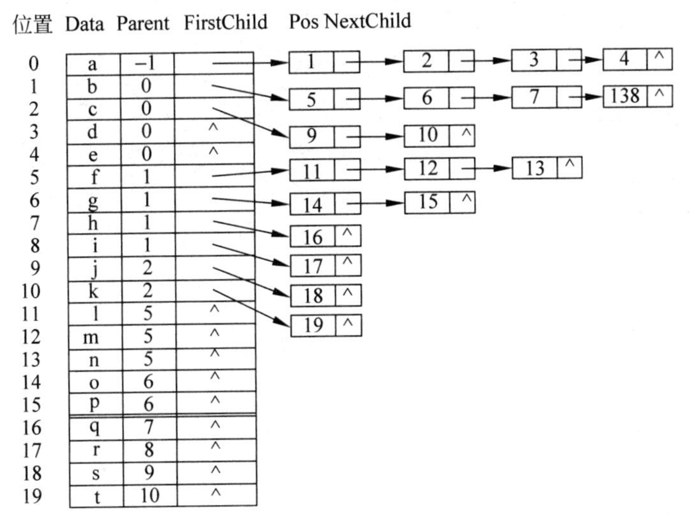

图 8.8　图 8.2 所示树的双亲孩子表示法示意

2. 用 C# 表示的数据结构

① 孩子结点的结构与孩子链表表示法中的 ChildNode 和 CLNode<T>的结构相同。

② 双亲孩子表示法中树结点的结构表示如下：

```
public class PCLNode<T>
{
    private T data;
    private int parent;
```

```
    private ChildNode firstChild;

    public PCLNode(){
        data = default(T);
        parent = -1;
        firstChild = null;
    }

    public PCLNode(T d, int p, ChildNode c)
    {
        data = d;
        parent = p;
        firstChild = c;
    }

    //孩子结点的数据信息
    public T Data {
        get { return data; }
        set { data = value; }
    }
    //第一个孩子结点的信息
    public ChildNode FirstChild {
        get { return firstChild; }
        set { firstChild = value; }
    }

    //父结点的位置
    public int Parent {
        get { return parent; }
        set { parent = value; }
    }
}
```

③ 双亲孩子表示法的树类 PCLTree<T>的定义如下,其中 nodes 为存储树结点的一维数组。

```
public class PCLTree<T>
  {
    private PCLNode<T>[] nodes;

    public PCLTree(int size) {
        nodes = new PCLNode<T> [size];
    }
    //索引器
    public PCLNode<T> this[int index]
    {
        get{return nodes[index];}
        set { nodes[index] = value; }
    }
    ...
}
```

3. 用 C# 实现树的基本操作

双亲孩子法结合了双亲法和孩子链表法的优点，可以方便地实现孩子结点和父亲结点的查找，基本操作的代码请读者自行实现。

8.2.5　用孩子兄弟表示法存储树

这是一种常用的数据结构，又称二叉树表示法，或二叉链表表示法，即以二叉链表作为树的存储结构。每个结点除存储本身的信息外，还有两个引用域分别存储该结点第一个孩子的地址信息和下一个兄弟的地址信息。

1. 学院组织结构的逻辑存储表示

图 8.9 给出了图 8.2 所示的树采用孩子兄弟表示法时的存储示意图。

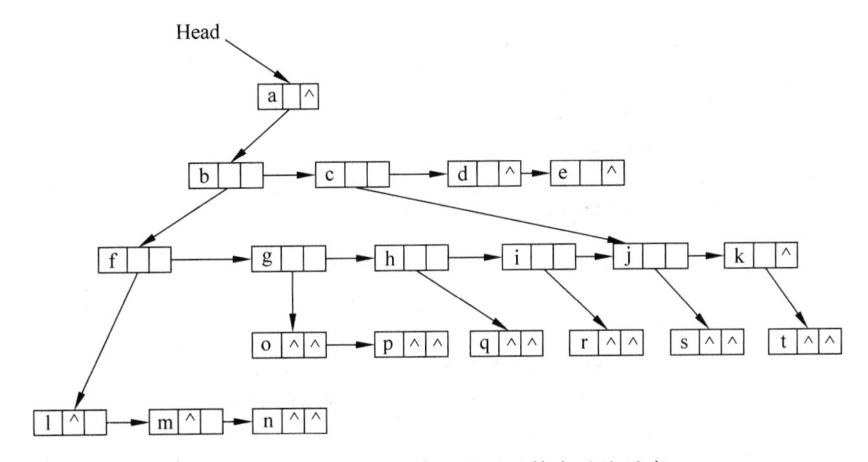

图 8.9　图 8.2 所示树的孩子兄弟表示法示意

2. 用 C# 表示的数据结构

树的孩子兄弟表示法的结点类 CSNode<T>的定义如下：

```
public class CSNode<T>
{
  private T data;
  private CSNode<T> firstChild;
  private CSNode<T> nextSibling;
  …
}
```

树类 CSTree<T>只有一个成员字段 head，表示头引用，树类 CSTree<T>的定义如下：

```
public class CSTree<T>:ITree<CSNode<T>>
{
```

```
    private CSNode<T> head;
    …
}
```

3. 用 C# 实现树的基本操作

具体的操作实现请读者参考二叉树自己实现。

8.2.6 用多重链表表示法解决学院组织结构的编程

```
public static void TestMLTree()
{
    MLTree<string> tr = new MLTree<string> ();
    char ch;
    do
    {
        Console.WriteLine("1. 添加结点");
        Console.WriteLine("2. 删除结点");
        Console.WriteLine("3. 遍历树");
        Console.WriteLine("5. 退出");
        Console.WriteLine();
        ch = Convert.ToChar(Console.ReadLine());
        switch (ch)
        {
            case '1':
                Console.WriteLine("输入父结点：");
                string str = Convert.ToString(Console.ReadLine());
                MLNode<string> pn = new MLNode<string>(4);
                pn.Data = str;
                Console.WriteLine("输入子结点：");
                str = Convert.ToString(Console.ReadLine());
                MLNode<string> cn = new MLNode<string> (4);
                cn.Data = str;
                Console.WriteLine("输入插入子结点的位置：");
                int i = Convert.ToInt32(Console.ReadLine());
                bool ok = tr.Insert(cn, pn, i);
                if (ok) Console.WriteLine("插入{0}成功",cn.Data);
                break;
            case '2':
                Console.WriteLine("输入要删除的结点：");
                str = Convert.ToString(Console.ReadLine());
                pn = new MLNode<string>(4);
                pn.Data = str;
                tr.Delete(pn, 0);
                break;
            case '3':
                tr.Traverse(2);
                break;
        }
```

```
    } while (ch ! = '5');
}
```

8.3 树、森林与二叉树的转换

从树的孩子兄弟表示法可以看到，如果设定一定规则，就可用二叉树结构表示树和森林，这样，对树的操作实现就可以借助二叉树存储，利用二叉树上的操作来实现。本节将讨论树和森林与二叉树之间的转换方法。

8.3.1 树转换为二叉树

对于一棵无序树，树中结点的各孩子的次序是无关紧要的，而二叉树中结点的左、右孩子结点是有区别的。为避免发生混淆，我们约定树中每一个结点的孩子结点按从左到右的次序顺序编号。如图 8.10 所示的一棵树，根结点 A 有 B、C、D 三个孩子，可以认为结点 B 为 A 的第一个孩子结点，结点 C 为 A 的第二个孩子结点，结点 D 为 A 的第三个孩子结点。

将一棵树转换为二叉树的方法是：

(1) 树中所有相邻兄弟之间加一条连线。

(2) 对树中的每个结点，只保留它与第一个孩子结点之间的连线，删去它与其他孩子结点之间的连线。

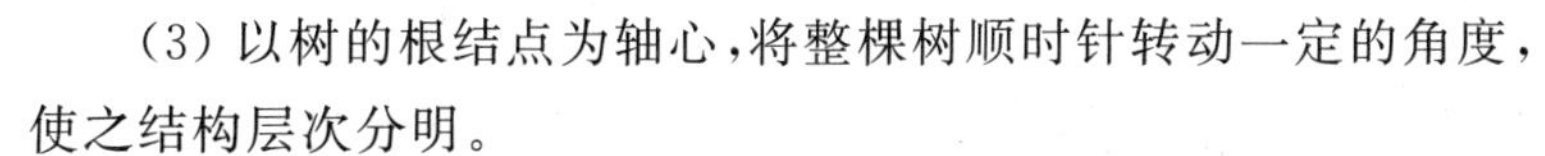

(3) 以树的根结点为轴心，将整棵树顺时针转动一定的角度，使之结构层次分明。

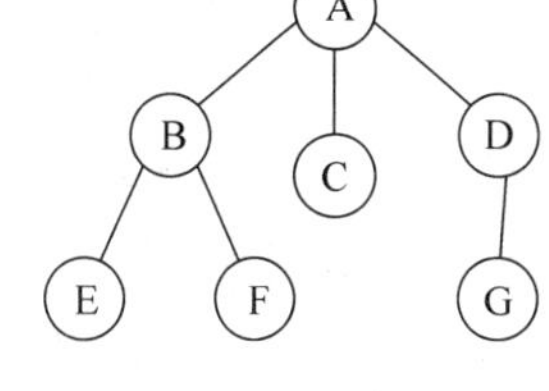

图 8.10　一棵树

可以证明，树进行这样的转换所构成的二叉树是唯一的。图 8.11(a)、(b)、(c)给出了图 8.10 所示的树转换为二叉树的转换过程示意图。

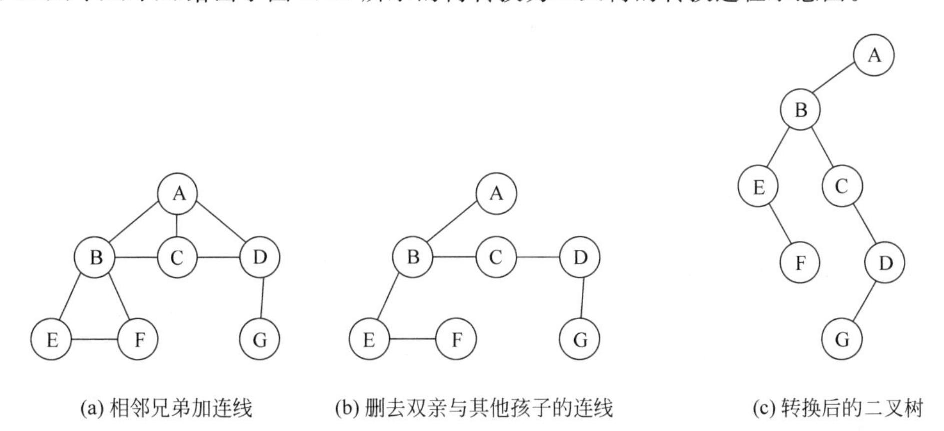

(a) 相邻兄弟加连线　(b) 删去双亲与其他孩子的连线　(c) 转换后的二叉树

图 8.11　图 8.10 所示树转换为二叉树的过程示意

由上面的转换可以看出，在二叉树中，左分支上的各结点在原来的树中是父子关系，而右分支上的各结点在原来的树中是兄弟关系。由于树的根结点没有兄弟，所以变换后的二叉树的根结点的右孩子必为空。

事实上，一棵树采用孩子兄弟表示法所建立的存储结构与它所对应的二叉树的二叉链表存储结构是完全相同的。

8.3.2 森林转换为二叉树

由森林的概念可知，森林是若干棵树的集合，只要将森林中各棵树的根视为兄弟，每棵树又可以用二叉树表示，这样，森林也同样可以用二叉树表示。

森林转换为二叉树的方法如下：

(1) 将森林中的每棵树转换成相应的二叉树。

(2) 第一棵二叉树不动，从第二棵二叉树开始，依次把后一棵二叉树的根结点作为前一棵二叉树根结点的右孩子，当所有二叉树连起来后，此时所得到的二叉树就是由森林转换得到的二叉树。

图 8.12 给出了森林及其转换为二叉树的过程。

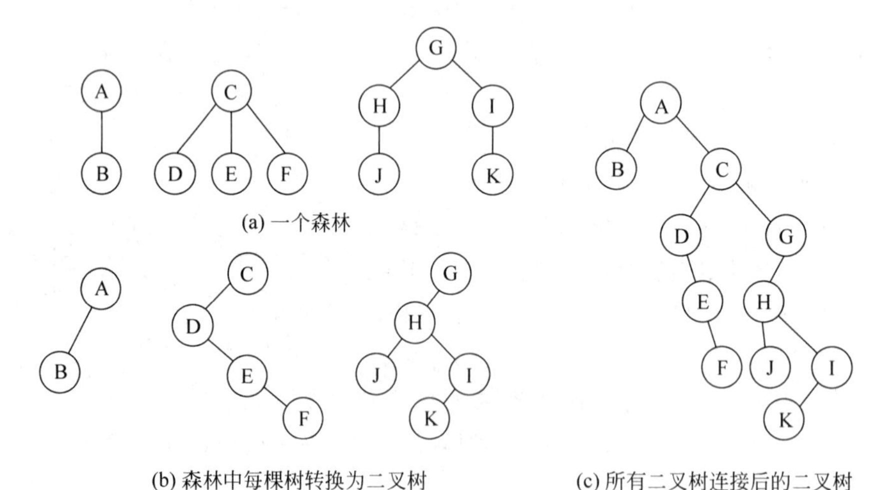

图 8.12　森林及其转换为二叉树的过程示意

8.3.3 二叉树转换为树和森林

树和森林都可以转换为二叉树，二者不同的是树转换成的二叉树，其根结点无右分支，而森林转换后的二叉树，其根结点有右分支。显然这一转换过程是可逆的，即可以依据二叉树的根结点有无右分支，将一棵二叉树还原为树或森林，具体方法如下：

(1) 若某结点是其双亲的左孩子，则把该结点的右孩子、右孩子的右孩子……都与该结点的双亲结点用线连起来；

(2) 删去原二叉树中所有的双亲结点与右孩子结点的连线；

(3) 整理由(1)、(2)两步所得到的树或森林，使之结构层次分明。

图 8.13 给出了一棵二叉树还原为森林的过程示意。

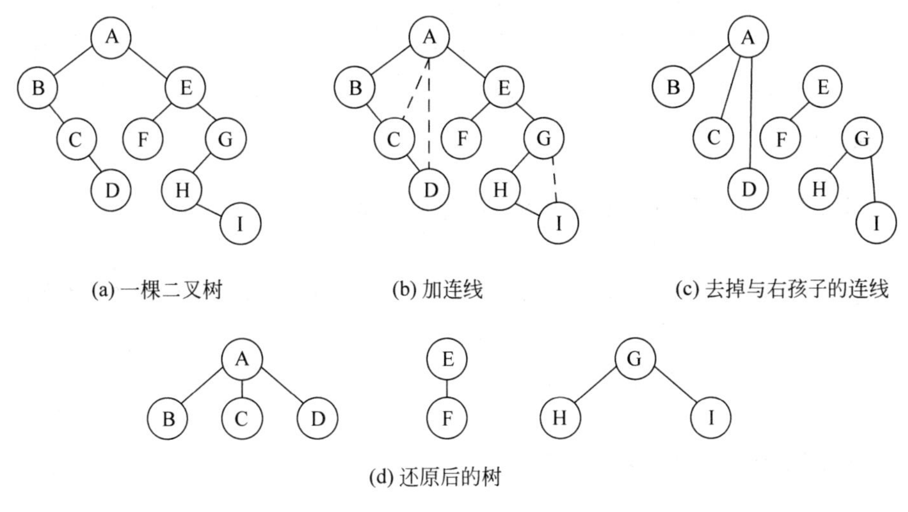

图 8.13　二叉树还原为树的过程示意

8.4　解决树和森林的遍历问题

8.4.1　树的遍历

树的遍历通常有三种方式：

1. 先序遍历

① 访问树的根结点；

② 按照从左到右顺序先序遍历树中的每棵子树。

按照树的先序遍历的定义，对图 8.10 所示的树进行先序遍历，得到的结果序列为：

A B E F C D G

下面用 C# 实现以多链表表示的树形结构的先序遍历算法(非递归实现)：

```
//先序遍历树结点
    public void PreOrder(MLNode<T> root)
    {
        if (root == null)
        {
            return;
        }
        //访问根结点
        Console.Write(root.Data + " ");
        //按先序访问子树结点
        for (int i = 0; i < root.Childs.Length; i++)
        {
            PreOrder(root.Childs[i]);
```

```
        }

    }
```

2. 后序遍历

① 按照从左到右的顺序后序遍历树中的每棵子树；
② 访问根结点。
按照树的后序遍历的定义，对图 8.10 所示的树进行后序遍历，得到的结果序列为：

E F B C G D A

用 C＃实现以多链表表示的树形结构的后序遍历算法如下：

```
//后序遍历树结点
public void PostOrder(MLNode<T> root) {

    if (root == null)
    {
        return;
    }
    for (int i = 0; i < root.Childs.Length; i++)
    {
        PostOrder(root.Childs[i]);
    }
    Console.Write(root.Data + " ");
}
```

3. 层序遍历

按照树的结构从上到下、从左到右的顺序访问树的结点。对图 8.10 所示的树进行层序遍历，得到的结果序列为：

A B C D E F G

用 C＃实现以多链表表示的树形结构的层序遍历算法如下：

```
public void BroadOrder(MLNode<T> root)
    {
        Console.WriteLine("遍历开始:");
        if (root == null)
        {
            Console.WriteLine("没有结点!");
            return;
        }

        MLNode<T> tmp = root;

        Queue que = new Queue();
        //根结点入队列
        que.Enqueue(tmp);
        while (que.Count>0)
```

```
        {
            //结点出队列并访问
            tmp = (MLNode<T>)que.Dequeue();

            Console.Write(tmp.Data + " ");
            for (int i = 0; i<tmp.Childs.Length; i++)
            {
                if (tmp.Childs[i] != null)
                {
                    //各个子结点入队列
                    que.Enqueue(tmp.Childs[i]);
                }
            }
        }
        Console.WriteLine("遍历结束.");
    }
```

根据树与二叉树的转换关系以及树和二叉树的遍历定义可以推知，树的先序遍历与其转换的相应的二叉树的先序遍历的结果序列相同；树的后序遍历与其转换的二叉树的中序遍历的结果序列相同；树的层序遍历与其转换的二叉树的后序遍历的结果序列相同。因此，树的遍历算法可以采用相应的二叉树的遍历算法来实现。

8.4.2　森林的遍历

森林的遍历有两种方式。

1. 先序遍历

① 访问森林中第一棵树的根结点；

② 先序遍历第一棵树中的每棵子树；

③ 先序遍历除第一棵树之后剩余的子树森林。

对于图 8.12(a)所示的森林进行先序遍历，得到的结果序列为：

A B C D E F G H J I K

2. 中序遍历

① 中序遍历森林中第一棵树的根结点的所有子树；

② 访问第一棵树的根结点；

③ 中序遍历除第一棵树之后剩余的子树森林。

对于图 8.12(a)所示的森林进行中序遍历，得到的结果序列为：

B A D E F C J H K I G

根据森林与二叉树的转换关系以及森林和二叉树的遍历定义可以推知，森林的先序遍历和中序遍历与所转换的二叉树的先序遍历和中序遍历的结果序列相同。

8.5 树的应用

树的应用十分广泛，本节仅讨论树在集合表示与运算方面的应用。

8.5.1 集合的表示

集合是一种常用的数据表示方法，对集合可以进行多种操作，假设集合S由若干个元素组成，可以按照某一规则把集合S划分成若干个互不相交的子集合，例如，集合S＝{1,2,3,4,5,6,7,8,9,10}，可以被分成如下三个互不相交的子集合：

S1＝{1,2,4,7}

S2＝{3,5,8}

S3＝{6,9,10}

集合{S1,S2,S3}就被称为集合S的一个划分。

此外，在集合上还有最常用的一些运算，比如集合的交、并、补、差以及判定一个元素是否是集合中的元素，等等。

为了有效地对集合执行各种操作，可以用树结构表示集合。用树中的一个结点表示集合中的一个元素，树结构采用双亲表示法存储。例如，集合S1、S2和S3可分别表示为图8.14(a)、(b)、(c)所示的结构。将它们作为集合S的一个划分，存储在一维数组中，如图8.15所示。

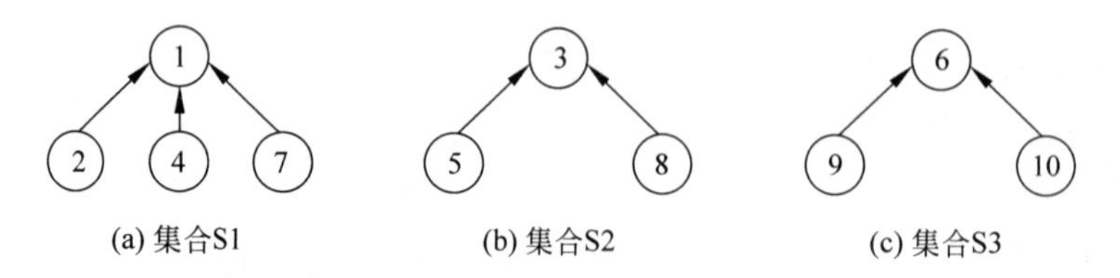

图8.14 集合的树结构表示

数组元素结构的存储表示描述如下：

```
public class PNode<T>
  {
    private T data;
    private int parent;
    public PNode(T val,int pos) {
        data = val;
        parent = pos;
    }
    public PNode(PNode<T> node)
    {
        data = node.data;
        parent = node.parent;
    }
```

序号	data	parent
0	1	−1
1	2	0
2	3	−1
3	4	0
4	5	2
5	6	−1
6	7	0
7	8	2
8	9	5
9	10	5

图8.15 集合S1、S2、S3的树结构存储示意

```
        //结点的数据
        public T Data {
            get { return data; }
            set { data = value; }
        }
        //指向结点的父结点位置
        public int Parent {
            get { return parent; }
            set { parent = value; }
        }
    }
```

其中 Data 域存储结点本身的数据，Parent 域为指向双亲结点的指针，即存储双亲结点在数组中的序号。

当集合采用这种存储表示方法时，很容易实现集合的一些基本操作。例如，求两个集合的并集，就可以简单地把一个集合的树根结点作为另一个集合的树根结点的孩子结点。如求上述集合 S1 和 S2 的并集，可以表示为：

$$S1 \cup S2 = \{1,2,3,4,5,7,8\}$$

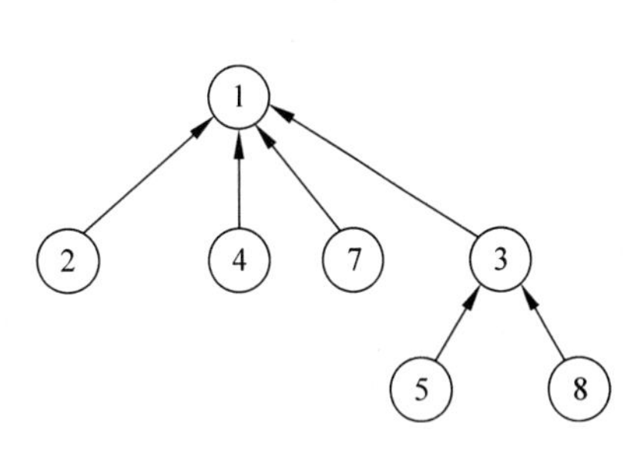

图 8.16　集合 S1 并集合 S2 后的树结构示意

该结果用树结构表示如图 8.16 所示。

集合并运算的算法实现如下：

```
void Union(PNode<string>[] a,int i,int j){
    /* 合并以数组 a 的第 i 个元素和第 j 个元素为树根结点的集合 */
    if(a[i].Parent != -1 || a[j].Parent != -1){
        Console.WriteLine("\n 调用参数不正确");
        return;
    }
    a[j].parent = i; /* 将 i 置为两个集合共同的根结点 */
}
```

如果要查找某个元素所在的集合，可以沿着该元素的双亲域向上查，当查到某个元素的双亲域值为－1 时，该元素就是所查元素所属集合的树根结点，算法如下：

```
int Find(PNode<int>[] a,int x){
    /* 在数组 a 中查找值为 x 的元素所属的集合, */
    /* 若找到,返回树根结点在数组 a 中的序号; 否则,返回 -1 */
    int i,j;
    i = 0;
    while (i<a.Length && a[i].Data! = x) i++;
    if (i>= a.Length) return -1; /* 值为 x 的元素不属于该组集合,返回 -1 */
    j = i;
    while (a[j].Parent! = -1) j = a[j].Parent;
    return j;              /* j 为该集合的树根结点在数组 a 中的序号 */
}
```

独立实践

［问题描述］

我国行政区域实行省级、县级、乡级“三级行政区划制度”，我国有34个省市自治区(包括香港、澳门、台湾)，每个省市又包含多个县市，而每个县又包含多个乡镇。

［基本要求］

(1) 请选择一种存储结构对我国的三级行政区域信息进行编程存储。

(2) 要求在(1)的基础上编程实现对区域以及其上下级区域的查找。

(3) 要求编程实现某个区域内添加删除子区域。

本 章 小 结

- 树形结构是一种非常重要的非线性结构，树形结构中的数据元素称为结点，它们之间是一对多的关系，既有层次关系，又有分支关系。
- 树是递归定义的，树由一个根结点和若干棵互不相交的子树构成，每棵子树的结构与树相同，通常树指无序树。
- 树的逻辑表示通常有4种方法，即直观表示法、凹入表示法、广义表表示法和嵌套表示法。
- 树的存储方式有5种，即双亲表示法、孩子链表表示法、多重链表表示法、双亲孩子表示法和孩子兄弟表示法。
- 森林是m(m≥0)棵树的集合。树、森林与二叉树之间可以进行相互转换。
- 树的遍历方式有先序遍历、后序遍历、层序遍历三种，森林的遍历方式有先序遍历和中序遍历两种。

综 合 练 习

一、选择题

1. 设森林F中有三棵树，第一、第二、第三棵树的结点个数分别为M1、M2和M3。与森林F对应的二叉树根结点的右子树上的结点个数是(　　)。

A. M1　　B. M1+M2　　C. M3　　D. M2+M3

2. 树的后序遍历序列等同于该树对应的二叉树的(　　)。

A. 先序序列　　B. 中序序列　　C. 后序序列

3. 在下列存储形式中，哪一个不是树的存储形式？(　　)。

A. 双亲表示法　　B. 孩子链表表示法

C. 孩子兄弟表示法　　D. 顺序存储表示法

4. 将一棵树t转换为孩子—兄弟链表表示的二叉树h，则t的后根序遍历是h的(　　)。

A. 先序遍历　　B. 中序遍历　　C. 后序遍历

二、问答题

如图 8.17 所示，试回答下列问题：

(1) 树的根结点是哪个结点？哪些是终端结点？哪些是非终端结点？

(2) 各结点的度分别是多少？树的度是多少？

(3) 各结点的层次分别是多少？树的深度是多少？以 B 为根的子树深度是多少？

(4) 结点 F 的双亲是哪个结点？祖先是哪个结点？孩子是哪些结点？兄弟又是哪些结点？

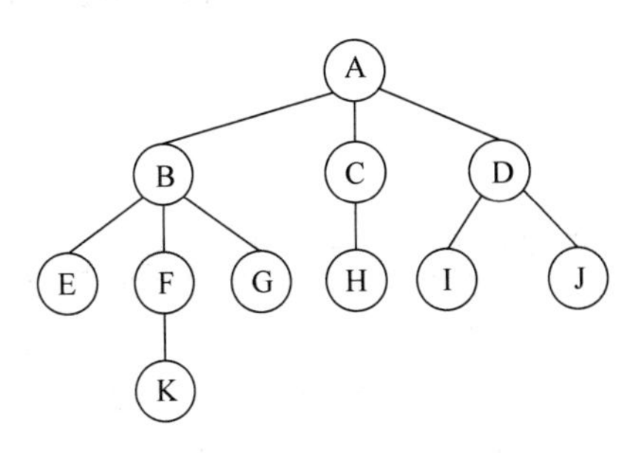

图 8.17　一棵树

三、编程题

1. 编程实现图 8.17 的存储，并按三种方式进行遍历。

2. 将图 8.18 中所示的森林转换为二叉树。

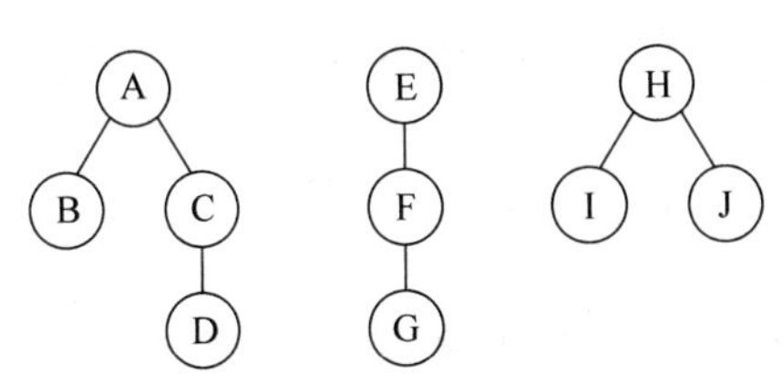

图 8.18　一个森林

3. 将图 8.19 中所示的二叉树转换为森林。

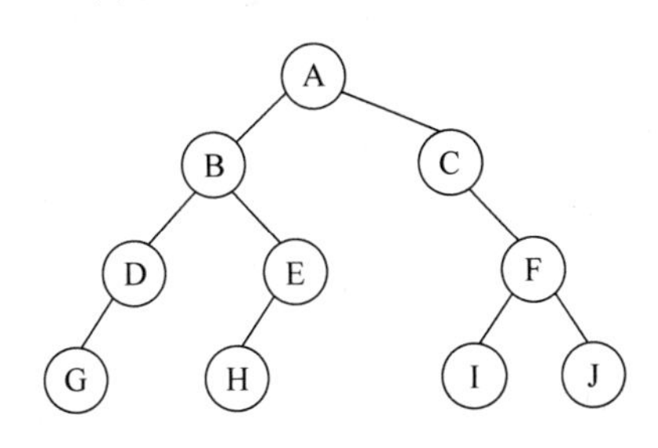

图 8.19　一棵二叉树

4. 试编写算法，对一棵以孩子—兄弟链表表示的树统计叶子的个数。

第 9 章

解决图的编程问题

学习情境：用图解决高速公路交通网的编程

一个地区由许多城市组成，为实现城市间的高速运输，需要在这些城市间铺设高速公路，以达到任意两个城市间高速运输的目的。经过考察和预算，铺设的高速公路交通网如图 9.1 所示。其中每个顶点代表一个城市，顶点间的连线代表两个城市间铺设的高速公路，而线上的数字表示两个城市间的距离(单位：公里)，如图 9.1 所示。

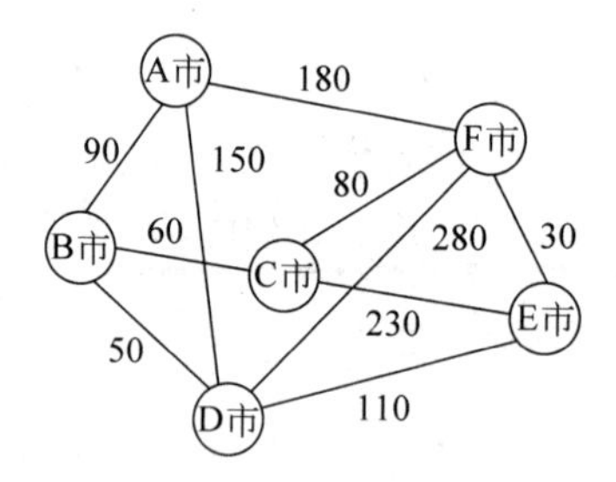

图 9.1　高速公路交通网

请根据上面的描述，解决下面的问题：

- 用 C＃ 编写一程序来存储该高速公路交通网的信息。
- 从任何一个城市出发，访问所有的城市，给出访问城市的顺序。
- 如果想从一个城市到另一个城市旅行，给出最短的旅行路线。

9.1　认　识　图

为了解决这类问题，需要确定不同城市的信息表示方式和城市间关系的表示方式。不同城市间的关系本质上是成对的关系，这里城市之间的距离需要被表示。这可以用图表示这些关系。在用图表示城市和它们之间的距离之后，可以使用适当的算法来确定连接城市间的最短或花费最少的路径。

图是不同于树的另一种非线性数据结构。在树结构中，数据元素之间存在着一种层次结构的关系，每一层上的数据元素可以和下一层的多个数据元素相关，但只能和上一层的一个数据元素相关。也就是说，树结构中数据元素之间的关系是一对多的关系，在图结构中，数据元素之间的关系则是多对多的关系，即图中每一个数据元素可以和图中任意别的数据元素相关，所以图是比树更为复杂的一种数据结构。树结构可以看做是图的一种特例。图结构用于表达数据元素之间存在着的网状结构关系。

9.1.1　图的定义和术语

1. 图的定义

图是由一系列顶点(结点)和描述顶点之间的关系边(弧)组成。图是数据元素的集合，这些数据元素被相互连接以形成网络。其形式化定义为：

```
G = (V,E)
V = {Vi|Vi∈某个数据元素集合}
E = {(Vi,Vj)|Vi,Vj∈V∧P(Vi,Vj)}
```

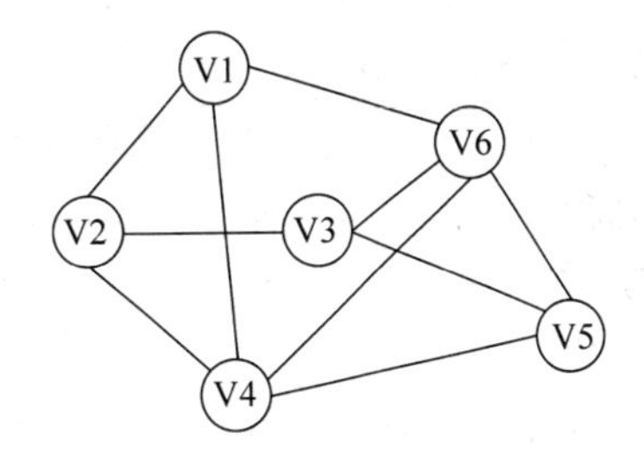

图 9.2　从高速公路交通网的抽出的不带权值的图

其中,G 表示图；V 是顶点的集合；E 是边或弧的集合。在集合 E 中,P(Vi,Vj)表示顶点 Vi 和顶点 Vj 之间有边或弧相连。

图 9.1 的高速公路交通网可以抽象成图 9.2 所示的图。

在图 9.2 中,V={V1,V2,V3,V4,V5,V6}

```
E = {(V1,V2),(V1,V4),(V1,V6),(V2,V3),(V2,V4),(V3,V5),(V3,V6),(V4,V5),(V4,V5),(V5,V6) }
```

2. 图的常用术语

顶点集：图中具有相同特性的数据元素的集合称为顶点集。

边(弧)：边是一对顶点间的路径,通常带箭头的边称为弧。

弧头：每条箭头线的头顶点表示构成弧的有序对中的后一个顶点,称为弧头或终点。

弧尾：每条箭头线的尾顶点表示构成弧的有序对中的前一个顶点,称为弧尾或始点。

参见图 9.3 理解边、弧、弧头、弧尾的概念。

度：在无向图中的顶点的度是指与那个顶点相连的边的数量。在有向图中,每个顶点有两种类的度：出度和入度。

入度：顶点的入度是指向那个顶点的边的数量。

出度：顶点的出度是由那个顶点出发的边的数量。

权：有些图的边(或弧)附带有一些数据信息,这些数据信息称为边(或弧)的权(weight)。在实际问题中,权可以表示某种含义,在一个工程进度图中,弧上的权值可以表示从前一个工程到后一个工程所需要的时间或其他代价等；如在一个地方的交通图中,边上的权值表示该条线路的长度或等级,如图 9.4 所示,权值代表路线的长度。

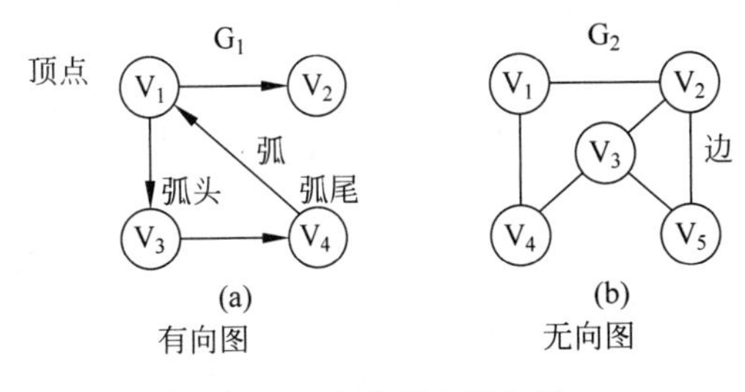

图 9.3　有向图和无向图

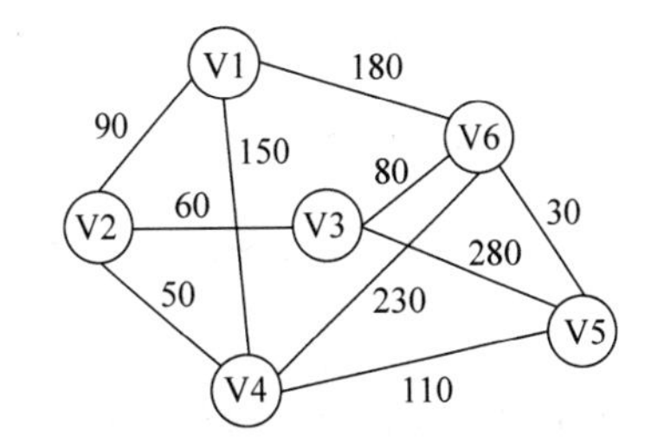

图 9.4　从高速公路交通网抽出的带权值的图

3. 图的分类

有向图：在一个图中，如果任意两顶点构成的偶对(Vi,Vj)是有序的，那么称该图为有向图。这里 Vi 是弧尾，Vj 是弧头。这表示有一个从顶点 Vi 到顶点 Vj 的路径。但是从 Vj 到 Vi 是不可能的，如图 9.3(a)所示。

无向图：在一个图中，如果有任意两顶点构成的边(Vi,Vj)，(Vi,Vj)和(Vj,Vi)是相同的，如图 9.3(b)所示，则它们构成无向图。

在一个无向图中，如果任意两个顶点之间都有边相连，则称该图为无向完全图。无向完全图又称完全图。可以证明，在一个含用 n 个顶点的无向完全图中，有 n(n－1)/2 条边。

在一个有向图中，如果任意两个顶点之间都是弧相连，则称该图为有向完全图。可以证明，在一个含有 n 个顶点的有向完全图中，有 n(n－1)条弧。

有很少条边或弧的图称为稀疏图，反之称为稠密图。

无向完全图、有向完全图、稠密图、稀疏图的示意图如图 9.5 所示。

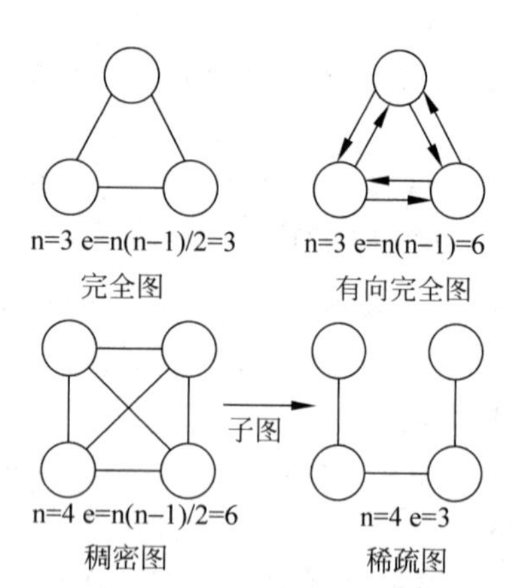

图 9.5　图类型示意图

9.1.2　识别图的基本操作

对图通常有以下几种操作：

(1) SetNode()：在图中增加一个新的顶点。

(2) GetNode()：获取图中指定顶点。

(3) SetEdge()：在两个顶点之间添加指定权值的边或弧。

(4) GetEdge()：获取两个顶点之间的边。

(5) DelEdge()：删除两个顶点之间的边或弧。

(6) GetNumOfVertex()：获取邻接矩阵顶点数。

(7) GetNumOfEdge()：获取邻接矩阵边或弧的数目。

(8) GetIndex()：获取指定顶点在数组中的索引。

(9) IsEdge()：判断两个顶点之间是否存在边或弧。

(10) IsNode()：判断指定结点是否是图的顶点。

将图的基本操作定义在一个接口中，用 C# 语言实现如下：

```
public interface IGraph<T>
  {
    void SetNode(int index,Node<T> v);
    Node<T> GetNode(int index);
    void SetEdge(Node<T> v1,Node<T> v2, int v);
    void SetEdge(int index1, int index2);
    void SetEdge(Node<T> v1, Node<T> v2);
```

```
    void DelEdge(Node<T> v1, Node<T> v2);
    int GetEdge(int index1, int index2);
    int GetEdge(Node<T> v1, Node<T> v2);
    int GetNumOfVertex();
    int GetNumOfEdge();
    int GetIndex(Node<T> v);
    bool IsEdge(Node<T> v1, Node<T> v2);
    bool IsNode(Node<T> v);
}
```

9.2　用邻接矩阵解决图的编程问题

图是一种结构复杂的数据结构，表现在不仅各个顶点的度可以千差万别，而且顶点之间的逻辑关系也是错综复杂的，因此图的存储结构也是多种多样的。对于实际问题，需要根据具体的图结构本身的特点以及所要实施的操作选择建立合适的存储结构。

从图的定义可知，一个图的信息包括两部分：图中顶点的信息以及描述顶点之间的关系——边或者弧的信息。因此无论采用什么方法建立图的存储结构，都要完整、准确地反映这两方面的信息。邻接矩阵是一种最通用的图的存储结构。

9.2.1　用邻接矩阵表示图

邻接矩阵(Adjacentcy Matrix)是用两个数组来表示图，一个数组是一维数组，存储图中的顶点信息，一个数组是二维数组，即矩阵，存储顶点之间相邻的信息，也就是边(或弧)的信息。如果图中有 n 个顶点，你需要大小为 n×n 的二维数组来表示图。

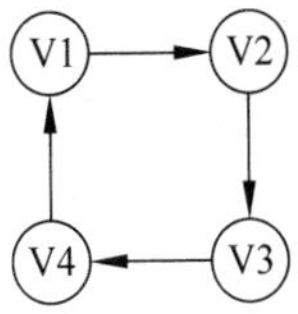

考虑下面给出的图(见图 9.6)：

图 9.6　示例图

为了表示上面显示的图，需要一个 4×4 的矩阵。矩阵的每个行表示图中的一个顶点。类似，矩阵的每个列表示图中的一个顶点。

假设：

行 1 和列 1 对应顶点 V1

行 2 和列 2 对应顶点 V2

行 3 和列 3 对应顶点 V3

行 4 和列 4 对应顶点 V4

因此，顶点 V1、V2、V3 和 V4 相应与数组的索引 0、1、2 和 3 对应。

设 A 是图 9.6 中的邻接矩阵。现在关于边的信息以下面的方式存储在邻接矩阵中：

A[i,j]=1，表示从索引 i 的顶点到索引 j 的顶点有一条边。

A[i,j]=0，表示从索引 i 的顶点到索引 j 的顶点没有边。

上面图的邻接矩阵如图 9.7 所示。

以数组表示的图是一个简单的实现。但是，如果图中没有许多边，它导致内存空间的浪费。例如，当使用邻接矩阵创建一个有 100 个结点和 150 个边的图形时，将需要创建一个 10000 个元素的数组。在这种情况下，邻接矩阵将变成一个稀疏矩阵，导致了许多浪费。因此应该仅在图是致密的时候实现邻接矩阵。

根据上面对邻接矩阵的理解，我们可以得出图 9.1 的高速公路交通网的邻接矩阵如图 9.8 所示，该图为加权图，图上的数字表示两个城市间的距离，单位为公里。

$$
\text{邻接矩阵 } A=\begin{array}{c} \\ V1 \\ V2 \\ V3 \\ V4 \end{array}\begin{array}{c} \begin{array}{cccc} V1 & V2 & V3 & V4 \end{array} \\ \begin{bmatrix} 0 & 1 & 0 & 0 \\ 0 & 0 & 1 & 0 \\ 0 & 0 & 0 & 1 \\ 1 & 0 & 0 & 0 \end{bmatrix} \end{array}
$$

图 9.7　图 9.6 的示例图所对应的邻接矩阵

$$
\text{交通网 } M=\begin{array}{c} \\ A \\ B \\ C \\ D \\ E \\ F \end{array}\begin{array}{c} \begin{array}{cccccc} A & B & C & D & E & F \end{array} \\ \begin{bmatrix} 0 & 90 & 0 & 150 & 0 & 180 \\ 90 & 0 & 60 & 50 & 0 & 0 \\ 0 & 60 & 0 & 0 & 230 & 80 \\ 150 & 50 & 0 & 0 & 110 & 280 \\ 0 & 0 & 230 & 110 & 0 & 30 \\ 180 & 0 & 80 & 280 & 30 & 0 \end{bmatrix} \end{array}
$$

图 9.8　高速公路交通网所对应的邻接矩阵

用 C# 语言表示邻接矩阵的代码如下：

```
public class Node<T>  {
        private T data; //数据域
        //构造器
        public Node(T v)
        {
            data = v;
        }
        //数据域属性
        public T Data
        {
            get
            {
                return data;
            }
            set
            {
                data = value;
            }
        }
}
public class GraphAdjMatrix<T>  {
        private Node<T>[] nodes; //顶点数组
        private int[,] matrix; //邻接矩阵数组
        //初始化邻接矩阵
        public GraphAdjMatrix(int n)
        {
            nodes = new Node<T>[n];
            matrix = new int[n, n];
        }
}
```

其中用泛型类 Node 表示图的结点，泛型类 GraphAdjMatrix<T>表示邻接矩阵。邻接矩阵中，一维数组 nodes 用来表示与顶点有关的信息，二维数组 matrix 用来表示图中的边或弧。

9.2.2　对邻接矩阵进行操作

在上面定义的邻接矩阵 GraphAdjMatrix<T>中编码实现接口 9.1.2 节中定义的接口 IGraph<T>中的操作，以实现存储结构及对其操作的封装。C#实现如下：

```
public class GraphAdjMatrix<T>: IGraph<T>
  {
    private Node<T>[] nodes; //顶点数组
    private int[,] matrix; //邻接矩阵数组
    private int numEdges; //边的数目
    //初始化邻接矩阵
    public GraphAdjMatrix(int n)
    {
      nodes = new Node<T>[n];
      matrix = new int[n, n];
    }
    //设置索引为 index 的顶点的信息
    public void SetNode(int index, Node<T> v)
    {
      nodes[index] = v;
    }
    //获取索引为 index 的顶点的信息
    public Node<T> GetNode(int index)
    {
      return nodes[index];
    }
    //在顶点 v1 和 v2 之间添加权值为 v 的边
    public void SetEdge(Node<T> v1, Node<T> v2, int v)
    {
      //v1 或 v2 不是图的顶点
      if (!IsNode(v1) || !IsNode(v2))
      {
        Console.WriteLine("Node is not belong to Graph!");
        return;
      }
      //矩阵是对称矩阵
      matrix[GetIndex(v1), GetIndex(v2)] = v;
      matrix[GetIndex(v2), GetIndex(v1)] = v;
      ++numEdges;
    }
    //按给定的索引号设置两个顶点之间边
    public void SetEdge(int index1, int index2)
    {
      matrix[index1,index2] = 1;
    }
```

```
//按给定的顶点设置两个顶点之间边
public void SetEdge(Node<T> v1, Node<T> v2)
{
  SetEdge(v1, v2, 1);
}
//删除顶点 v1 和 v2 之间的边
public void DelEdge(Node<T> v1, Node<T> v2)
{
  //v1 或 v2 不是图的顶点
  if (!IsNode(v1) || !IsNode(v2))
  {
    Console.WriteLine("Node is not belong to Graph!");
    return;
  }
  //顶点 v1 与 v2 之间存在边
  if (matrix[GetIndex(v1), GetIndex(v2)] == 1)
  {
    //矩阵是对称矩阵
    matrix[GetIndex(v1), GetIndex(v2)] = 0;
    matrix[GetIndex(v2), GetIndex(v1)] = 0;
    --numEdges;
  }
}
//获取给定的两个索引号所对应的顶点之间的边
public int GetEdge(int index1, int index2)
{
  return matrix[index1, index2];
}
//获取给定的两个顶点之间的边
public int GetEdge(Node<T> v1, Node<T> v2)
{
  //v1 或 v2 不是图的顶点
  if (!IsNode(v1) || !IsNode(v2))
  {
    Console.WriteLine("Node is not belong to Graph!");
    return 0;
  }
  return matrix[GetIndex(v1), GetIndex(v2)];
}
//获取顶点的数目
public int GetNumOfVertex()
{
  return nodes.Length;
}
//获取边的数目
public int GetNumOfEdge()
{
  return numEdges;
}
//获取顶点 v 在顶点数组中的索引
public int GetIndex(Node<T> v)
```

```
    {
      int i = -1;
      //遍历顶点数组
      for (i = 0; i < nodes.Length; ++i)
      {
        //如果顶点 v 与 nodes[i]相等，则 v 是图的顶点，返回索引值 i
        if (nodes[i].Equals(v))
        {
          return i;
        }
      }
      return i;
    }
    //判断顶点 v1 与 v2 之间是否存在边
    public bool IsEdge(Node<T> v1, Node<T> v2)
    {
      //v1 或 v2 不是图的顶点
      if (!IsNode(v1) || !IsNode(v2))
      {
        Console.WriteLine("Node is not belong to Graph!");
        return false;
      }
      //顶点 v1 与 v2 之间存在边
      if (matrix[GetIndex(v1), GetIndex(v2)] == 1)
      {
        return true;
      }
      else //不存在边
      {
        return false;
      }
    }
    //判断 v 是否是图的顶点
    public bool IsNode(Node<T> v)
    {
      //遍历顶点数组
      foreach (Node<T> nd in nodes)
      {
        //如果顶点 nd 与 v 相等，则 v 是图的顶点，返回 true
        if (v.Equals(nd))
        {
          return true;
        }
      }
      return false;
    }
//下面的大括号为类的结束符
  }
```

9.2.3 使用邻接矩阵解决高速公路交通网的存储问题

```
class GraphAdjMaxtixApp
  {
    public static void Main()
    {
      int maxnodes = 0;
      Node<string>[] node;
      IGraph<string> g = null;
      char ch;
      do
      {
        Console.WriteLine();
        Console.WriteLine("请输入操作选项：");
        Console.WriteLine("1.添加顶点");
        Console.WriteLine("2.添加边");
        Console.WriteLine("3.显示邻接矩阵");
        Console.WriteLine("4.退出");
        Console.WriteLine();
        ch = Convert.ToChar(Console.ReadLine());
        switch (ch)
        {
          case '1':
            Console.Write("高速公路交通网中城市数:");
            maxnodes = Convert.ToInt32(Console.ReadLine());
            node = new Node<string>[maxnodes];
            g = new GraphAdjMatrix<string>(maxnodes);
            for (int i = 0; i < maxnodes; i++)
          {
            Console.Write("请输入城市{0}:",(i + 1));
            node[i] = new Node<string>(Console.ReadLine());
            g.SetNode(i, node[i]);
          }
          break;
        case '2':
          int v;
          for (int i = 0; i < maxnodes; i++)
          {
            for (int j = i + 1; j < maxnodes; j++)
            {
              Console.WriteLine("请输入{0}到{1}之间的距离",
              g.GetNode(i).Data, g.GetNode(j).Data);
              v = Convert.ToInt32(Console.ReadLine());
              g.SetEdge(g.GetNode(i), g.GetNode(j),v);
            }
          }
          break;
        case '3':
          if (g.GetNumOfVertex() == 0)
```

```
            {
              Console.WriteLine("高速公路交通网还没有创建!");
              return;
            }
            Console.WriteLine("高速公路交通网的城市有:");
            for (int i = 0; i < maxnodes; i++)
            {
              Console.Write(g.GetNode(i).Data + "\t");
            }
            Console.WriteLine();
            if (g.GetNumOfEdge() != 0)
            {
              for (int i = 0; i < g.GetNumOfVertex(); i++)
              {
              for (int j = 0; j < g.GetNumOfVertex(); j++)
                Console.Write(g.GetEdge(i,j) + "\t");
              Console.Write("\n");
              }
            }
            break;
          case '4':
            return;
          }
        } while (ch != '4');
      }
    }
```

9.3 用邻接表解决图的编程问题

前面介绍的邻接矩阵方法实际上是图的一种静态存储方法。建立这种存储结构时需要预先知道图中顶点的个数。如果图结构本身需要在解决问题的过程中动态地产生,则每增加或删除一个顶点都需要改变邻接矩阵的大小,显然这样做的效率很低。除此之外,邻接矩阵占用存储单元数目只与图中顶点的个数有关,而与边(或弧)的数目无关,若图的邻接矩阵为一个稀疏矩阵,必然会造成存储空间的大量浪费。邻接表很好地解决了这个问题。

9.3.1 用邻接表表示图

邻接表的存储方法是一种顺序存储与链式存储相结合的存储方法,顺序存储部分用来保存图中顶点的信息,链式存储部分用来保存图中边(或弧)的信息。具体的做法是:使用一个一维数组,其中每个数组元素包含两个域,其结构为:

data	firstadj

其中,

- 顶点域(data):存放与顶点有关的信息。

• 头指针域(firstadj)：存放与该顶点相邻接的所有顶点组成的单链表的头指针。

邻接单链表中每个结点表示依附于该顶点的一条边，称为边结点，边结点的结构为：

adjvex	info	nextadj

其中，

• 邻接点域(adjvex)：指示与顶点邻接点在图中的位置，对应着一维数组中的序号，对于有向图，存放的是该边结点所表示的弧的弧头顶点在一维数组中的序号。

• 数据域(info)：存储边或弧相关的信息，如权值等，当图中边(或弧)不含有信息时，该域可以省略。

• 链域(nextadj)：指向依附于该顶点的下一个边结点的指针。

对于图 9.9(a)所示的无向图、图 9.9(b)所示的有向图，它们的邻接表存储结构分别如图 9.10(a)、(b)所示。

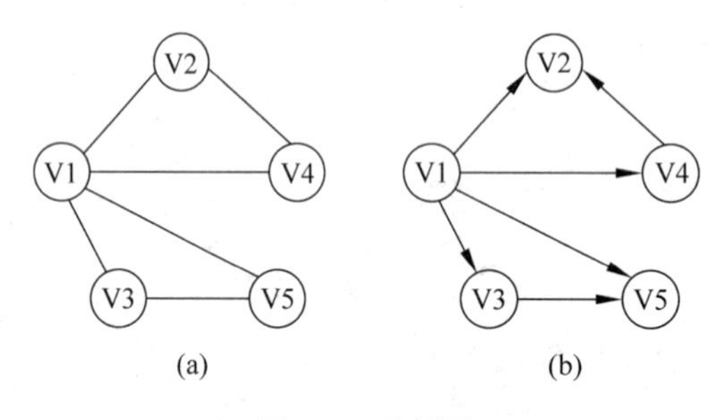

图 9.9 示例图

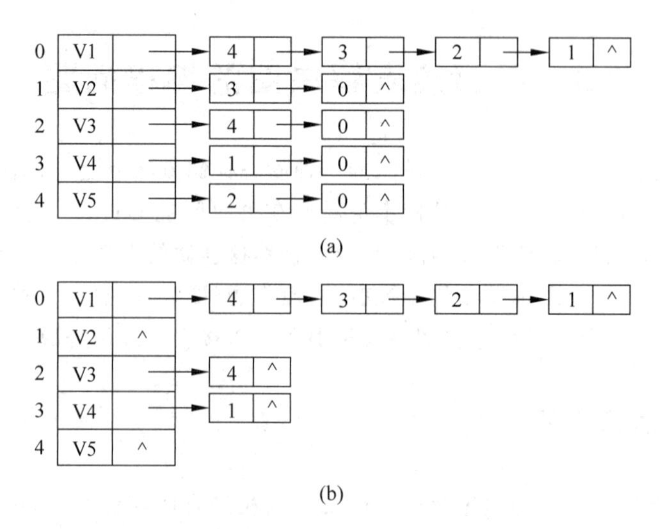

图 9.10 邻接表示例图

根据上面对邻接矩阵的理解，我们可以得出图 9.1 所示的高速公路交通网的邻接矩阵如图 9.11 所示。

下面以无向图邻接表类的实现来说明图的邻接表类的实现。无向图邻接表的邻接表结点类 adjListNode＜T＞有三个成员字段，一个是 adjvex，存储邻接顶点的信息，类型是整

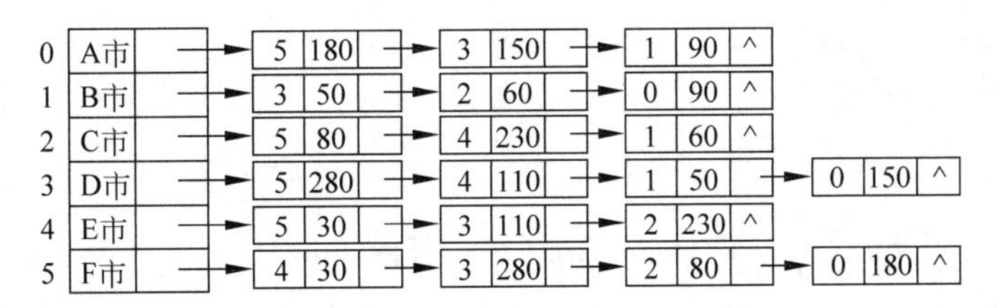

图 9.11　高速公路交通网邻接表

型；一个是 info，存储边的权值，类型为整数；一个是 nextadj，存储下一个邻接表结点的地址，类型是 adjListNode<T>。adjListNode<T>的实现如下所示。

```
public class adjListNode<T>
  {
    private int adjvex; //邻接顶点序号
    private int info;//存储边或弧相关的信息，如权值
    private adjListNode<T> nextadj; //下一个邻接表结点
    //邻接顶点属性
    public int Adjvex
    {
      get
      { return adjvex; }
      set
      { adjvex = value; }
    }
    //权值属性
    public int Info
    {
      get
      { return info; }
      set
      { info = value; }
    }
    //下一个邻接表结点属性
    public adjListNode<T> NextAdj
    {
      get
      { return nextadj; }
      set
      { nextadj = value; }
    }
    //初始化邻接链表
    public adjListNode(int adjvex)
    {
      this.adjvex = adjvex;
      nextadj = null;
    }
    //初始化邻接链表
    public adjListNode(int adjvex, int info)
    {
      this.adjvex = adjvex;
```

```
        this.info = info;
        nextadj = null;
    }
}
```

无向图邻接表的顶点结点类 VexNode<T>有两个成员字段，一个 data，它存储图的顶点本身的信息，类型是 Node<T>；一个是 firstadj，存储顶点的邻接表的第 1 个结点的地址，类型是 adjListNode<T>。VexNode<T>的实现如下所示。

```
public class VexNode<T>
{
    private Node<T> data; //图的顶点
    private adjListNode<T> firstadj; //邻接表的第 1 个结点
    //图的顶点属性
    public Node<T> Data
    {
        get
        { return data; }
        set
        { data = value; }
    }
    //邻接表的第 1 个结点属性
    public adjListNode<T> FirstAdj
    {
        get
        { return firstadj; }
        set
        { firstadj = value; }
    }
    //初始化顶点结构
    public VexNode(Node<T> nd)
    {
        data = nd;
        firstadj = null;
    }
    //初始化顶点结构
    public VexNode(Node<T> nd,adjListNode<T> alNode)
    {
        data = nd;
        firstadj = alNode;
    }
}
```

9.3.2 对邻接表进行操作

无向图邻接表类 GraphAdjList<T>有一个成员字段 adjList，表示邻接表数组，数组元素的类型是 VexNode<T>。GraphAdjList<T>与无向图邻接矩阵类 GraphAdjMatrix<T>一样实现了接口 IGraph<T>中的方法。无向图邻接表类 GraphAdjList<T>的实现如下所示。

```
public class GraphAdjList<T> :IGraph<T>
  {
    //邻接表数组
    private VexNode<T>[] adjList;
    //初始化邻接表
    public GraphAdjList(Node<T>[] nodes)
    {
      adjList = new VexNode<T>[nodes.Length];
      for (int i = 0; i < nodes.Length; i++)
      {
        adjList[i] = new VexNode<T>(nodes[i]);
      }
    }
    //设置索引为 index 的顶点的信息
    public void SetNode(int index, Node<T> v)
    {
      adjList[index] = new VexNode<T>(v);
    }
    //获取索引为 index 的顶点的信息
    public Node<T> GetNode(int index)
    {
      return adjList[index].Data;
    }
    //在顶点 v1 和 v2 之间添加权值为 v 的边
    public void SetEdge(Node<T> v1, Node<T> v2, int v)
    {
      //v1 或 v2 不是图的顶点或者 v1 和 v2 之间存在边
      if (!IsNode(v1) || !IsNode(v2) || IsEdge(v1, v2))
      {
        Console.WriteLine("Node is not belong to Graph!");
        return;
      }
      if (v == 0) return;
      //处理顶点 v1 的邻接表
      adjListNode<T> p = new adjListNode<T> (GetIndex(v2), v);
      //顶点 v1 没有邻接顶点
      if (adjList[GetIndex(v1)].FirstAdj == null)
      {
        adjList[GetIndex(v1)].FirstAdj = p;
      }
      //顶点 v1 有邻接顶点
      else
      {
        p.NextAdj = adjList[GetIndex(v1)].FirstAdj;
        adjList[GetIndex(v1)].FirstAdj = p;
      }
      //处理顶点 v2 的邻接表
      p = new adjListNode<T>(GetIndex(v1), v);
      //顶点 v2 没有邻接顶点
```

```
        if (adjList[GetIndex(v2)].FirstAdj == null)
        {
          adjList[GetIndex(v2)].FirstAdj = p;
        }
        //顶点 v1 有邻接顶点
        else
        {
          p.NextAdj = adjList[GetIndex(v2)].FirstAdj;
          adjList[GetIndex(v2)].FirstAdj = p;
        }
      }
      //按给定的索引号设置两个顶点之间边
      public void SetEdge(int index1, int index2)
      {
        SetEdge(GetNode(index1), GetNode(index2), 1);
      }
      //按给定的顶点设置两个顶点之间边
      public void SetEdge(Node<T> v1, Node<T> v2)
      {
        SetEdge(v1, v2, 1);
      }
      //删除顶点 v1 和 v2 之间的边
      public void DelEdge(Node<T> v1, Node<T> v2)
      {
        //v1 或 v2 不是图的顶点
        if (!IsNode(v1) || !IsNode(v2))
        {
          Console.WriteLine("Node is not belong to Graph!");
          return;
        }
        //顶点 v1 与 v2 之间有边
        if (IsEdge(v1, v2))
        {
          //处理顶点 v1 的邻接表中的顶点 v2 的邻接表结点
          adjListNode<T> p = adjList[GetIndex(v1)].FirstAdj;
          adjListNode<T> pre = null;
          while (p != null)
          {
            if (p.Adjvex != GetIndex(v2))
            {
              pre = p;
              p = p.NextAdj;
            }
          }
          pre.NextAdj = p.NextAdj;
          //处理顶点 v2 的邻接表中的顶点 v1 的邻接表结点
          p = adjList[GetIndex(v2)].FirstAdj;
          pre = null;
          while (p != null)
          {
            if (p.Adjvex != GetIndex(v1))
```

```
            {
                pre = p;
                p = p.NextAdj;
            }
        }
        pre.NextAdj = p.NextAdj;
    }
}
//获取给定的两个索引号所对应的顶点之间的边
public int GetEdge(int index1, int index2)
{
    //v1 或 v2 不是图的顶点
    if (!IsNode(this.GetNode(index1))
            || !IsNode(this.GetNode(index2)))
    {
        Console.WriteLine("Node is not belong to Graph!");
        return 0;
    }
    adjListNode<T> p = adjList[index1].FirstAdj;
    while (p != null)
    {
        if (p.Adjvex == index2)
        {
            return p.Info;
        }
        p = p.NextAdj;
    }
    return 0;
}
//获取给定的两个顶点之间边的值
public int GetEdge(Node<T> v1, Node<T> v2)
{
    //v1 或 v2 不是图的顶点
    if (!IsNode(v1) || !IsNode(v2))
    {
        Console.WriteLine("Node is not belong to Graph!");
        return 0;
    }
    adjListNode<T> p = adjList[GetIndex(v1)].FirstAdj;
    while (p != null)
    {
        if (p.Adjvex == GetIndex(v2))
        {
            return p.Info;
        }
        p = p.NextAdj;
    }
    return 0;
}
```

```
//获取顶点的数目
public int GetNumOfVertex()
{
  return adjList.Length;
}
//获取边的数目
public int GetNumOfEdge()
{
  int i = 0;
  //遍历邻接表数组
  foreach (VexNode<T> nd in adjList)
  {
    adjListNode<T> p = nd.FirstAdj;
    while (p != null)
    {
      i++;
      p = p.NextAdj;
    }
  }
  return i / 2;
}
//获取顶点 v 在邻接表数组中的索引
public int GetIndex(Node<T> v)
{
  int i = -1;
  //遍历邻接表数组
  for (i = 0; i < adjList.Length;++i)
  {
    //邻接表数组第 i 项的 data 值等于 v,则顶点 v 的索引为 i
    if (adjList[i].Data.Data.Equals(v.Data))
    {
      return i;
    }
  }
  return i;
}
//判断 v1 和 v2 之间是否存在边
public bool IsEdge(Node<T> v1, Node<T> v2)
{
  //v1 或 v2 不是图的顶点
  if (!IsNode(v1) || !IsNode(v2))
  {
    Console.WriteLine("Node is not belong to Graph!");
    return false;
  }
  adjListNode<T> p = adjList[GetIndex(v1)].FirstAdj;
  while (p != null)
  {
```

```
            if (p.Adjvex == GetIndex(v2))
            {
                return true;
            }
            p = p.NextAdj;
        }
        return false;
    }
    //判断v是否是图的顶点
    public bool IsNode(Node<T> v)
    {
        //遍历邻接表数组
        foreach (VexNode<T> nd in adjList)
        {
            //如果v等于nd的data，则v是图中的顶点，返回true
            if (v.Equals(nd.Data))
            {
                return true;
            }
        }
        return false;
    }
    //下面的大括号是类的结束符
}
```

9.3.3 使用邻接表解决高速公路交通网的存储问题

```
class GraphAdjListApp
{
    public static void Main()
    {
        int maxnodes = 0;
        Node<string>[] node;
        IGraph<string> g = null;
        char ch;
        do
        {
            Console.WriteLine();
            Console.WriteLine("请输入操作选项：");
            Console.WriteLine("1.添加顶点");
            Console.WriteLine("2.添加边");
            Console.WriteLine("3.显示邻接表");
            Console.WriteLine("4.退出");
            Console.WriteLine();
            ch = Convert.ToChar(Console.ReadLine());
            switch (ch)
            {
```

```
        case '1':
          Console.Write("高速公路交通网中城市数:");
          maxnodes = Convert.ToInt32(Console.ReadLine());
          node = new Node<string>[maxnodes];
          for (int i = 0; i < maxnodes; i++)
          {
            Console.Write("请输入城市{0}:",(i + 1));
            node[i] = new Node<string>(Console.ReadLine());
          }
          g = new GraphAdjList<string>(node);
          break;
        case '2':
          int v;
          for (int i = 0; i < maxnodes; i++)
          {
            for (int j = i + 1; j < maxnodes; j++)
            {
            Console.WriteLine("请输入{0}到{1}之间的距离",
              g.GetNode(i).Data,g.GetNode(j).Data);
            v = Convert.ToInt32(Console.ReadLine());
            g.SetEdge(g.GetNode(i),g.GetNode(j),v);
          }
        }
        break;
      case '3':
        if (g.GetNumOfVertex() == 0)
        {
          Console.WriteLine("高速公路交通网还没有创建!");
          return;
        }
        Console.WriteLine("高速公路交通网的城市有:");
        for (int i = 0; i < g.GetNumOfVertex(); i++)
        {
          Console.Write(g.GetNode(i).Data + "\t");
        }
        Console.WriteLine();
        if (g.GetNumOfEdge() != 0)
        {
          for (int i = 0; i < g.GetNumOfVertex(); i++)
          {
            Console.Write("{0}: ",i + 1);
            for (int j = 0; j < g.GetNumOfVertex(); j++)
            {
              if (g.GetEdge(i,j) != 0)
               Console.Write("{0} -> {1}:{2}\t",
              g.GetNode(i).Data,g.GetNode(j).Data, g.GetEdge(i,j) + "\t");
            }
            Console.Write("\n");
```

```
                }
              }
              break;
            case '4':
              return;
          }
        } while (ch != '4');
      }
    }
```

独立实践

［问题描述］

对于图 9.12 的有向图，编程实现：

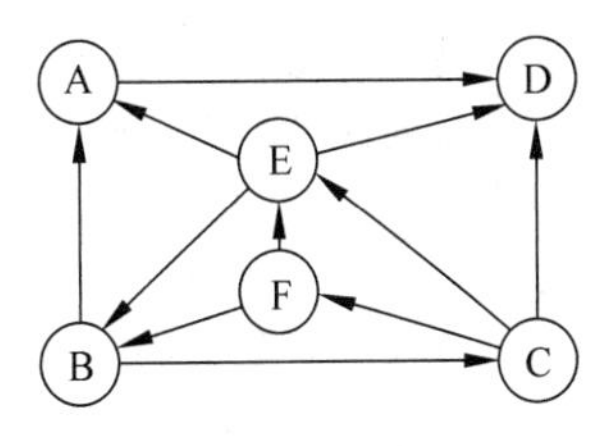

图 9.12　有向图

（1）用邻接矩阵表示该图，并计算出 A，B，C 三个顶点的入度与出度。

（2）用邻接表表示该图。

9.4　解决图的遍历问题

高速公路交通网的遍历是指从任一城市出来，对交通网中的所有城市访问一次且只访问一次。这个问题可以抽象为图的遍历问题。图的遍历是指从图中的任一顶点出发，对图中的所有顶点访问一次且只访问一次。图的遍历是图的一种基本操作，图的许多其他操作都是建立在遍历操作的基础之上。在图中，没有特殊的顶点被指定为起始顶点，因此图的遍历可以从任何顶点开始。图的遍历通常有两种方式：

- 深度优先搜索。
- 广度优先搜索。

9.4.1　深度优先搜索

1. 理解深度优先搜索算法

从图的某一顶点 x 出发，访问 x，然后遍历任何一个与 x 相邻的未被访问的顶点 y，再遍历任何一个与 y 相邻的未被访问的顶点 z……如此下去，直到到达一个所有邻接点都被访问的顶点为止。然后依次回退到尚有邻接点未被访问过的顶点，重复上述过程，直到图中的全部顶点都被访问过为止。

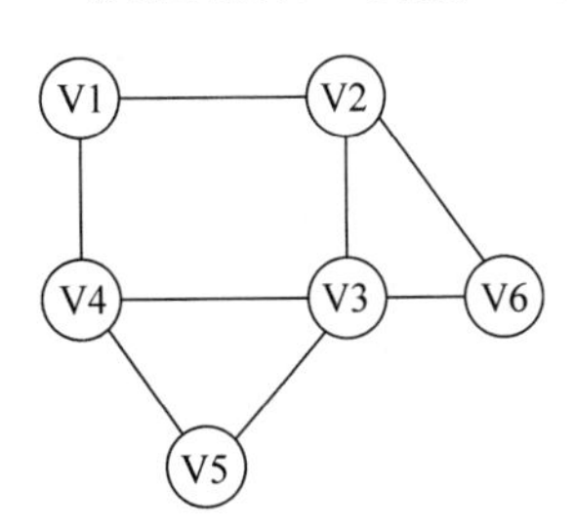

图 9.13　无向图

下面通过图 9.13 来理解深度优先搜索。

对图进行深度优先遍历。深度优先遍历背后基于堆栈，有 2 种形式：第一种是程序中显示构造堆栈，利用压栈出栈操作实现；第二种是利用递归函数调用，基于递归程序栈实现。本章介绍压栈和出栈的操作。

使用栈对上面的图 9.13 中的顶点进行的深度优先搜索过程可描述如下：

步骤	操　　作	栈表示	访问的顶点
1	将起始顶点 V1 压入栈	V1	
2	将顶点元素 V1 弹出栈，访问它。将与 V1 相邻的未被访问的所有顶点元素 V4 和 V2 压入栈	V2 V4	V1
3	从栈中弹出顶上的元素 V2，访问它。将与 V2 相邻的未被访问所有顶点元素 V6 和 V3 压入栈	V3 V6 V4	V1，V2
4	从栈中弹出顶层元素 V3，访问它。将与 V3 相邻的所有未被访问顶点元素 V6 和 V5 压入栈	V5 V6 V4	V1，V2，V3
5	从栈中弹出顶层元素 V5，访问它。在栈中压入所有它的未访问的邻接顶点。 顶点 V5 没有任何未被访问的邻接顶点，因此没有顶点被入栈中	V6 V4	V1，V2，V3，V5
6	从栈中弹出顶层元素 V6，访问它。在栈中压入所有它的未访问的邻接顶点。 顶点 V6 没有任何未被访问的邻接顶点，因此没有顶点被入栈中	V4	V1，V2，V3，V5，V6
7	从栈中弹出顶层元素 V4，访问它。在栈中压入所有它的未访问的邻接顶点。 顶点 V4 没有任何未被访问的邻接顶点，因此没有顶点被入栈中。 在 V4 弹出后，栈中的内容是空的，因此，遍历完成		V1，V2，V3，V5，V6，V4

2. 深度优先搜索算法的实现

在邻接表类 GraphAdjList 中增设了一个布尔类型数组的成员字段 visited，它的初始值全为 0，表示图中所有的顶点都没有被访问过。

```
private bool[] visited;  //顶点是否被访问过
```

在邻接表类 GraphAdjList 中，增加深度优先遍历算法 DFSAL，代码如下：

```
public Node<T>[] DFSAL(Node<T> v)
    {
        int i = GetIndex(v);
```

```
            int m = 0;
            Node<T>[] nodes = new Node<T>[GetNumOfVertex()];
            visited[i] = true;
            Stack st = new Stack();
            st.Push(i);
            while (st.Count > 0)
            {
            int k = (int)st.Pop();
            nodes[m++] = adjList[k].Data;
            adjListNode<T> p = adjList[k].FirstAdj;
            while (p != null)
            {
              if (visited[p.Adjvex] == false)
              {
                visited[p.Adjvex] = true;
                st.Push(p.Adjvex);
              }
              p = p.NextAdj;
            }
          }
          for (int j = 0; j < visited.Length; j++)
          {
          if (visited[j] == false)
          {
            BFSAL(GetNode(j));
          }
        }
        return nodes;
    }
```

注意：编写上述代码需在类 GraphAdjList 中引入名称空间：System.Collections，该名称空间定义了类 Stack(栈)和后面要用到的 Queue(队列)。

9.4.2 广度优先搜索

1. 理解广度优先搜索算法

图的广度优先搜索是从图的某个顶点 x 出发，访问 x。然后访问与 x 相邻接的所有未被访问的顶点 x1，x2，…，xn；接着再依次访问与 x1，x2，…，xn 相邻接的未被访问过的所有顶点。以此类推，直至图的每个顶点都被访问。

下面我们还是通过图 9.13 来理解广度优先搜索。

从图 9.13 的第一个顶点 V1 开始遍历。在访问了顶点 V1 之后，访问与 V1 邻接的所有顶点。与 V1 邻接的顶点有 V2 和 V4，可以以任何顺序访问顶点 V2 和 V4，假设先访问顶点 V2，再访问顶点 V4。

先遍历与 V2 邻接的所有未被访问的顶点，与 V2 邻接的未被访问的顶点是 V3 和 V6，先访问 V3 再访问 V6；然后访问与 V4 邻接的顶点，与 V4 邻接的未被访问的顶点是 V5。

依次遍历与顶点 V3、V6 和 V5 邻接的未被访问的顶点，没有与 V3、V6 和 V5 相邻接的未被访问的顶点。所有顶点都被遍历了。

图中所有顶点的访问顺序为：V1→V2→V4→V3→V6→V5

可以使用队列来实现广度优先搜索算法，使用队列对上面的图 9.13 中的顶点进行的广度优先搜索过程可描述如下：

步骤	操　　作	栈表示	访问的顶点
1	访问起始顶点 V1，并且将它插入队列	V1	V1
2	从队列中删除队头元素 V1，访问所有它的未被访问的邻接元素 V2 和 V4，并且将它们插入到队列	V2 V4	V1，V2，V4
3	从队列中删除队头元素 V2，访问所有它的未被访问的邻接元素 V3 和 V6，并且将它们插入到队列	V4 V3 V6	V1，V2，V4 V3，V6
4	从队列中删除队头元素 V4，访问所有它的未被访问的邻接元素 V5，并且将它们插入到队列	V3 V6 V5	V1，V2，V4 V3，V6，V5
5	从队列中删除队头元素 V3。V3 没有任何未被访问的邻接顶点元素。因此没有顶点要访问或插入到队列	V6 V5	V1，V2，V4 V3，V6，V5
6	从队列中删除队头元素 V6。V6 没有任何未被访问的邻接顶点元素。因此没有顶点要访问或插入到队列	V5	V1，V2，V4 V3，V6，V5
7	从队列中删除队头元素 V5。V5 没有任何未被访问的邻接顶点元素。因此没有顶点要访问或插入到队列。 至此除列是空的，遍历完成		V1，V2，V4 V3，V6，V5

2. 广度优先算法的实现

在邻接表类 GraphAdjList 中，增加广度优先遍历算法 BFSAL，代码如下：

```
public Node<T>[] BFSAL(Node<T> v)
    {
      int i = GetIndex(v);
      int m = 0;
      Node<T>[] nodes = new Node<T>[GetNumOfVertex()];
      visited[i] = true;
      Queue cq = new Queue();
      cq.Enqueue(i);
      while (cq.Count > 0)
      {
        int k = (int)cq.Dequeue();
        nodes[m++] = adjList[k].Data;
```

```
        adjListNode<T> p = adjList[k].FirstAdj;
        while (p != null)
        {
            if (visited[p.Adjvex] == false)
            {
                visited[p.Adjvex] = true;
                cq.Enqueue(p.Adjvex);
            }
            p = p.NextAdj;
        }
    }
    for (int j = 0; j < visited.Length; j++)
    {
        if (visited[j] == false)
        {
            BFSAL(GetNode(j));
        }
    }
    return nodes;
}
```

9.4.3 使用图的遍历解决高速公路交通网城市的遍历

在邻接表类应用类 GraphAdjListApp 中，增加使用 BFSAL 方法遍历高速公路交通网的代码。代码如下：

```
class GraphAdjListApp
  {
    public static void Main()
    {
      ...
      char ch;
      Node<string> findnode;
      Node<string>[] nodes;
      do
      {
        Console.WriteLine();
        Console.WriteLine("请输入操作选项：");
        Console.WriteLine("1.添加顶点");
        Console.WriteLine("2.添加边");
        Console.WriteLine("3.显示邻接表");
        Console.WriteLine("4.深度优先遍历");
        Console.WriteLine("5.广度优先遍历");
        Console.WriteLine("6.退出");
        Console.WriteLine();
        ch = Convert.ToChar(Console.ReadLine());
        switch (ch)
        {
          ...
```

```
                case '4':
                    Console.Write("请输入出发的城市名称");
                    findnode = new Node<string>(Console.ReadLine());
                    nodes = g.DFSAL(findnode);
                    Console.Write("深度遍历的顺序为: ");
                    for (int i = 0; i < nodes.Length; i++)
                        Console.Write(nodes[i].Data);
                    Console.WriteLine();
                    break;
                case '5':
                    Console.Write("请输入出发的城市名称");
                    findnode = new Node<string>(Console.ReadLine());
                    nodes = g.BFSAL(findnode);
                    Console.Write("广度遍历的顺序为: ");
                    for (int i = 0; i < nodes.Length; i++)
                        Console.Write(nodes[i].Data);
                    Console.WriteLine();
                break;
                case '6':
                    return;
            }
        } while (ch != '6');
    }
}
```

独立实践

[问题描述]

用深度优先搜索和广度优先搜索实现对图 9.14 的遍历。

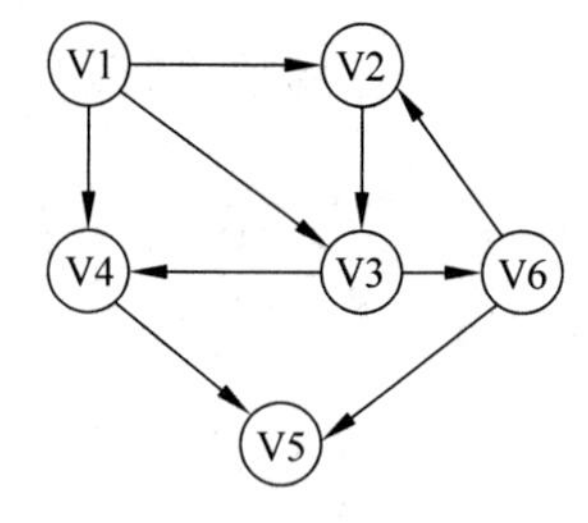

图 9.14 有向图

9.5 图的最短路径问题

9.5.1 Dijkstra 算法的引入

假设现在一游客想找出从 A 市到 E 市的最短路径。分析图 9.1,可得出从 A 市到 E 市有很多路径:

- A→B→C→E,距离=380(90+60+230)。
- A→B→C→F→E,距离=260(90+60+80+30)。
- A→B→D→F→E,距离=450(90+50+280+30)。
- A→B→D→E,距离=250(90+50+110)。
- A→D→F→E,距离=460(150+280+30)。
- A→D→E,距离=260(150+110)。
- A→F→E,距离=210(180+30)。

- A→F→C→E，距离＝490(180＋80＋230)。

因此从A市到E市的最短路径是A→F→E，它的总距离是210。也许你还想用算法求从开始顶点到其他顶点的最短路径，Dijkstra算法能使你找到给定的开始顶点到图中所有其他顶点间的最短路径。Dijkstra算法的基本思想是：

设置两个顶点集合T和S，集合S中存放已经找到最短路径的顶点，集合T中存放当前还未找到最短路径的顶点。初始状态时，集合S中只包含源点 v_0，然后不断从集合T中选取到源点 v_0 路径长度最短的顶点w加入集合S，集合S中每加入一个新的顶点w，都要修改顶点 v_0 到集合T中剩余顶点的最短路径长度值，集合T中各顶点新的最短路径长度值为原来最短路径长度值与顶点w的最短路径长度加上w到该顶点的路径长度值中的较小值。此过程不断重复，直到集合T的顶点全部加入集合S为止。

9.5.2 分析高速公路交通网的最短路径

设A城市为开始顶点，从它开始到所有其他顶点的最短距离需要被确定。

下面用Dijkstra算法解决高速公路最短路径的问题。现在假设高速公路交通网采用邻接矩阵作为存储结构。若邻接矩阵为matrix，并规定：

$$matrix[i,j]=\begin{cases} vij & \text{顶点 i 和 j 之间的权值} \\ 0 & \text{i=j 顶点 i 和 j 是同一个顶点} \\ \infty & \text{顶点 i 和 j 之间没有边} \end{cases}$$

$$matrix[i,j]=\begin{array}{c} \\ A \\ B \\ C \\ D \\ E \\ F \end{array}\begin{array}{c} \begin{array}{cccccc} A & B & C & D & E & F \end{array} \\ \begin{bmatrix} 0 & 90 & \infty & 150 & \infty & 180 \\ 90 & 0 & 60 & 50 & \infty & \infty \\ \infty & 60 & 0 & \infty & 230 & 80 \\ 150 & 50 & \infty & 0 & 110 & 280 \\ \infty & \infty & 230 & 110 & 0 & 30 \\ 180 & \infty & 80 & 280 & 30 & 0 \end{bmatrix} \end{array}$$

设置一个一维数组final来标记已找到最短路径的顶点，并规定：

$$final[i]=\begin{cases} 0 & \text{未找到源点到顶点 vi 的最短路径} \\ 1 & \text{已找到源点到顶点 vi 的最短路径} \end{cases}$$

除了final数组外，还需要另一个数组distance，它用来存储从A到其他城市的距离。距离可能是直接的或间接的，也就是说，如果城市A,B,C,D,E,F被给定了索引0,1,2,3,4和5，那么distance[index]给出了从城市A到索引为index的城市的距离，当对应的final[index]的值为1时，这个距离为从A市到索引为index的城市的最短距离。

如果从城市A出发，对于图9.1的高速公路交通网，数组distance和final将被初始化为：

```
distance = {0,90,∞,150,∞,180}
final = {1,0,0,0,0,0}
```

下面详细地描述用Dijkstra算法来确定从城市A到其他城市的最短距离。Dijkstra算法的步骤如下：

步骤	操　　作	分　　析	状　态
1	选择数组 distance 中具有最短路径的顶点 v,使得: distance[v]=min{distance(w)}(s[w]=0) 然后将 v 加入集合 final 中,即令 final[w]=1	在 distance 数组中具有最小距离的顶点 A(距离是 0)。但该顶点已经在 final 数组中标记为 1,因此,选择对应于下一个最小距离的顶点,也就是顶点 B,距离是 90,并将其对应的 final 值设为 1	final distance 0 1 0 1 1 90 2 0 ∞ 3 0 150 4 0 ∞ 5 0 180
2	对于所有 final[i]=0 的顶点 wi,判断 distance[i]是否小于 distance[v]+matrix[v,i],如果不是,则使得: distance[i]=distance[v]+matrix[v,i]	这里,v=1,并且 distance[1]=90,现在考虑所有不在 final 中的顶点 w • w=2:从 A 途经 B 到 C 的距离是:90+60=150,它小于已经记录的距离 distance[2](∞),因此 distance[2]改为 150 • w=3:从 A 途经 B 到 D 的距离是:90+50=140,它小于已经记录的距离 150,因此 distance[3]改为 140 • w=4:从 A 途经 B 到 E 的距离是:90+∞=∞,distance[4]保持不变 • w=5:从 A 途经 B 到 F 的距离是:90+∞=∞,它大于已经记录的距离 180,distance[5]保持不变	final distance 0 1 0 1 1 90 2 0 150 3 0 140 4 0 ∞ 5 0 180
3	选择数组 distance 中具有最短路径的顶点 v,使得: distance[v]=min{distance(w)}(s[w]=0) 然后将 v 加入集合 final 中,即令 final[w]=1	在 distance 数组中没有在 final 数组中标记为 1 的具有最小距离的顶点是 D,距离是 140,并将其对应的 final 值设为 1	final distance 0 1 0 1 1 90 2 0 150 3 1 140 4 0 ∞ 5 0 180
4	对于所有 final[i]=0 的顶点 wi,判断 distance[i]是否小于 distance[v]+matrix[v,i],如果不是,则使得: distance[i]=distance[v]+matrix[v,i]	这里,v=3,并且 distance[3]=140,现在考虑所有不在 final 中的顶点 • w=2:从 A 途经 D 到 C 的距离是:90+∞=∞,distance[2]保持不变 • w=4:从 A 途经 D 到 E 的距离是:140+110=250,它小于已经记录的距离∞,因此 distance[4]改为 250 • w=5:从 A 途经 D 到 F 的距离是:140+280=420,大于已经记录的值 180,distance[5]保持不变	final distance 0 1 0 1 1 90 2 0 150 3 1 140 4 0 250 5 0 180

续表

步骤	操　　作	分　　析	状　　态
5	选择数组 distance 中具有最短路径的顶点 v,使得: distance[v] = min{distance(w)}(s[w]=0) 然后将 v 加入集合 final 中,即令 final[w]=1	在 distance 数组中没有在 final 数组中标记为 1 的具有最小距离的顶点是 C,距离是 150,并将其对应的 final 值设为 1	final distance 0 1 0 1 1 90 2 1 150 3 1 140 4 0 250 5 0 180
6	对于所有 final[i]=0 的顶点 wi,判断 distance[i]是否小于 distance[v]+matrix[v,i],如果不是,则使得: distance[i]=distance[v]+matrix[v,i]	这里,v=2,并且 distance[2]=150,现在考虑所有不在 final 中的顶点 • w=4:从 A 途经 C 到 E 的距离是:150+230=380,大于已经记录的值 250,distance[4]保持不变 • w=5:从 A 途经 C 到 F 的距离是:150+80=230,大于已经记录的值 180,distance[5]保持不变	final distance 0 1 0 1 1 90 2 1 150 3 1 140 4 0 250 5 0 180
7	选择数组 distance 中具有最短路径的顶点 v,使得: distance[v] = min{distance(w)}(s[w]=0) 然后将 v 加入集合 final 中,即令 final[w]=1	在 distance 数组中没有在 final 数组中标记为 1 的具有最小距离的顶点是 F,距离是 180,并将其对应的 final 值设为 1	final distance 0 1 0 1 1 90 2 1 150 3 1 140 4 0 250 5 1 180
8	对于所有 final[i]=0 的顶点 wi,判断 distance[i]是否小于 distance[v]+matrix[v,i],如果不是,则使得: distance[i]=distance[v]+matrix[v,i]	这里,v=5,并且 distance[5]=180,现在考虑所有不在 final 中的顶点 • w=4:从 A 途经 F 到 E 的距离是:180+30=210,小于已经记录的值 250,distance[4]改变为 210	final distance 0 1 0 1 1 90 2 1 150 3 1 140 4 0 210 5 1 180
9	选择数组 distance 中具有最短路径的顶点 v,使得: distance[v] = min{distance(w)}(s[w]=0) 然后将 v 加入集合 final 中,即令 final[w]=1	在 distance 数组中没有在 final 数组中标记为 1 的具有最小距离的顶点是 E,距离是 210,并将其对应的 final 值设为 1 现在所有顶点都在 final 数组中被标记为 1。这样 distance 数组存放的就是从源点 A 到其顶点的最短路径	final distance 0 1 0 1 1 90 2 1 150 3 1 140 4 1 210 5 1 180

9.5.3 编码实现 Dijkstra 算法

在邻接矩阵 GraphAdjMatrix<T>的方法 SetEdge 中添加新的代码,用来将没有边的两个顶点之间的权值设为无穷大。代码如下:

```
//在顶点 v1 和 v2 之间添加权值为 v 的边
 public void SetEdge(Node<T> v1, Node<T> v2, int v)
 {
  ...
//为计算最短路径新加的代码,用来将没有边的两个顶点间权值设为无穷大
   for (int i = 0; i < GetNumOfVertex(); i++)
   for (int j = i + 1; j < GetNumOfVertex(); j++)
     if (matrix[i,j] == 0)
     {
       matrix[i, j] = int.MaxValue;//用整数的最大值代表无穷大
       matrix[j, i] = int.MaxValue;
     }
 }
```

在邻接矩阵 GraphAdjMatrix<T>中添加新的方法 Dijkstra,用来实现通过 Dijkstra 算法解决最短路径的问题。代码如下:

```
//实现 Dijkstra 算法
 public void Dijkstra(ref int[] distance,Node<T> n)
 {
   int v = 0;
   bool[] final = new bool[nodes.Length];
   //初始化
   for (int i = 0; i < nodes.Length; ++i)
   {
     final[i] = false;
     distance[i] = matrix[GetIndex(n), i];
   }
   // n 为源点
   distance[GetIndex(n)] = 0;
   final[GetIndex(n)] = true;
   //处理从源点到其余顶点的最短路径
   for (int i = 0; i < nodes.Length; ++i)
   {
     int min = int.MaxValue;
     //比较从源点到其余顶点的路径长度
     for (int j = 0; j < nodes.Length; ++j)
     {
       //从源点到 j 顶点的最短路径还没有找到
       if (!final[j])
       {
         //从源点到 j 顶点的路径长度最小
         if (distance[j] < min)
         {
```

```
                v = j;
                min = distance[j];
            }
        }
    }
    //源点到顶点 k 的路径长度最小
    final[v] = true;
    //更新当前最短路径及距离
    for (int w = 0; w < nodes.Length; w++)
        if (final[w] == false)
        {
            if (matrix[v,w]! = int.MaxValue && (min + matrix[v, w] <
                distance[w]))
                distance[w] = min + matrix[v, w];
        }
    }
}
```

9.5.4 用 Dijkstra 算法解决高速公路交通网中最短路径的编程

用 Dijkstra 算法解决高速公路交通网中最短路径的编程。

修改 GraphAdjMaxtixApp 类的代码，增加使用 Dijkstra 算法的代码，代码修改示意如下：

```
class GraphAdjMaxtixApp
  {
    public static void Main()
    {
      ...
      do
      {
        Console.WriteLine();
        Console.WriteLine("请输入操作选项：");
        Console.WriteLine("1.添加顶点");
        Console.WriteLine("2.添加边");
        Console.WriteLine("3.显示邻接矩阵");
        Console.WriteLine("4.最短路径");
        Console.WriteLine("5.退出");
        Console.WriteLine();
        ch = Convert.ToChar(Console.ReadLine());
        switch (ch)
        {
        ...
        case '4':
          Console.WriteLine("请输入出发城市:");
          string city = Console.ReadLine();
          findnode = new Node<string>(city);
          int[] shortPathArr = new int[g.GetNumOfVertex() ];
          g.Dijkstra(ref shortPathArr,findnode);
```

```
                Console.WriteLine("{0}到各城市的最短距离是:",city);
                for (int i = 0; i < shortPathArr.Length; i++)
                  Console.Write(shortPathArr[i] + " ");
                break;
              case '5':
                return;
              }
            } while (ch != '5');
          }
        }
```

用高速公路交通网的邻接矩阵测试上面的程序,依次输入顶点、边后,假如输入出发城市为A,则程序的运行结果为:

A到各城市的最短距离是:

```
0 90 150 140 210 180
```

独立实践

[问题描述]

利用Dijkstra(狄克斯特)算法求出图9.15中从顶点v1到其余各顶点的最短路径。

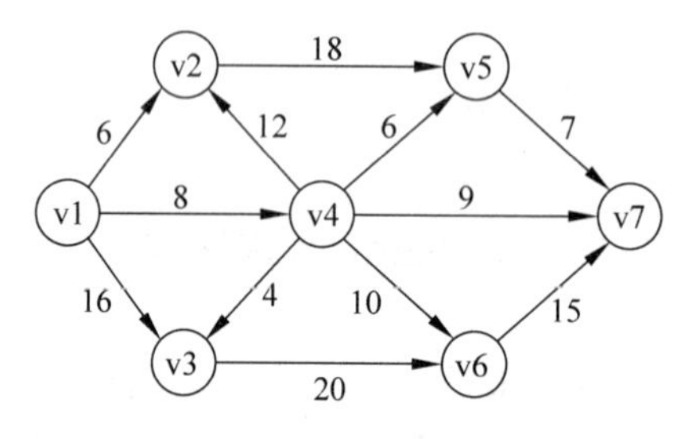

图9.15 有向图

本章小结

- 图是由一系列顶点和边(弧)组成的数据结构;
- 有两种类型的图:有向图和无向图;
- 存储图的两种最常用的方法是:邻接矩阵和邻接表;
- 遍历图是指访问图中的所有顶点。图的遍历可以从任何顶点开始;
- 遍历图的两种最常用的方法是:深度优先搜索(DFS)和广度优先搜索(BFS);
- Dijkstra算法能够找到给定的开始顶点到图中其他所有顶点间的最短路径。

综合练习

一、选择题

1. 具有n个顶点的有向图最多有(　　)条边。

A. n　　B. n(n−1)　　C. n(n+1)　　D. n(n+2)

2. 对于一个有向图,若一个顶点的入度为k1、出度为k2,则对应邻接表中该顶点的单链表中的结点数为(　　)。

A. k1　　B. k2　　C. k1−k2　　D. k1+k2

3. 在一个无权值无向图中,若两个顶点之间的路径长度为k,则该路径上的顶点数为(　　)。

A. k　　　　B. k＋1　　　　C. k＋2　　　　D. 2k

4. 下面关于图的存储的叙述中，哪一个是正确的？（　　）

A. 用相邻矩阵法存储图，占用的存储空间数只与图中结点个数有关，而与边数无关

B. 用相邻矩阵法存储图，占用的存储空间数只与图中边数有关，与结点个数无关

C. 用邻接表法存储图，占用的存储空间数只与图中结点个数有关，与边数无关

D. 用邻接表法存储图，占用的存储空间数只与图中边数有关，与结点个数无关

5. 带权有向图 G 用邻接矩阵 A 存储，则顶点 i 的入度等于 A 中（　　）。

A. 第 i 行非∞的元素之和　　　　B. 第 i 列非∞的元素之和

C. 第 i 行非∞且非 0 的元素个数　　　　D. 第 i 列非∞且非 0 的元素个数

6. 对于如图 9.16 所示的带权有向图，从顶点 1 到顶点 5 的最短路径是（　　）。

A. 1,4,5　　　　B. 1,2,3,5　　　　C. 1,4,3,5　　　　D. 1,2,4,3,5

二、问答题

1. 简述图的存储方法：邻接矩阵和邻接表。

2. 已知一个无向图的邻接表如图 9.17 所示，要求：

(1) 画出该无向图；

(2) 根据邻接表，分别写出用 DFS 和 BFS 算法从顶点 V0 开始的遍历该图后所得到的遍历序列，并画出 DFS 生成树和 BFS 生成树。

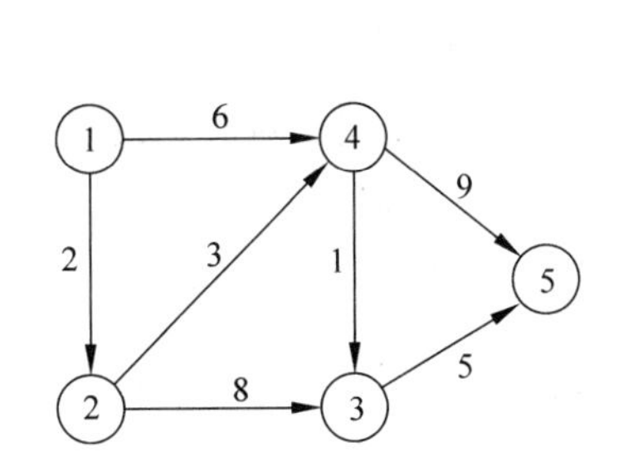

图 9.16　带权有向图

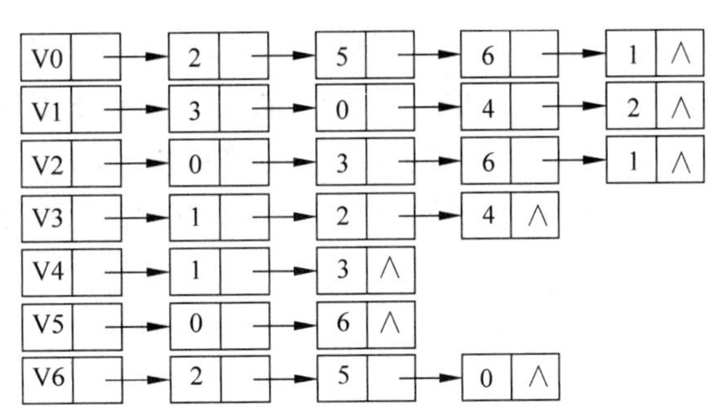

图 9.17　邻接表

三、编程题

如图 9.18 所示的带权有向图 G，试回答以下问题：

(1) 编程计算出从结点 v1 出发按深度优先搜索遍历 G 所得的结点序列，并给出按广度优先搜索遍历 G 所得的结点序列。

(2) 编程计算出给出从结点 v1 到结点 v8 的最短路径。

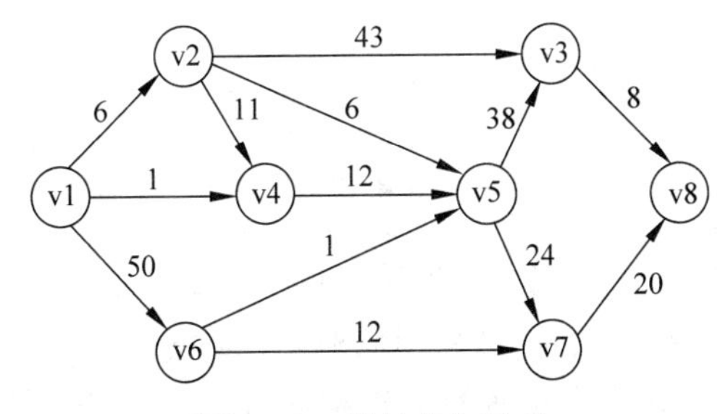

图 9.18　带权有向图 G

第10章 实现排序算法

学习情境：实现第29届奥运会奥运奖牌的排名

［问题描述］

作为各国竞技运动实力的数字化体现，奖牌榜以一种简单而快捷的方式实现了信息的有效传播，增加了各国民众对奥运的关注。尽管没有任何一种排名得到奥委会的官方认可，但排行榜仍是各国媒体报道奥运、各国民众解读奥运的一个重要组成部分。不同的排名方式，体现了不同的利益诉求和价值倾向。以金牌数量为基准的排名，通俗点说，就是一种"永远争第一"的心态，体现了一种不断超越自我、超越对手的决心，以及对世界巅峰和人类运动极限的不懈追求。而以奖牌数为基准的排名，则相对客观，反映了一个国家对其竞技能力的成长性和延续性的关注。图10.1是各国奥运奖牌按金牌数量为基础的排名。

排名	国家和地区	英文缩写	金	银	铜	总
1	中国	CHN	51	21	28	100
2	美国	USA	36	38	36	110
3	俄罗斯	RUS	23	21	28	72
4	英国	GBR	19	13	15	47
5	德国	GER	16	10	15	41
6	澳大利亚	AUS	14	15	17	46
7	韩国	KOR	13	10	8	31
8	日本	JPN	9	6	10	25
9	意大利	ITA	8	10	10	28
10	法国	FRA	7	16	17	40
11	乌克兰	UKR	7	5	15	27
12	荷兰	NED	7	5	4	16
13	牙买加	JAM	6	3	2	11
14	西班牙	ESP	5	10	3	18
15	肯尼亚	KEN	5	5	4	14

图10.1　奥运奖牌按金牌数量排名示意图

根据上面的描述，编写程序实现奥运奖牌不同要求的排名：

- 按奥运金牌总数排名，当金牌总数相同时，按银牌总数排名，当银牌总数也相同时，按铜牌总数排名，如果三种奖牌数据都相同，按英文字母顺序排序；
- 按奥运奖牌总数排名，当奖牌总数相同时，依次比较金牌数、银牌数和铜牌数。

10.1 认识排序

对奥运奖牌排序要用到数据结构排序的算法。排序(Sort)是计算机程序设计中的一种重要操作,也是日常生活中经常遇到的问题。例如,学生成绩表的排序,电话号码的排序,字典中单词的排序。同样,存储在计算机中的数据的排序,对于处理这些数据的算法的速度和简便性而言,也具有非常深远的意义。有多种不同的排序算法可以实现按特定的顺序排序数据,即使当两个算法具有相同的效率,也可能在工作情形方面有所差异。

10.1.1 排序的概念

排序是计算机内经常进行的一种操作,其目的是将一组“无序”的记录序列调整为“有序”的记录序列,使之按关键字递增(或递减)次序排列起来。

例如:将下列关键字序列

52,49,80,36,14,58,61,23,97,75

调整为

14,23,36,49,52,58,61,75,80,97

一般情况下,假设含 n 个记录的序列为

$$\{R_1, R_2, \cdots, R_n\} \tag{1}$$

其相应的关键字序列为

$$\{K_1, K_2, \cdots, K_n\}$$

这些关键字相互之间可以进行比较,即在它们之间存在着这样一个关系

$$Kp_1 \leqslant Kp_2 \leqslant \cdots \leqslant Kp_n$$

按此固有关系将式(1)的记录序列重新排列为

$$\{Rp_1, Rp_2, \cdots, Rp_n\}$$

的操作称为排序。

被排序的对象由一组记录组成。记录则由若干个数据项(或域)组成。其中有一项可用来标识一个记录,称为关键字项。该数据项的值称为关键字(Key)。关键字用来作排序运算依据的关键字,可以是数字类型,也可以是字符类型。

关键字的选取应根据问题的要求而定。

在奥运奖牌排行榜中将每个国家或地区的获奖情况作为一个记录。每条记录由排名、国家和地区的中文名称、英文缩写、金牌、银牌、铜牌、奖牌总数 7 项组成。若要唯一地标识一条记录,则必须用中文或英文名称为为关键字。若要按照金牌总数排名,则需用“金牌”作为关键字,而要按奖牌总数排名,则需用“奖牌总数”作为关键字。

10.1.2 排序的分类

1. 按是否涉及数据的内、外存交换分类

在排序过程中,若整个文件都是放在内存中处理,排序时不涉及数据的内、外存交换,则

称之为**内部排序**(简称内排序);反之,若排序过程中要进行数据的内、外存交换,则称之为**外部排序**。

注意:

- 内排序适用于记录个数不很多的小文件。
- 外排序则适用于记录个数太多,不能一次将其全部记录放入内存的大文件。

2. 按策略划分内部排序方法

按策略可将内部排序分为五类:插入排序、选择排序、交换排序、归并排序和分配排序。

(1) 插入排序

每次将一个待排序的记录,按其关键字大小插入到前面已经排好序的子列表中的适当位置,直到全部记录插入完成为止。

(2) 选择排序

每一趟从待排序的记录中选出关键字最小或最大的记录,顺序放在已排好序的子列表的最后,直到全部记录排序完毕。

(3) 交换排序

两两比较待排序记录的关键字,发现两个记录的次序相反时即进行交换,直到没有反序的记录为止。

(4) 归并排序

将两个或两个以上的有序子序列"归并"为一个有序序列。

(5) 分配排序

分配排序无须比较关键字,通过"分配"和"收集"过程来实现排序。

下面将对每一类的排序算法介绍一至两个排序算法。为了让读者将更多的注意力集中在各种排序算法的学习上,本章将假设存储单元中只存放记录的关键码,并且关键码的数据类型是整型。下面将以图 10.2 中所列出的数字元素列表讲解各种排序算法。待排序的这组数字以一组连续的存储单元存放,即使用的数据元素是整型的顺序表 SeqList<int>存放。最后在理解各种排序算法的基础上,实现对奖牌排行榜的排序。

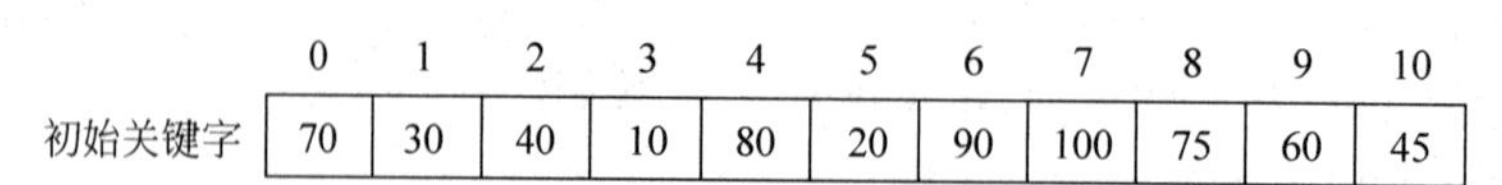

	0	1	2	3	4	5	6	7	8	9	10
初始关键字	70	30	40	10	80	20	90	100	75	60	45

图 10.2 未排序的元素列表

排序有非递增排序和非递减排序两种。不失一般性,本章讨论的所有排序算法都是按关键码非递减有序设计的。

10.2 插入排序

插入排序(Insertion Sort)的基本思想是:每次将一个待排序的记录,按其关键字大小插入到前面已经排好序的数据序列的适当位置,直到全部记录插入完成为止。本节介绍两种插入排序方法:直接插入排序和希尔排序。

10.2.1 直接插入排序

1. 基本思想

假设待排序的记录存放在数组 R[0…n－1]中。初始时，R[0]自成一个有序区，无序区为 R[1…n－1]。从 i＝1 起直至 i＝n－1 为止，依次将 R[i]插入当前的有序区 R[0…i－1]中，生成含 n 个记录的有序区。

通常将一个记录 R[i](i＝1,2,…,n－1)插入到当前的有序区，使得插入后仍保证该区间里的记录是按关键字有序的操作称第 i 趟直接插入排序。

排序过程的某一中间时刻，R 被划分成两个子区间 R[0…i－1](已排好序的有序区)和[i…n－1](当前未排序的部分，可称无序区)。

直接插入排序的基本操作是将当前无序区的第 1 个记录 R[0]插入到有序区 R[0…i－1]中适当的位置上，使 R[0…i]变为新的有序区。因为这种方法每次使有序区增加 1 个记录，通常称增量法。

插入排序与打扑克牌时整理手上的牌非常类似。摸来的第 1 张牌无须整理，此后每次从桌上的牌(无序区)中摸最上面的 1 张并插入左手的牌(有序区)中正确的位置上。为了找到这个正确的位置，须自左向右(或自右向左)将摸来的牌与左手中已有的牌逐一比较。

图 10.2 中未排序的元素列表用直接插入排序法排序的过程如图 10.3 所示。

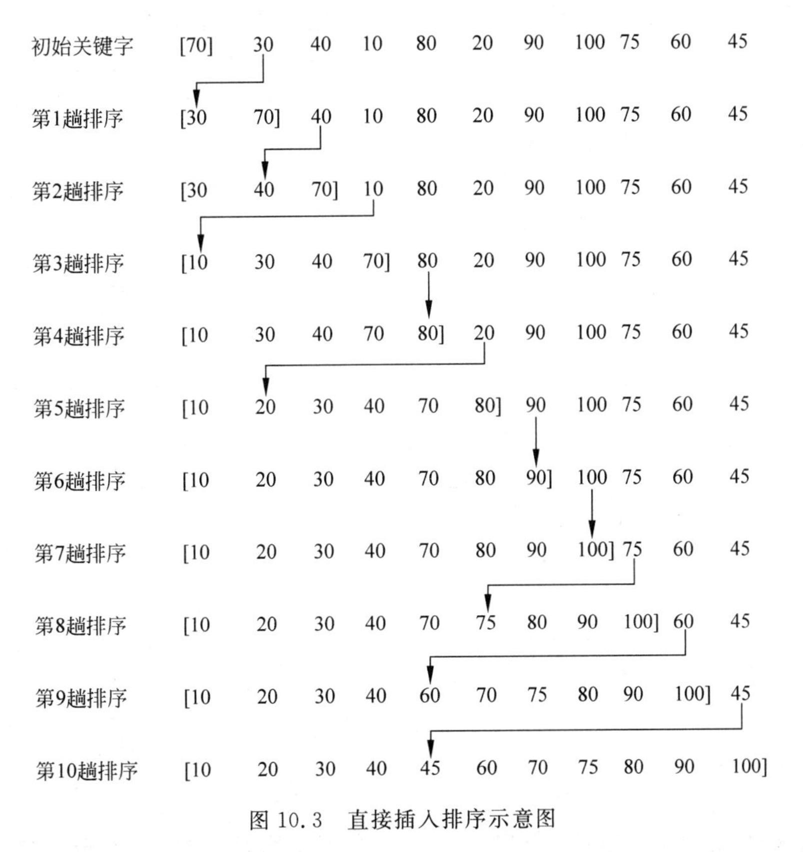

图 10.3 直接插入排序示意图

2. 实现直接插入排序算法

直接插入排序算法的实现如下：

```
public  void InsertSort(SeqList<int> R)
{
  for (int i = 1; i < R.Length; i++)
  {
    if (R.Data[i] < R.Data[i - 1])
    {
      int temp = R.Data[i];
      int j = 0;
      for (j = i - 1; j >= 0 && temp < R.Data[j]; j--)
      {
        R.Data[j + 1] = R.Data[j];
      }
      R.Data[j + 1] = temp;
    }
  }
}
```

3. 时间复杂度分析

直接插入排序算法的时间复杂度分为最好、最坏和随机三种情况。

(1) 最好的情况是关键字在序列中顺序有序。这时外层循环的比较次数为 n－1,if 条件的比较次数为 n－1,内层循环的次数为 0。这样,外层循环中每次记录的比较次数为 2,整个序列的排序所需的记录关键字的比较次数为 2(n－1),移动次数为 0,所以直接插入排序算法在最好情况下的时间复杂度为 O(n)。

(2) 最坏情况是关键字在记录序列中逆序有序。这时内层循环的循环系数每次均为 i。这样,整个外层循环的比较次数如下表。

“比较”的次数	“移动”的次数
$\sum_{i=1}^{n-1}(i+1)=\frac{(n-1)(n+2)}{2}$	$\sum_{i=1}^{n-1}(i+2)=\frac{(n-1)(n+4)}{2}$

因此,直接插入排序算法在最坏情况下的时间复杂度为 $O(n^2)$。

(3) 如果顺序表中的记录的排列是随机的,则记录的期望比较次数为 $n^2/4$。因此,直接插入排序算法在一般情况下的时间复杂度为 $O(n^2)$。

可以证明,顺序表中的记录越接近于有序,直接插入排序算法的时间效率越高,其时间效率在 O(n) 到 $O(n^2)$ 之间。

总的说来,直接插入排序所需进行关键字间的比较次数和记录移动的次数均为 $n^2/4$,所以直接插入排序的时间复杂度为 $O(n^2)$。

10.2.2 希尔排序

希尔排序(Shell Sort)是插入排序的一种。因 D. L. Shell 于 1959 年提出而得名。

1. 基本思想

对待排记录序列先进行“宏观”调整，再进行“微观”调整。

所谓“宏观”调整，指的是“跳跃式”的插入排序。即：将记录序列分成若干子序列，每个子序列分别进行插入排序。关键是，这种子序列不是由相邻的记录构成的。假设将 n 个记录分成 d 个子序列，则这 d 个子序列分别为：

{R[1],R[1+d],R[1+2d],…,R[1+kd]}

{R[2],R[2+d],R[2+2d],…,R[2+kd]}

…

{R[d],R[2d],R[3d],…,R[kd],R[(k+1)d]}

其中，d 称为增量，它的值在排序过程中从大到小逐渐缩小，直至最后一趟排序减为 1。

图 10.2 中未排序的元素列表用希尔排序法排序的过程如图 10.4 所示。

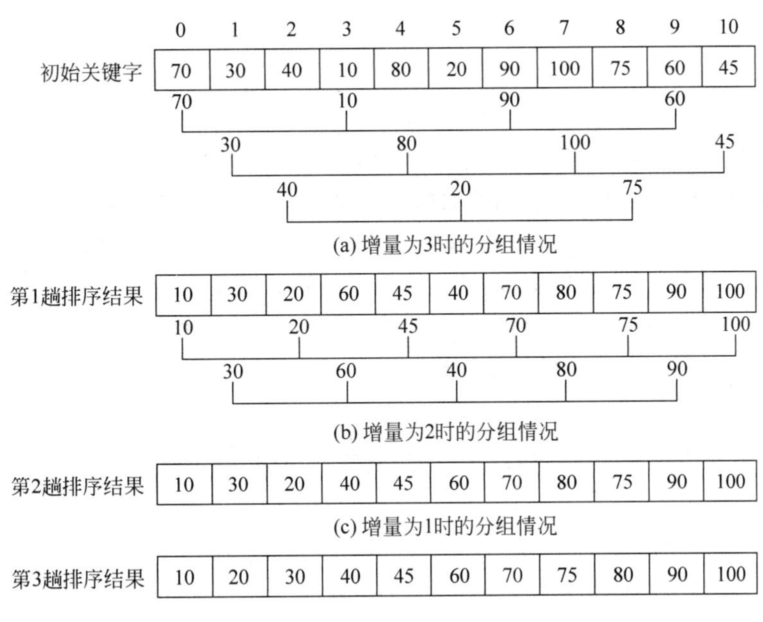

图 10.4　希尔排序示意图

通过图 10.4 分析一下希尔排序的过程。初始关键字列表是一组没有排序的数字列表，最初增量设为 3，将数字列表分成了 3 个子序列{70,10,90,60}、{30,80,100,45}、{40,20,75}，分别对 3 个子序列进行直接插入排序，得出第 1 趟排序结果。然后设增量为 2，将数字列表分成了 2 个子序列{10,20,45,70,75,100}、{30,60,40,80,90}，分别对 2 个子序列进行直接插入排序，得出第 2 趟排序结果。最后增量为 1，这将对数字列表进行完全的排序，得出第 3 趟排序结果。

2. 实现希尔排序算法

```
public void ShellSort(SeqList<int> R, int[] increment)
 {//希尔排序中的一趟排序,d 为当前增量
   int i, j, temp,d;
```

```
    for (int m = 0; m < increment.Length; m++)
    {
      d = increment[m];
      //将 R[d+1…n]分别插入各组当前的有序区
      for (i = d; i < R.Length; i++)
        if (R.Data[i] < R.Data[i - d])
        {
          temp = R.Data[i]; j = i - d;
          do
          {//查找 R[i]的插入位置
            R.Data[j + d] = R.Data[j];          //后移记录
            j = j - d;                          //查找前一记录
          } while (j > 0 && temp < R.Data[j]);
          R.Data[j + d] = temp;                 //插入 R[i]到正确的位置上
        }
    }
}
```

3. 时间复杂度分析

希尔排序的时间复杂度分析是一个复杂的问题，它实际所需要的时间取决于各次排序时增量的取法，即增量的个数和它们的取值。大量研究证明，若增量序列的取值比较合理，希尔排序时关键字比较次数和记录移动次数接近于 $O(n(\log_2 n)^2)$。由于该分析涉及一些复杂的数字问题，超出了本书的范围，这里不进行详细的推导。

由于希尔排序法是按增量分组进行的排序，所以希尔排序是不稳定的排序。

希尔排序法适用于中等规模的记录序列的排序的情况。

10.3 选 择 排 序

选择排序(Selection Sort)的基本思想是：每一趟从待排序的记录中选出关键字最小的记录，顺序放在已排好序的记录序列的最后，直到全部记录排序完毕。

常用的选择排序方法有直接选择排序和堆排序。

10.3.1 直接选择排序

1. 直接选择排序的基本思想

直接选择排序是一种简单且直观的排序方法。直接选择排序的做法是：从待排序的记录序列中选择关键码最小(或最大)的记录并将它与序列中的第 1 个记录交换位置；然后从不包括第 1 个位置上的记录序列中选择关键码最小(或最大)的记录并将它与序列中的第 2 个记录交换位置；如此重复，直到序列中只剩下一个记录为止。

在直接选择排序中，每次排序完成一个记录的排序，也就是找到了当前剩余记录中关键字最小的记录的位置，n－1 次排序就对 n－1 个记录进行了排序，此时剩下的一个记录必定是原始序列中关键码最大的，应排在所有记录的后面，因此具有 n 个记录的序列要做 n－1

次排序。

图 10.2 中未排序的元素序列用直接选择排序法排序的过程如图 10.5 所示。

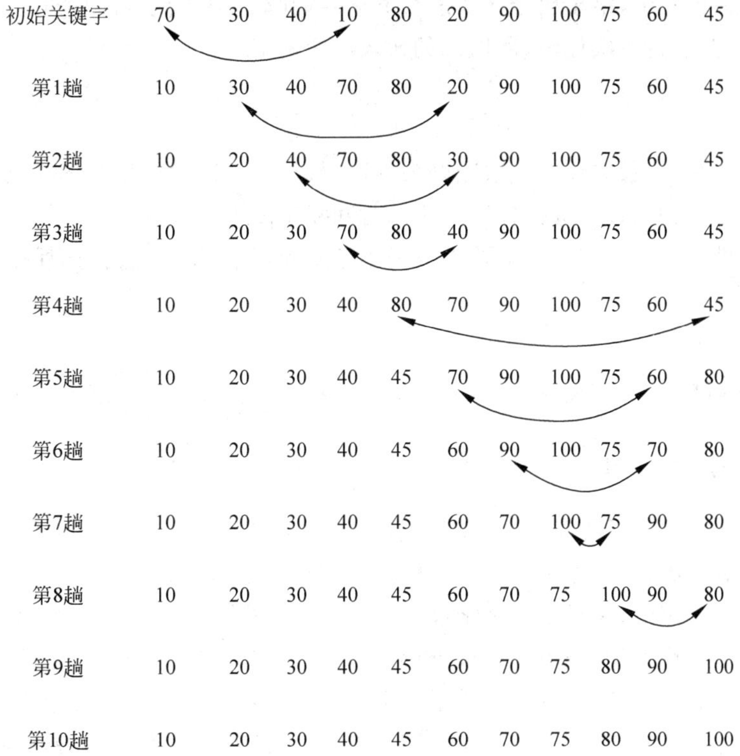

初始关键字	70	30	40	10	80	20	90	100	75	60	45
第1趟	10	30	40	70	80	20	90	100	75	60	45
第2趟	10	20	40	70	80	30	90	100	75	60	45
第3趟	10	20	30	70	80	40	90	100	75	60	45
第4趟	10	20	30	40	80	70	90	100	75	60	45
第5趟	10	20	30	40	45	70	90	100	75	60	80
第6趟	10	20	30	40	45	60	90	100	75	70	80
第7趟	10	20	30	40	45	60	70	100	75	90	80
第8趟	10	20	30	40	45	60	70	75	100	90	80
第9趟	10	20	30	40	45	60	70	75	80	90	100
第10趟	10	20	30	40	45	60	70	75	80	90	100

图 10.5　直接选择排序示意图

在初始关键字序列中，10 是当前最小的关键字，因此在第 1 趟排序过程中，10 和 70 互换；在第 2 趟排序时，20 是从第 2 个记录 30 开始的最小关键字，互换 20 与 30；依此类推。

2. 实现直接选择排序算法

```
public  void SelectSort(SeqList<int> R)
  {
    int i, j, k;
    int temp;
    for (i = 0; i < R.Length - 1; i++)
    {//做第 i 趟排序
      k = i;
      for (j = i + 1; j < R.Length; j++)
        if (R.Data[j] < R.Data[k])
          k = j; //k 记下目前找到的最小关键字所在的位置
      if (k != i)
      { //交换
        temp = R.Data[i]; R.Data[i] = R.Data[k]; R.Data[k] = temp;
      }
    }
}
```

3. 时间复杂度分析

在直接选择排序中，第1次排序要进行n－1次比较，第2次排序要进行n－2次比较，第n－1次排序要进行1次比较，所以总的比较次数为：

$$\sum_{i=0}^{n-2}(n-1-i)=\frac{n(n-1)}{2}$$

在各次排序时，记录的移动次数最好为0次，最坏为3次，所以，总的移动次数最好为0次，最坏为3次。因此，直接选择排序算法的时间复杂度为$O(n^2)$。

直接选择排序算法只需要一个辅助空间用于交换记录，所以，直接选择排序算法是一种稳定的排序方法。

10.3.2 堆排序

1. 堆排序的基本思想

堆排序是在直接选择排序法的基础上借助于完全二叉树结构而形成的一种排序方法。从数据结构的观点看，堆排序是完全二叉树的顺序存储结构的应用。

在直接选择排序中，为找出关键字最小的记录需要进行n－1次比较，然后为寻找关键字次小的记录要对剩下的n－1个记录进行n－2次比较。在这n－2次比较中，有许多次比较在第1次排序的n－1次比较中已做了。事实上，直接选择排序的每次排序除了找到当前关键字最小的记录外，还产生了许多比较结果的信息，这些信息在以后各次排序中还有用，但由于没有保存这些信息，所以每次排序都要对剩余的全部记录的关键字重新进行一遍比较，这样就大大增加了时间开销。

堆排序是针对直接选择排序所存在的上述问题的一种改进方法。它在寻找当前关键字最小记录的同时，还保存了本次排序过程中所产生的其他比较信息。

设有n个元素组成的序列$\{a_0, a_1, \cdots a_{n-1}\}$，若满足下面的条件：

(1) 这些元素是一棵完全二叉树的结点，且对于$i=0,1,\cdots,n-1$，a_i是该完全二叉树编号为i的结点；

(2) 满足下列不等式：

$$\begin{cases}a_i \leqslant a_{2i+1}\\ a_i \leqslant a_{2i+2}\end{cases}\quad(a)\qquad 或\qquad \begin{cases}a_i \geqslant a_{2i+1}\\ a_i \geqslant a_{2i+2}\end{cases}\quad(b)$$

则称该序列为一个堆。堆分为最大堆和最小堆两种。满足不等式(a)的为最小堆，满足不等式(b)的为最大堆。

图10.6(a)所示是一棵完全二叉树，图10.6(b)所示是与此对应的最大堆。

图10.7(a)所示是一棵完全二叉树，图10.7(b)所示是与此对应的一个最小堆。

由堆的定义可知，堆有如下两个性质：

(1) 最大堆的根结点是堆中关键码最大的结点，最小堆的根结点是堆中关键码最小的结点，我们称堆的根结点记录为堆顶记录。

(2) 对于最大堆，从根结点到每个叶子结点的路径上，结点组成的序列都是递减有序

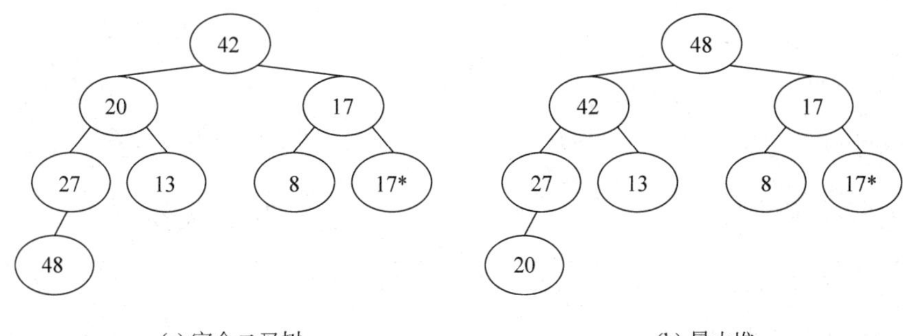

(a) 完全二叉树　　(b) 最大堆

图 10.6　完全二叉树和最大堆示意图

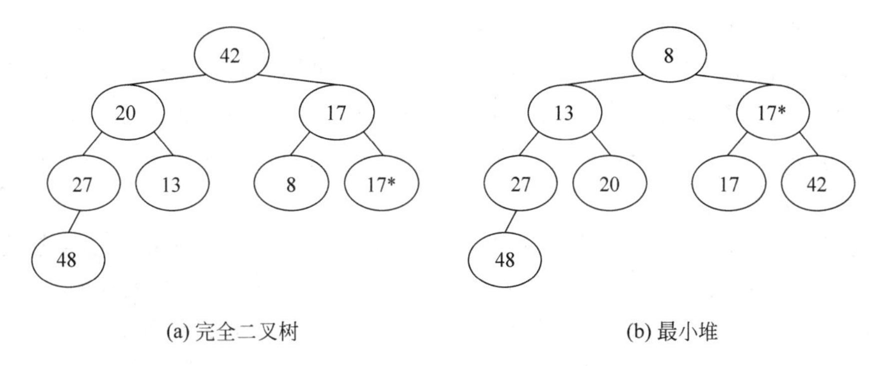

(a) 完全二叉树　　(b) 最小堆

图 10.7　完全二叉树和最小堆示意图

的；对于最小堆，从根结点到每个叶子结点的路径上，结点组成的序列都是递增有序的。

将待排序的记录序列建成一个堆，并借助于堆的性质进行排序的方法称为堆排序。堆排序的基本思想是：设有 n 个记录，首先将这 n 个记录按关键码建成堆，将堆顶记录输出，得到 n 个记录中关键码最大(或最小)的记录；调整剩余的 n－1 个记录，使之成为一个新堆，再输出堆顶记录；如此反复，当堆中只有一个元素数时，整个序列的排序结束，得到的序列便是原始序列的非递减或非递增序列。

从堆排序的基本思想中可看出，在堆排序的过程中，主要包括两方面的工作：

(1) 如何将原始的记录序列按关键码建成堆；

(2) 输出堆顶记录后，怎样调整剩下记录，使其按关键码成为一个新堆。

首先，以最大堆为例讨论第 1 个问题：如何将 n 个记录的序列按关键码建成堆。图 10.8 为图 10.2 中的数字序列对应的完全二叉树及最大堆示意图。

根据前面的定义，将 n 个记录构成一棵完全二叉树，所有的叶子结点都满足最大堆的定义。对于第 1 个非叶子结点(通常从 i＝((n－1)－1)/2，i 的最小值为 0 开始)，找出第 2i＋1 个记录和第 2i＋2 个记录中关键码的较大者，然后与 i 记录的关键码进行比较，如果第 i 个记录的关键码大于或等于第 2i＋1 个记录和第 2i＋1 个记录的关键码，则以第 i 个记录为根结点的完全二叉树已满足最大堆的定义；否则，对换第 i 条记录和关键码较大的记录，对换后以第 i 条记录为根结点的完全二叉树满足最大堆的定义。按照这样的方法，再调整第 2 个非叶子结点(i＝(n－1)/2－1)，第 3 个非叶子结点，……，直到根结点。当根结点调整完后，则这棵完全二叉树就是一个最大堆了。

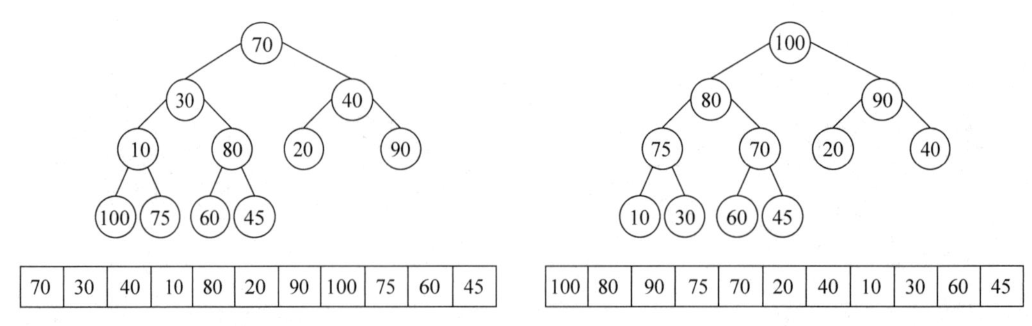

(a) 图10.2的数字序列所对应的完全二叉树　　(b) 图10.2的数字序列所对应的最大堆

图 10.8　图 10.2 中的数字序列的完全二叉树和最大堆示意图

图 10.9 说明了如何把图 10.8(a)完全二叉树建成图 10.8(b)所示的最大堆的过程。

第一步：从 i=((n-1)-1)/2=(10-1)/2=4 开始，所对应的关键码 80 不小于 i=9 所对应的关键码 60 和 i=10 所对应的关键码 45，所以不需要调整，如图 10.9(b)所示。

第二步：当 i=3 时，所对应的关键码 10 小于 i=7 所对应的关键码 100，交换它们的位置，如图 10.9(b)所示。

第三步：当 i=2 时，所对应的关键码 40 小于 i=6 所对应的关键码 90，交换它们的位置，如图 10.9(d)所示。

第四步：当 i=1 时，所对应的关键码 30 小于 i=3 所对应的关键码 100，交换它们的位置，这导致 i=3 所对应的关键码 30 小于 i=8 所对应的关键码 75，交换它们的位置，如图 10.9(e)所示。

第五步：当 i=0 时，对堆顶结点记录进行调整，所对应的关键码 70 小于 i=1 所对应的关键码 100，交换它们的位置，这导致 i=1 所对应的关键码 70 小于 i=3 和 i=4 所对应的关键码 75 和 80，将关键码 70 与关键码 80 所对应的位置交换，就建立了以关键码 100 为根结点的完全二叉树是一个最大堆，如图 10.9(f)所示，整个堆建立的过程完成。

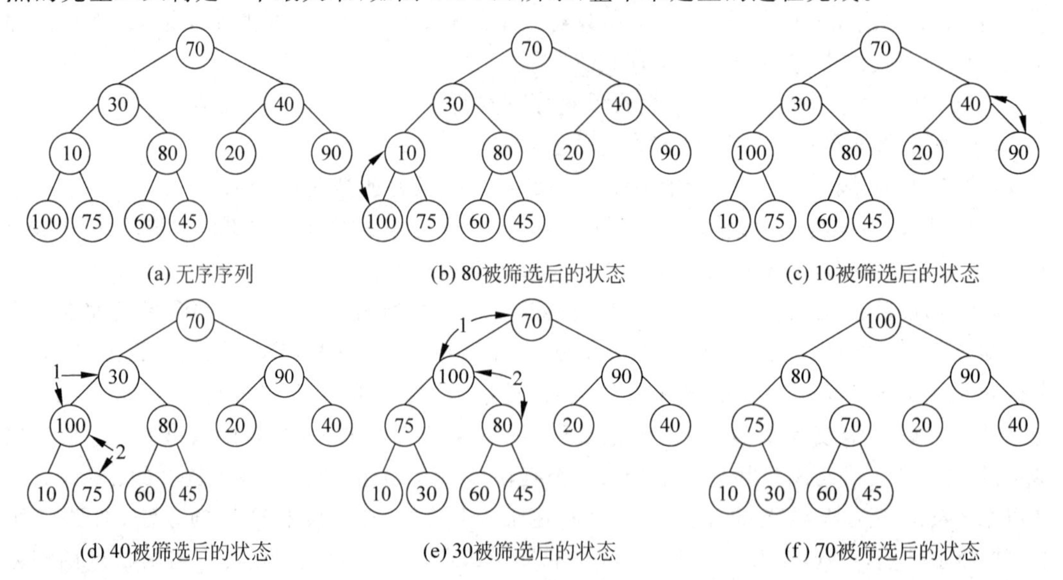

图 10.9　完全二叉树构建最大堆过程示意图

把顺序表中的记录建好堆后，就可以进行堆排序了。

2. 实现堆排序算法

在实现堆排序算法之前，先要实现将完全二叉树构建成最大堆的算法，算法实现如下：

```
public void CreateHeap(SeqList<int> R, int low, int high)
  {
    if ((low < high) && (high < R.Length))
    {
      int j = 0;
      int tmp = 0;
      int k = 0;
      for (int i = high / 2; i >= low; --i)
      {
        k = i;
        j = 2 * k + 1;
        tmp = R.Data[i];
        while (j <= high)
        {
          if ((j < high) && (j + 1 <= high)
          && (R.Data[j] < R.Data[j + 1]))
          {
            ++j;
          }
          if (tmp < R.Data[j])
          {
            R.Data[k] = R.Data[j];
            k = j;
            j = 2 * k + 1;
          }
          else
          {
            break;
          }
        }
        R.Data[k] = tmp;
      }
    }
}
```

在实现构建堆算法的基础上，实现堆排算法，算法实现如下：

```
public void HeapSort(SeqList<int> R)
  {
    int tmp = 0;
    CreateHeap(R, 0, R.Length - 1);
    for (int i = R.Length - 1; i > 0; --i)
    {
      tmp = R.Data[0];
```

```
            R.Data[0] = R.Data[i];
            R.Data[i] = tmp;
            CreateHeap(R, 0, i - 1);
        }
    }
```

3. 堆排序的时间复杂度分析

对深度为 k 的堆,“筛选”所需进行的关键字比较的次数至多为 2(k−1)。

对 n 个关键字,建成深度为 $h(=\lfloor \log_2 n \rfloor+1)$ 的堆,所需进行的关键字比较的次数至多为 4n。

调整“堆顶”n−1 次,总共进行的关键字比较的次数不超过

$$2(\lfloor \log_2(n-1) \rfloor+\lfloor \log_2(n-2) \rfloor+\cdots+\log_2 2) < 2n(\lfloor \log_2 n \rfloor)$$

因此,堆排序在最坏的情况下,时间复杂度为 $O(n\log_2 n)$,这是堆的最大优点。堆排序方法在记录较少的情况下并不提倡,但对于记录较多的数据列表还是很有效的。因为其运行时间主要耗费在建初始堆和调整新建堆时进行的反复筛选上。

10.4 交换排序

交换排序的基本思想是:两两比较待排序记录的关键字,发现两个记录的次序相反时即进行交换,直到没有反序的记录为止。

应用交换排序基本思想的主要排序方法有:冒泡排序和快速排序。

10.4.1 冒泡排序

1. 基本思想

将被排序的记录的关键字垂直排列,首先将第 1 个记录的关键字与第 2 个记录的关键字进行比较,若前者大于后者,则交换两个记录,然后比较第 2 个记录与第 3 个记录的关键字,依次类推,直到第 n−1 个记录与第 n 个记录的关键字比较为止。上述过程称为第 1 趟起泡排序,其结果使得关键字最大的记录被安排在最后一个记录的位置上。然后进行第 2 趟起泡排序,对前 n−1 个记录进行同样的排序,使得关键字次大的记录被安排在第 n−1 个记录的位置上。一般地,第 i 趟起泡排序从第 1 个记录到第 i 个记录依次比较相邻两条记录的关键字,并在逆序时交换相邻记录,其结果使得是这 i 个记录中关键字最大的记录被交换到第 i 个记录的位置上。整个排序过程需要 $K(1\leqslant K\leqslant n-1)$趟起泡排序,判断起泡排序结束的条件是在一趟起泡排序的过程中,没有进行过记录交换的操作。图 10.10 是图 10.2 的未排序数字序列的起泡排序,从图 10.10 中可见,在起泡排序的过程中,关键字较小的记录像水中的气泡逐渐向上飘浮,而关键字较大的记录好像石块逐渐向下沉,每一次有一块最大的石块沉到底。

初始关键字	第1趟排序后	第2趟排序后	第3趟排序后	第4趟排序后	第5趟排序后	第6趟排序后	第7趟排序后
70	30	30	10	10	10	10	10
30	40	10	30	20	20	20	20
40	10	40	20	30	30	30	30
10	70	20	40	40	40	40	40
80	20	70	70	70	60	45	45
20	80	80	75	60	45	60	
90	90	75	60	45	70		
100	75	60	45	75			
75	60	45	80				
60	45	90					
45	100						

图 10.10 起泡排序示意图

2. 实现冒泡排序算法

```
public void BubbleSort(SeqList<int> R)
 {
   int i, j;
   Boolean exchange;                      //交换标志
   int tmp;
   int n = R.Length;
   for (i = 1; i < n; i++)
   { //最多做 n-1 趟排序
     exchange = false;                    //本趟排序开始前,交换标志应为假
     for (j = 0; j < n - i; j++)          //对当前无序区 R[0…n-i]自下向上扫描
       if (R.Data[j] > R.Data[j + 1])
       {//交换记录
         tmp = R.Data[j + 1];
         R.Data[j + 1] = R.Data[j];
         R.Data[j] = tmp;
         exchange = true;                 //发生了交换,故将交换标志置为真
       }
     if (! exchange)                      //本趟排序未发生交换,提前终止算法
     return;
   }
}
```

3. 时间复杂度分析

冒泡排序算法的最好情况是记录已全部排好序,这时,第一次循环时,因没有数据交换而退出。冒泡排序算法的最坏情况是记录全部逆序存放,这时,循环 n－1 次,比较和移动次数计算如下:

$$总比较次数 = \sum_{i=n-1}^{1} i = (n-1)+(n-2)+(n-3)+\cdots+3+2+1 = n(n-1)/2$$

$$总移动次数 = 3\sum_{i=n-1}^{1} i = 3n(n-1)/2$$

因此,冒泡排序算法是阶 $O(n^2)$的算法。这意味着执行算法所用的时间会按照数组大小的增加而成二次方增长。

10.4.2 快速排序

快速排序是 C. R. A. Hoare 于 1962 年提出的一种分区交换排序。它采用了一种分治法(Divide-and-ConquerMethod)策略,分治法的基本思想是:将原问题分解为若干个规模更小但结构与原问题相似的子问题。递归地解这些子问题,然后将这些子问题的解组合为原问题的解。快速排序是目前已知的平均速度最快的一种排序方法。

1. 基本思想

快速排序方法的基本思想是:从待排序的 n 个记录中任意选取一个记录 R_i(通常选取序列中的第 1 个记录)作标准,调整序列中各个记录的位置,使排在 R_i 前面的记录的关键字都小于 R_i 的关键字,排在 R_i 后面的记录的关键字都大于 R_i 的关键字,我们把这样一个过程称为一次快速排序。在第一次快速排序中,确定了所选取的记录 R_i 最终在序列中的排列位置,同时也把剩余的记录分成了 2 个子序列。对 2 个子序列分别进行快速排序,又确定了 2 个记录在序列中应处的位置,并将剩余的记录分成了 4 个子序列,如此重复下去,当各个子序列的长度为 1 时,全部记录排序完毕。

下面介绍一次快速排序的方法。

设置 2 个指示器,一个指示器 low,指向顺序表的低端(第 1 个记录所在位置),一个指示器 high,指向顺序表的高端(最后一个记录所在位置)。设置 2 个变量 i,j,它们的初值为当前待排序子序列中第 1 个记录位置号 low 的下一条记录和最后一条记录的位置号 high。将第 1 个记录作为标准放到临时变量 pivot 中,使它所占的位置腾空,然后从子序列的两端开始逐步向中间扫描,在扫描的过程中,变量 i,j 代表当前扫描到左、右两端记录在序列中的位置号。

(1) 从序列的左端扫描时,从序列的当前左端 i 处开始,将标准记录的关键字与 R_i 的关键字比较,若前者大于等于后者,令 i=i+1,继续进行比较,直到 i=j 或者小于后者。

(2) 在序列右端扫描时,从序列的当前右端开始,把标准记录的关键字与记录 R_j 的关键字比较,若前者小于等于后者,令 j=j-1,继续比较,如此下去,直到标准记录的关键字大于 R_j 的关键字或 i 大于 j(此时所有位置号大于 j 的记录的关键字都大于标准记录的关键字)。

(3) 如果 i 小于 j,交换位置 i 和 j 的值。

上述步骤反复交替执行,当 i≥j 时,扫描结束,j 便为第 1 个记录在序列中应放置的位置。

图 10.2 中未排序的元素序列用快速排序法排序的过程如图 10.11 所示。

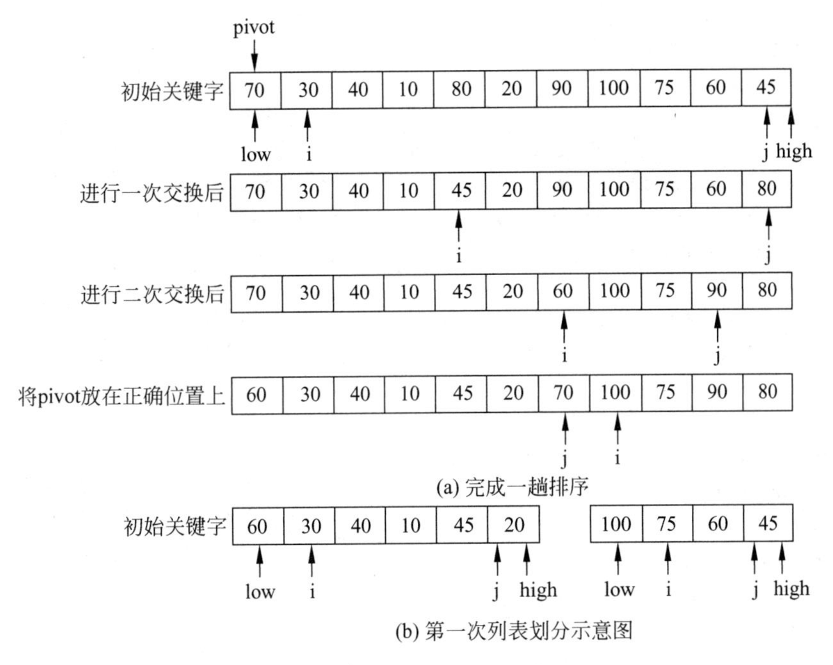

图 10.11　快速排序示意图

在图 10.11 所示的排序过程中，首先从左向右移动，搜索大于标准值的第 1 个元素，i=4 的位置所对应的元素 80 大于标准值 70；从列表的右端开始，从右向左移动，搜索小于或等于标准值的第 1 个元素，这里 i=10 的位置所对应的元素 45 小于标准值；因为 i<j，所以交换 i=4 和 i=10 位置上的元素值。这样就完成了第 1 趟排序的第一次交换。接着继续第二次交换，第二次交换发生在 i=6 和 j=9 的位置上，这时它们的值分别为 90 和 60，交换后的结果如图 10.11 中进行二次交换后的那一行所示；接着 i 继续移动，当 i=7 时所对应的元素值 100 大于标准值 70，i 停止移动，j 开始移动，当 j 移动到 6 的位置时，j 小于 i 了，这时循环终止。交换标准值和 j 所在位置的值，完成一趟快速排序。

2. 实现快速排序算法

```
public void QuickSort(SeqList<int> sqList, int low, int high)
{
    if (low > high) return;
    int pivot = sqList.Data[low];
    int i = low + 1;
    int j = high;
    int temp;
    while (i < j)
    {
      while ((i < j) && (sqList.Data[i] <= pivot))
      {
        ++i;
      }
      while ((j >= i) && (sqList.Data[j] >= pivot))
```

```
            {
                --j;
            }
            if (i < j)
            {
                temp = sqList.Data[i];
                sqList.Data[i] = sqList.Data[j];
                sqList.Data[j] = temp;
            }
        }
        if (low < j)
        {
            temp = sqList.Data[low];
            sqList.Data[low] = sqList.Data[j];
            sqList.Data[j] = temp;
        }
        QuickSort(sqList, low, j - 1);
        QuickSort(sqList, j + 1, high);
    }
```

3. 时间复杂度分析

快速排序的算法的执行时间取决于标准记录的选择。如果每次排序时所选取记录的关键字的值都是当前子序列的“中间数”,那么该记录的排序终止位置在该子序列的中间,这样就把原来的子序列分解成了两个长度基本相等的更小的子序列,在这种情况下,排序的速度最快。最好情况下快速排序的时间复杂度为 $O(n\log_2 n)$

另一种极端的情况是每次选取的记录的关键字都是当前子序列的“最小数”,那该记录的位置不变,它把原来的序列分解成一个空序列和一个长度为原来序列长度减 1 的子序列,这种情况下时间复杂度为 $O(n^2)$。因此若原始记录序列已“正序”排列,且每次选取的记录都是序列中的第 1 个记录,即序列中关键字最小的记录,此时,快速排序就变成了“慢速排序”。

由此可见,快速排序时记录的选取是非常重要的。在一般情况下,序列中各记录的关键字的分布是随机的,所以每次选取当前序列中的第 1 个记录不会影响算法的执行时间,因此算法的平均比较次数为 $O(n\log_2 n)$。

快速排序是一种不稳定的排序方法。

10.5 归并排序

对于大列表数据的排序,一个有效的排序算法是归并排序。类似于快速排序算法,其使用的是分治法来排序。归并排序的基本思想是:将两个或两个以上的有序子序列“归并”为一个有序序列。在内部排序中,通常采用的是 2-路归并排序,即将两个位置相邻的有序子序列“归并”为一个有序序列。

10.5.1 二路归并排序

1. 基本思想

二路归并排序的基本思想是：将有 n 个记录的原始序列看做 n 个有序子序列，每个子序的长度为 1，然后从第 1 个子序列开始，把相邻的子序列两两合关，得到 n/2 个长度为 2 或 1 的子序列(当子序列的个数为奇数时，最后一组合并得到的序列长度为 1)，我们把这一过程称为一次归并排序，对一次归并排序的 n/2 个子序列采用上述方法继续顺序成对归并，如此重复，当最后得到长度为 n 的一个子序列时，该子序列便是原始序列归并排序后的有序序列。

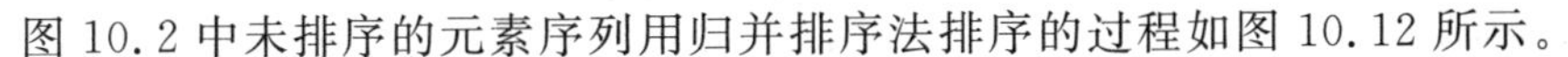
图 10.2 中未排序的元素序列用归并排序法排序的过程如图 10.12 所示。

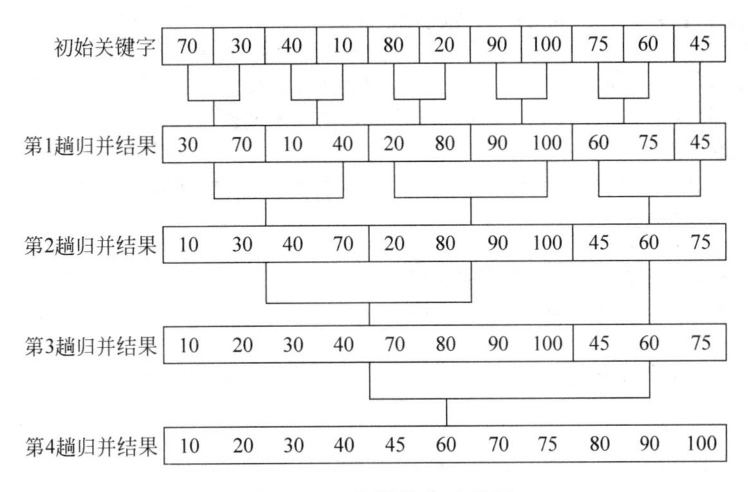

图 10.12 归并排序示意图

第 1 趟，将列表中的 11 个元素看成 11 个有序的序列，每个子序列的长度为 1，然后两两归并，得到 5 个长度为 2 和 1 个长度为 1 的有序子序列。

第 2 趟，将 6 个有序子序列两两归并，得到 2 个长度为 4 和 1 个长度为 3 的有序子序列。

第 3 趟，将 2 个长度为 4 的有序子序列归并，得到第 3 趟归并结果。

第 4 趟，将长度为 8 有序子序列和长度为 3 的有序子序列归并，得到第 4 趟归并结果，是长度为 11 的一个有序子序列。

2. 归并排序算法

```
public  void MergeSort(SeqList<int> sqList)
    {
      int k = 1;                //归并增量
      while (k < sqList.GetLength())
      {
        Merge(sqList, k);
```

```
        k *= 2;
    }
}
public void Merge(SeqList<int> sqList, int len)
{
    int m = 0;                  //临时顺序表的起始位置
    int l1 = 0;                 //第 1 个有序表的起始位置
    int h1;                     //第 1 个有序表的结束位置
    int l2;                     //第 2 个有序表的起始位置
    int h2;                     //第 2 个有序表的结束位置
    int i = 0;
    int j = 0;
    //临时表,用于临时将两个有序表合并为一个有序表
    SeqList<int> tmp = new SeqList<int>(sqList.GetLength());
    //归并处理
    while (l1 + len < sqList.GetLength())
    {
        l2 = l1 + len;          //第 2 个有序表的起始位置
        h1 = l2 - 1;            //第 1 个有序表的结束位置
        //第 2 个有序表的结束位置
        h2 = (l2 + len - 1 < sqList.GetLength()) ? l2 + len - 1 : sqList.Length - 1;
        j = l2;
        i = l1;
        //两个有序表中的记录没有排序完
        while ((i <= h1) && (j <= h2))
        {
            //第 1 个有序表记录的关键码小于第个有序表记录的关键码
            if (sqList.Data[i] <= sqList.Data[j])
            {
                tmp.Data[m++] = sqList.Data[i++];
            }
            //第 2 个有序表记录的关键码小于第个有序表记录的关键码
            else
            {
                tmp.Data[m++] = sqList.Data[j++];
            }
        }
        //第 1 个有序表中还有记录没有排序完
        while (i <= h1)
        {
            tmp.Data[m++] = sqList.Data[i++];
        }
        //第 2 个有序表中还有记录没有排序完
        while (j <= h2)
        {
            tmp.Data[m++] = sqList.Data[j++];
        }
        l1 = h2 + 1;
    }
    i = l1;
    //原顺序表中还有记录没有排序完
```

```
        while (i < sqList.GetLength())
        {
          tmp.Data[m++] = sqList.Data[i++];
        }
        //临时顺序表中的记录复制到原顺序表,使原顺序表中的记录有序
        for (i = 0; i < sqList.GetLength(); ++i)
        {
          sqList.Data[i] = tmp.Data[i];
        }
    }
```

3. 时间复杂度分析

对于n个记录的顺序表,将这n个记录看做叶子结点,若将两两归并生成的子表看做它们的父结点,则归并过程对应于由叶子结点向根结点生成一棵二叉树的过程。所以,归并趟数约等于二叉树的高度减1,即$\log_2 n$,每趟归并排序记录关键码比较的次数都约为n/2,记录移动的次数为2n(临时顺序表的记录复制到原顺序表中记录的移动次数为n)。因此,二路归并排序的时间复杂度为$O(n\log_2 n)$。而二路归并排序使用了n个临时内存单元存放记录,所以,二路归并排序算法的空间复杂度为O(n)。

10.6 分配排序

分配排序的基本思想:排序过程无须比较关键字,而是通过"分配"和"收集"过程来实现排序。它们的时间复杂度可达到线性阶:O(n)。

10.6.1 基数排序

基数排序(Radix Sort)的设计思想与前面介绍的各种排序方法完全不同。前面介绍的排序方法主要是通过关键码的比较和记录的移动这两种操作来实现排序的,而基数排序不需要进行关键码的比较和记录的移动。基数排序是一种借助于多关键码排序的思想,是将单关键码按基数分成多关键码进行排序的方法,是一种分配排序。

1. 基本思想

下面用一个具体的例子来说明多关键码排序的思想。

一副扑克牌有52张牌,可按花色和面值进行分类,其大小关系如下:

花色:梅花<方块<红心<黑心。

面值:2<3<4<5<6<7<8<9<10<J<Q<K<A。

在对这52张牌进行升序排序时,有两种排序方法:

方法一:可以先按花色进行排序,将牌分为4组,分别是梅花组、方块组、红心组和黑心组,然后,再对这4个组的牌分别进行排序。最后,把4个组连接起来即可。

方法二:可以先按面值进行排序,将牌分为13组,分别是2号组、3号组、4号组、…、A

号组,再将这13组的牌按花色分成4组,最后,把这4组的牌连接起来即可。

设序列中有n个记录,每个记录包含d个关键码$\{k^1, k^2, \cdots, k^d\}$,序列有序指的是对序列中的任意两个记录$r_i$和$r_j$($1 \leqslant i \leqslant j \leqslant n$),$(k_i^1, k_i^2, \cdots, k_i^d) < (k_j^1, k_j^2, \cdots, k_j^d)$。其中,$k^1$称为最主位关键码,$k^d$称为最次位关键码。

多关键码排序方法按照从最主位关键码到最次位关键码或从最次位关键码到最主位关键码的顺序进行排序,分为两种排序方法:

(1) 最高位优先法(MSD法)。先按k^1排序,将序列分成若干子序列,每个子序列中的记录具有相同的k^1值;再按k^2排序,将每个子序列分成更小的子序列;然后,对后面的关键码继续同样的排序分成更小的子序列,直到按k^d排序分组分成最小的子序列后,最后将各个子序列连接起来,便可得到一个有序的序列。前面介绍的扑克牌先按花色再按面值进行排序的方法就是MSD法。

(2) 最次位优先法(LSD法)。先按k^d排序,将序列分成若干子序列,每个子序列中的记录具有相同的k^d值;再按k^{d-1}排序,将每个子序列分成更小的子序列;然后,对后面的关键码继续同样的排序分成更小的子序列,直到按k^1排序分组分成最小的子序列后,最后将各个子序列连接起来,便可得到一个有序的序列。前面介绍的扑克牌先按面值再按花色进行排序的方法就是LSD法。

这里介绍一种基于LSD方法的链式基数排序方法。其基本思想是:“多关键字排序”的思想实现“单关键字排序”。对数字型或字符型的单关键字,可以看成由多个数位或多个字符构成的多关键字,此时可以采用“分配-收集”的方法进行排序,这一过程称为基数排序法,其中每个数字或字符可能的取值个数称为基数。比如,扑克牌的花色基数为4,面值基数为13。在整理扑克牌时,既可以先按花色整理,也可以先按面值整理。按花色整理时,先按红、黑、方、花的顺序分成4摞(分配),再按此顺序再叠放在一起(收集),然后按面值的顺序分成13摞(分配),再按此顺序叠放在一起(收集),如此进行二次分配和收集即可将扑克牌排列有序。

图10.2中未排序的元素序列用归并排序法排序的过程如图10.13所示。

在该基数排序中,基数的个数为0~9之间的10个数。首先从最低位关键码起,按关键码的不同值将待排序序列中的数字分配到这10个链表中,每个链表设立一个指向链表的头引用,如在第一次分配过程中,所有个位为0的数字都分配到头指针为head[0]的链表中。分配完后再按从小到大将记录再依次收集起来。这时,n个记录已经按最低位关键码有序。如此重复进行,直至最高位关键码,次数为关键码的个数。这样就得到了一个有序的序列。

2. 基数排序算法

```
//对顺序列表 sqList 进行关键字为 m 位整型值的基数排序
    public void radixSort(SeqList<int> sqList, int n, int m)
    {
      int i, j, k, l, power;
      RadixNode<int> p, q;
      RadixNode<int>[] head = new RadixNode<int>[10];
```

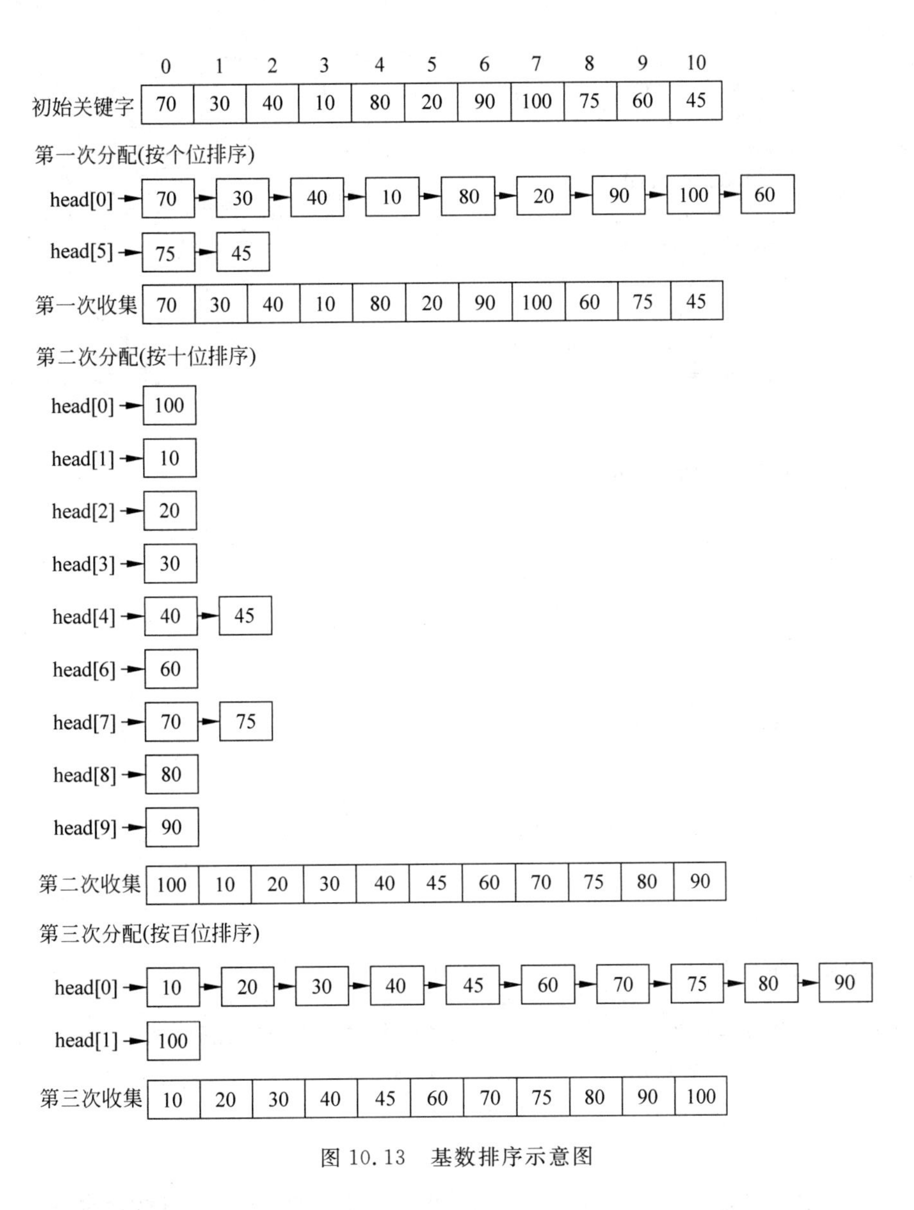

图 10.13　基数排序示意图

```
power = 1;
for (i = 0; i < m; i++)
{
  if (i == 0)
    power = 1;
  else
    power = power * 10;
  for(j = 0;j < 10;j++)
  {
    head[j] = new RadixNode<int>(); ;
  }
  /* 对待排序数字进行分配 */
  for (l = 0; l < n; l++)
  {
```

```
                k = sqList.Data[l] / power - (sqList.Data[l] / (power * 10)) * 10;
                q = new RadixNode<int>();
                q.Data = sqList.Data[l];
                q.Next = null;
                p = head[k].Next;
                if (p == null)
                  head[k].Next = q;
                else
                {
                  while (p.Next != null) p = p.Next;
                  p.Next = q;
                }
              }
              /*按照链表的顺序收回各记录*/
              l = 0;
              for (j = 0; j < 10; j++)
              {
                p = head[j].Next;
                while (p != null)
                {
                  sqList.Data[l] = p.Data;
                  l++;
                  p= p.Next;
                }
              }
          }
      }
```

3. 时间复杂度分析

时间效率：设待排序列为 n 个记录，d 个关键码，关键码的取值范围为 radix，则进行链式基数排序的时间复杂度为 O(d(n+radix))，其中，一趟分配时间复杂度为 O(n)，一趟收集时间复杂度为 O(radix)，共进行 d 趟分配和收集。

10.7 编程实现第 29 届奥运会奥运奖牌的排名

第 29 届奥运奖牌的排名为按多关键字的排名，优先选择基数排序算法，因考虑到次关键字英文名称的类型不为整数，因此先用冒泡排序法按英文名称对奖牌榜排序，然后再用链式基数法实现多关键字的排序。

1. 定义数据结构的结点类型

```
class OlyNode
  {
    private int rank;      //排名
    private string cName; //中文名称
    private string eName; //英文缩写
```

```
private int golden;   //金牌数
private int silver;   //银牌数
private int copper;   //铜牌数
private int total;    //奖牌总数
public int Rank
 {
   get{
   return rank;
   }
   set{
    rank = value;
   }
 }
 public string CName
 {
   get
   {
     return cName;
   }
   set
   {
     cName = value;
   }
 }
 public string EName
 {
   get
   {
     return eName;
   }
   set
   {
     eName = value;
   }
 }
 public int Golden
 {
   get
   {
     return golden;
   }
   set
   {
     golden = value;
   }
 }
 public int Silver
 {
   get
   {
     return silver;
```

```
            }
            set
            {
                silver = value;
            }
        }
        public int Copper
        {
            get
            {
                return copper;
            }
            set
            {
                copper = value;
            }
        }
        public int Total
        {
            get
            {
                return total;
            }
            set
            {
                total = value;
            }
        }
    }
}
```

2. 实现排序算法

```
using System;
using ListDs;
namespace SortDs
{
    class OlympicsSort
    {
        /* 用冒泡法按英文名称排序国家 */
        public void BubbleSortEN(SeqList<OlyNode> R)
        {
            int i, j;
            Boolean exchange;                   //交换标志
            OlyNodetemp;
            int n = R.Length;
            for (i = 1; i < n; i++)
            { //最多做 n-1 趟排序
                exchange = false;               //本趟排序开始前,交换标志应为假
                for (j = 0; j < n - i; j++)     //对当前无序区 R[0…n-i]自下向上扫描
                    if ((R.Data[j].EName.CompareTo(R.Data[j + 1].EName)>0))
```

```
        {//交换记录
          temp = R.Data[j + 1];
          R.Data[j + 1] = R.Data[j];
          R.Data[j] = temp;
          exchange = true;           //发生了交换,故将交换标志置为真
        }
      if (! exchange)                //本趟排序未发生交换,提前终止算法
        return;
    }
}
/*用基数排序对按金牌总数排名*/
public void radixSortG(SeqList<OlyNode> R)
{
  int i, j, k, l;
  k = 0;
  int n = R.Length;
  RadixNode<OlyNode> p, q;
  RadixNode<OlyNode>[] head = new RadixNode<OlyNode>[10];
  for (i = 0; i < 6; i++)
  {

    for (j = 0; j < 10; j++)
    {
      head[j] = new RadixNode<OlyNode>(); ;
    }
    for (l = 0; l < n; l++)
    {
      switch(i)
      {
        case 0:
          k = R.Data[l].Copper - R.Data[l].Copper / 10 * 10;
          break;
        case 1:
          k = R.Data[l].Copper/10 ;
          break;
        case 2:
          k = R.Data[l].Silver- R.Data[l].Silver / 10 * 10;
          break;
        case 3:
          k = R.Data[l].Silver/10 ;
          break;
        case 4:
          k = R.Data[l].Golden- R.Data[l].Golden/ 10 * 10;
          break;
        case 5:
          k = R.Data[l].Golden /10 ;
          break;
      }
      q = new RadixNode<OlyNode>();
      q.Data = R.Data[l];
      q.Next = null;
```

```
          p = head[k].Next;
          if (p == null)
            head[k].Next = q;
          else
          {
            while (p.Next != null) p = p.Next;
            p.Next = q;
          }
        }
        /* 按照链的顺序收回各记录 */
        l = 0;
        for (j = 9; j >= 0; j--)
        {
          p = head[j].Next;
          while (p != null)
          {
            R.Data[l] = p.Data;
            l++;
            p = p.Next;
          }
        }
      }
    }
    /* 用基数排序对按奖牌总数排名 */
    public void radixSortT(SeqList<OlyNode> R)
    {
      int i, j, k, l;
      k = 0;
      int n = R.Length;
      RadixNode<OlyNode> p, q;
      RadixNode<OlyNode>[] head = new RadixNode<OlyNode>[10];
      for (i = 0; i < 9; i++)
      {

        for (j = 0; j < 10; j++)
        {
          head[j] = new RadixNode<OlyNode>(); ;
        }
        for (l = 0; l < n; l++)
        {
          switch (i)
          {
            case 0:
              k = R.Data[l].Copper - R.Data[l].Copper / 10 * 10;
              break;
            case 1:
              k = R.Data[l].Copper / 10;
              break;
            case 2:
              k = R.Data[l].Silver - R.Data[l].Silver / 10 * 10;
              break;
```

```
                case 3:
                  k = R.Data[l].Silver / 10;
                  break;
                case 4:
                  k = R.Data[l].Golden - R.Data[l].Golden / 10 * 10;
                  break;
                case 5:
                  k = R.Data[l].Golden / 10;
                  break;
                case 6:
                  k = R.Data[l].Total - R.Data[l].Total/ 10 * 10;
                  break;
                case 7:
                  k = R.Data[l].Total/ 10 - R.Data[l].Total/100 * 10;
                  break;
                case 8:
                  k = R.Data[l].Total / 100;
                  break;
              }
              q = new RadixNode<OlyNode>();
              q.Data = R.Data[l];
              q.Next = null;
              p = head[k].Next;
              if (p == null)
                head[k].Next = q;
              else
              {
                while (p.Next != null) p = p.Next;
                p.Next = q;
              }
            }
            /* 按照链的顺序收回各记录 */
            l = 0;
            for (j = 9; j >= 0; j--)
            {
              p = head[j].Next;
              while (p != null)
              {
                R.Data[l] = p.Data;
                l++;
                p = p.Next;
              }
            }
          }
        }
      }
    }
```

3. 应用排序算法实现排序功能

```
using System;
using System.IO;
using System.Text;
using ListDs;
namespace SortDs
{
  class OlympicsSortApp
  {
    static int COUNTRYNUM = 205;
    public static void Main()
    {

      FileStream fs = new FileStream("rank.txt", FileMode.Open, FileAccess.Read);
      StreamReader sr = new StreamReader(fs, Encoding.GetEncoding("gb2312"));
      String str = sr.ReadLine();
      SeqList<OlyNode> list = null;
      /*初始化顺序表*/
      list = new SeqList<OlyNode>(COUNTRYNUM);
      string[] tempstr;
      while ((str = sr.ReadLine()) != null)
      {
        OlyNode node = new OlyNode();
        tempstr = str.Split('\t');
        node.Rank = Convert.ToInt32(tempstr[0]);
        node.CName = tempstr[1].Trim();
        node.EName = tempstr[2];
        if (tempstr[3] != "")
          node.Golden = Convert.ToInt32(tempstr[3]);
        else
          node.Golden = 0;
        if (tempstr[4] != "")
          node.Silver = Convert.ToInt32(tempstr[4]);
        else
          node.Silver = 0;
        if (tempstr[5] != "")
          node.Copper = Convert.ToInt32(tempstr[5]);
        else
          node.Copper = 0;
        node.Total = node.Golden + node.Silver + node.Copper;
        list.InsertNode(node);
      }
      /*对奖牌榜按条件排序*/
      char seleflag = ' ';
      while (true)
      {
        Console.WriteLine("请输入操作选项:");
        Console.WriteLine("1.按金牌总数排名");
        Console.WriteLine("2.按奖牌总数排名");
```

```
        Console.WriteLine("3.显示排行榜");
        Console.WriteLine("4.退出");
        seleflag = Convert.ToChar(Console.ReadLine());
        OlympicsSort sort = new OlympicsSort();
        switch (seleflag)
        {
          /*按金牌总数排名*/
          case '1':
            {
              sort.BubbleSortEN(list);
              sort.radixSortG(list);
              break;
            }
          /*按奖牌总数排名*/
          case '2':
            {
              sort.BubbleSortEN(list);
              sort.radixSortT(list);
              break; ;
            }
          case '3':
            {
              OlyNodetemp ;
              for (int i = 0; i <list.GetLength(); i++)
              {
                temp = list.SearchNode(i + 1);
                Console.WriteLine("{0}\t{1}\t{2}\t{3}\t{4}\t{5}", list.Data[i].Golden,
                  list.Data[i].Silver, list.Data[i].Copper,list.Data[i].Total,
                  list.Data[i].EName,list.Data[i].CName);
              }
              Console.WriteLine();
              break;
            }
            /*退出应用程序*/
            case '4':
             {
              return;
             }
        } Console.Write("按任意键继续…");
        Console.ReadLine();
      }
    }
  }
}
```

独立实践

[问题描述]

表10.1是一个学生成绩表,其中某个学生记录包括学号、姓名及考试成绩等数据项。在排序时,如果按成绩由低到高来排序,则会得到一个有序序列;如果按学号进行排序,则

会得到另一个有序序列。

表 10.1 学生成绩表

学　　号	姓　　名	考试成绩
071133106	吴　宾	76
071133104	张　立	78
071133105	徐　海	86
071133101	李　勇	89
071133102	刘　震	90
071133103	王　敏	99
…	…	…

[**基本要求**]

根据上面的描述,实现下面的功能:

- 按学生成绩的输入顺序将其存储在计算机中。
- 能根据用户的请求,分别对考试成绩表按学号或考试成绩排序。

本章小结

- 排序是计算机内经常进行的一种操作,其目的是将一组“无序”的记录序列调整为“有序”的记录序列,使之按关键字递增(或递减)次序排列起来。
- 在排序过程中,若整个文件都是放在内存中处理,排序时不涉及数据的内、外存交换,则称之为**内部排序**(简称内排序);反之,若排序过程中要进行数据的内、外存交换,则称之为**外部排序**。
- 按策略可将内部排序分为五类:插入排序、选择排序、交换排序、归并排序和分配排序。
- 插入排序(Insertion Sort)的基本思想是:每次将一个待排序的记录,按其关键字大小插入到前面已经排好序的子文件中的适当位置,直到全部记录插入完成为止。插入排序方法有两种:直接插入排序和希尔排序。
- 交换排序的基本思想是:两两比较待排序记录的关键字,发现两个记录的次序相反时即进行交换,直到没有反序的记录为止。应用交换排序基本思想的主要排序方法有冒泡排序和快速排序。
- 选择排序(Selection Sort)的基本思想是:每一趟从待排序的记录中选出关键字最小的记录,顺序放在已排好序的子文件的最后,直到全部记录排序完毕。常用的选择排序方法有直接选择排序和堆排序。
- 归并排序的基本思想是:将两个或两个以上的有序子序列“归并”为一个有序序列。在内部排序中,通常采用的是 2-路归并排序,即将两个位置相邻的有序子序列归并为一个有序序列。

综合练习

一、选择题

1. n个记录直接插入排序所需的记录最小比较次数是(　　)。

A. n－1　　B. 2(n－1)　　C. (n＋2)(n－1)/2　　D. n

2. 若用起泡排序对关键字序列{18,16,14,12,10,8}进行从小到大的排序,所需进行的关键字比较总次数是(　　)。

A. 10　　B. 15　　C. 21　　D. 34

3. 在所有排序方法中,关键字比较次数与记录的初始排列无关的是(　　)。

A. 希尔排序　　B. 起泡排序　　C. 插入排序　　D. 选择排序

4. 一组记录的关键字为(45,80,55,40,42,85),则利用堆排序的方法建立的初始堆为(　　)。

A. (80,45,55,40,42,85)　　B. (85,80,55,40,42,45)

C. (85,80,55,45,42,40)　　D. (85,55,80,42,45,40)

5. 一组记录的关键字为(45,80,55,40,42,85),则利用快速排序的方法,以第1个记录为基准得到一次划分结果是(　　)。

A. (40,42,45,55,80,85)　　B. (42,40,45,80,55,85)

C. (42,40,45,55,80,85)　　D. (42,40,45,85,55,80)

6. 一组记录的关键字为(25,50,15,35,80,85,20,40,36,70),其中含有5个长度为2的有序表,用归并排序方法对该序列进行一趟归并后的结果为(　　)。

A. (15,25,35,50,20,40,80,85,36,70)

B. (15,25,35,50,80,20,85,40,70,36)

C. (15,25,50,35,80,85,20,36,40,70)

D. (15,25,35,50,80,20,36,40,70,85)

二、问答题

1. 已知序列基本有序,问对此序列最快的排序方法是多少,此时平均复杂度是多少?

2. 设有n个值不同的元素存于顺序结构中,试问能否用比2n－3少的比较次数选出这n个元素中的最大值和最小值?若能请说明如何实现(不需写算法)。在最坏情况下至少需进行多少次比较。

3. 设有15000个无序的元素,希望用最快的速度挑选出其中前10个最大元素。在以下排序方法中,快速排序、堆排序、归并排序、希尔排序中,采用哪种方法最好,并说明理由?

三、编程题

1. 一个线性表中的数据元素为正整数或负整数。试设计一算法,将正整数和负整数分开,使线性表的前一部分的数据元素为负整数,后一部分的数据元素为正整数。不要求对这些数据元素有序,但要求尽量减少交换的次数。

2. 假设有10000个1～10000的互不相同的数构成一无序集合。试设计一个算法实现排序,要求以尽可能少的比较次数和移动次数实现。

第11章

执行查询算法

学习情境：根据指定的条件查询第29届奥运会获奖情况

［问题描述］

作为各国竞技运动实力的数字化体现，奖牌榜以一种简单而快捷的方式实现了信息有效传播，增加了各国民众对奥运的关注。举世瞩目的体育盛会——第29届北京奥运会在2008年8月24日拉下帷幕，为方便那些关注奥运的人们查询各国获奖牌情况，将奖牌排行榜存储在文件rank.txt中，文件的格式如图11.1所示。

排名	国家和地区	英文缩写	金	银	铜	总
1	中国	CHN	47	17	25	89
2	美国	USA	31	36	35	102
3	英国	GBR	18	13	13	44
4	俄罗斯	RUS	17	18	22	57
5	德国	GER	14	9	13	36
6	澳大利亚	AUS	12	14	16	42
7	韩国	KOR	11	10	7	28
8	日本	JPN	9	6	10	25
9	意大利	ITA	7	8	10	25
10	荷兰	NED	7	5	4	16
11	牙买加	JAM	6	3	1	10
12	法国	FAA	5	13	16	34
13	乌克兰	UKR	5	4	12	21
14	西班牙	ESP	4	6	2	12
15	白俄罗斯	BLR	4	4	8	16
16	罗马尼亚	ROU	4	1	3	8
17	加拿大	CAN	3	8	6	17
18	波兰	POL	3	4	1	8

图11.1　第29届奥运会奖牌排行榜

在图11.1中，奖牌排行榜的记录由排名、国家和地区的中文名称、英文缩写、金牌、银牌、铜牌、奖牌总数7项组成，项与项之间用Tab键隔开。

根据上面的描述，编写程序实现下面的查询功能：

- 查找指定中文名称的国家和地区的获奖牌情况；
- 查找指定排名的国家和地区的获奖牌情况；
- 查找指定英文名称的国家和地区的获奖牌情况。

11.1　熟悉查找的基本概念

查找是数据处理领域中的一个重要内容，查找的效率将直接影响到数据处理的效率。所谓查找是指根据给定的某个值，在一个给定的数据结构中查找指定元素的过程。若该数据结构中存在指定元素，则称查找是成功的，否则认为查找不成功。

通常，根据不同的数据结构，应采用不同的查找技术，主要有三种查找技术：线性表查找技术、树型查找技术和哈希表查找技术，本章主要介绍线性表查找技术和哈希表查找技术。

若在查找的同时对表做修改操作(如插入和删除)，则相应的表称之为动态查找表。否则称之为静态查找表。

查找运算的主要操作是关键字的比较，所以通常把查找过程中对关键字需要执行的平均比较次数(也称为平均查找长度)作为衡量一个查找算法效率优劣的标准。

平均查找长度 ASL(Average Search Length)定义为：

$$ASL = \sum_{i=1}^{n} p_i c_i$$

其中：n 是结点的个数；p_i 是查找第 i 个结点的概率。若不特别声明，认为每个结点的查找概率相等，即：$p_1 = p_2 \cdots = p_n = 1/n$；$c_i$ 是找到第 i 个结点所需进行的比较次数。

为了让读者更多的关注各种查找算法的学习上，本章将以图 11.2 中所列出的数字元素列表讲解各种查找算法，最后在理解各种查找算法的基础上，实现对奖牌排行榜的查询。

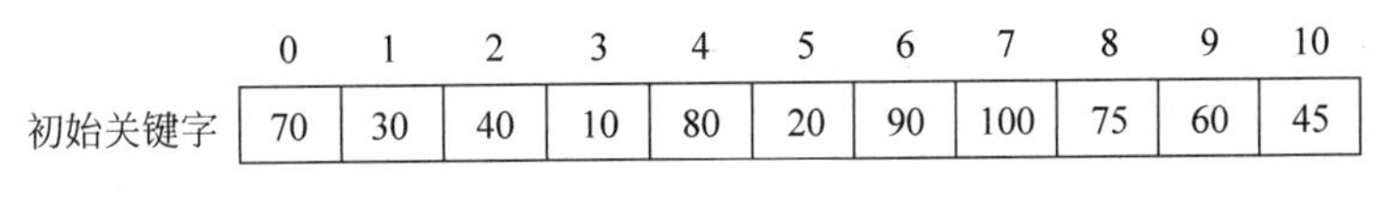

	0	1	2	3	4	5	6	7	8	9	10
初始关键字	70	30	40	10	80	20	90	100	75	60	45

图 11.2　未排序的元素列表

11.2　线性表查找技术

线性表查找是指进行查找运行的查找表所采用的存储结构是线性表的存储结构，当图 11.1 所示的奖牌排行榜在内存中用顺序表或单链表进行存储时，在其上所进行的查找为线性表的查找。在线性表查找技术中，对数据元素的查找又有顺序查找、折半查找和分块查找三种方法。

11.2.1　顺序查找

1. 顺序查找的基本思想

顺序查找是最简单的查询方法，它的基本思想是：从表的一端开始，顺序扫描线性表，依次将扫描到的结点关键字和给定值 K 相比较。若当前扫描到的结点关键字与 K 相等，则查找成功；若扫描结束后，仍未找到关键字等于 K 的结点，则查找失败。

2. 顺序查找的算法描述

```
int SeqSearch(SeqList R, KeyType Key)
{ //在顺序表 R[0…n-1]中顺序查找关键字为 K 的结点
  //成功时返回找到的结点位置,失败时返回 0
  int i;
  R[n].key = Key;                    //设置哨兵
  for(i = 0;R[i].key! = Key;i++);    //从表后往前找
  //若 i 为 n,表示查找失败,否则 R[i]是要找的结点
  if (i == R.Length)
      return -1;
    else
      return i;
}
```

在上述算法中，Key 为要查找的关键字，n 为顺序表的元素个数，为了在 for 循环中省去判定防止下标越界的条件 $i \leqslant n-1$，从而节省比较的时间，在顺序表的高端设计了监视哨。因此在为顺序表申请空间时，应考虑存放监视哨的空间，顺序表的长度至少比顺序表实际长度大 1。即保证：

$$n+1 \leqslant MAXNUM$$

根据上述算法的描述，对图 11.1 中数字列表进行顺序查找的算法实现如下：

```
public  int SeqSearch(SeqList<int> R, int Key)
   {
     int i;
     R.Data[R.GetLength()] = Key;
     for (i = 0; R.Data[i] != Key; i++) ;
     if (i == R.Length)
       return -1;
     else
       return i;
}
```

3. 顺序查找的效率

在顺序查找时，若线性表中的第 1 个元素就是被查找元素，则只需做一次比较就可查找成功，查找效率最高；但如果被查的元素是线性表中的最后一个元素，或者被查元素根本不在线性表中，则为了查找这个元素需要与线性表中所有的元素进行比较，这是顺序查找的最坏情况。在平均情况下，利用顺序查找法在线性表中查找一个元素，大约要与线性表中一半的元素进行比较。因此，对于大的线性表来说，顺序查找的效率是很低的。

假设顺序表中每个记录的查找概率相同，即 $p_i = 1/n(1 \leqslant i \leqslant n)$，查找表中第 i 个记录所需进行比较的次数 $C_i = i$，则顺序查找算法查找成功时的平均查找长度为：

$$ASL_{sq} = \sum_{i=1}^{n} p_i c_i = \sum_{i=1}^{n} p_i(n-i+1) = np_1 + (n-1)p_2 + \cdots + 2p_{n-1} + p_n$$

在等概率情况下，成功的平均查找长度为：

$$(n + \cdots + 2 + 1)/n = (n + 1)/2$$

即查找成功时的平均比较次数约为表长的一半。在查找失败时,算法的平均查找长度为:

$$ASL_{sq} = \sum_{i=1}^{n} \frac{1}{n} \times n = n$$

虽然顺序查找的效率不高,但在下列两种情况下只能采用顺序查找:

(1) 如果顺序表为无序表,则只能用顺序查找。

(2) 采用链式存储结构的线性表,只能采用顺序查找。

11.2.2　二分查找

二分查找又称折半查找,它是一种效率较高的查找方法。二分查找要求线性表是有序表,即表中结点按关键字有序,并且要用顺序表作为表的存储结构。不妨设有序表是递增有序的。

1. 二分查找基本思想

设顺序表存储在有序表 R 中,各记录的关键字满足下列条件:

$$R[0].Key \leqslant R[1].Key \leqslant \cdots R[n-1].Key$$

设置三个变量 low、high 和 mid,它们分别指向表的当前待查范围的下界、上界和中间位置。初始时,low=0,high=n−1,设待查数据元素的关键字为 Key。

(1) 令 $mid=\frac{low+high}{2}$。

(2) 比较 Key 与 R[mid].Key 值的大小,若:

- R[mid].Key=Key,则查找成功,结束查找;
- R[mid].Key<Key,表明关键字为 Key 的记录可能位于记录 R[mid]的右边,修改查找范围,令下界指示变量 low=mid+1,上界指示变量 high 的值保持不变;
- R[mid].Key>Key,表明关键字为 Key 的记录可能位于记录 R[mid]的左边,修改查找范围,令上界指示变量 high=mid−1,下界指示变量 low 的值保持不变。

(3) 比较当前变量 low 与 high 的值,若 low≤high,重复步骤(1)和步骤(2),若 low>high,表明整个查找完毕,线性表中不存在关键字为 Key 的记录,查找失败。

将图 11.2 的数字列表排序后,用二分查找法查找关键字 75 的过程如图 11.3 所示。

在进行第一次查找时,low=0,high=10,因此 $mid=\frac{0+10}{2}=5$,在这个位置上的数字为 60,将 60 与 75 比较,说明 75 只可能排在 mid 的右边,所以令 low=mid+1=6;在进行第二次查找时,low=6,high=10,因此 $mid=\frac{6+10}{2}=8$,在这个位置上的数字为 80,将 80 与 75 比较,说明 75 只可能排在 mid 的左边,所以令 high=mid−1=7;在进行第三次查找时,low=6,high=7,因此 $mid=\frac{6+7}{2}=6$,在这个位置上的数字为 70,将 70 与 75 比较,说明 75 只可能排在 mid 的右边,所以令 low=mid+1=6=7;在进行第四次查找时,low=7,high=7,因此 $mid=\frac{7+7}{2}=7$,在这个位置上的数字为 75,将 75 与 75 比较,查找成功,关键字为 75 的记录在顺序表中的序号为 7+1=8(加 1 的原因是下标是从 0 开始的)。

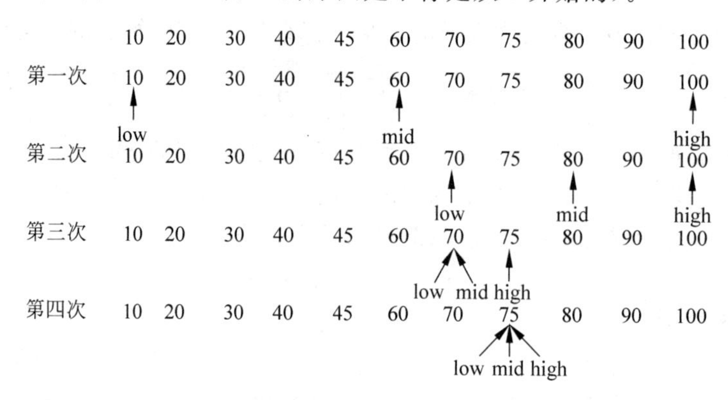

图 11.3 查找关键字为 75 的二分查找过程

2. 二分查找的算法描述

```
//在有序表 R[0…n-1]中进行二分查找,成功时返回结点的位置,失败时返回-1
int BinSearch(SeqList R, KeyType Key)
  {
     int low=0, high=n, mid;             //置当前查找区间上、下界的初值
     while(low<=high){                   //当前查找区间 R[low…high]非空
       mid=(low+high)/2;
       if(R[mid].key==Key) return mid;   //查找成功返回
       if(R[mid].key>Key)
          high=mid-1;                    //继续在 R[low…mid-1]中查找
       else
          low=mid+1;                     //继续在 R[mid+1…high]中查找
     }
    return -1;                           //当 low>high 时表示查找区间为空,查找失败
  }
```

在该算法中,假设顺序表 R 为有序表,所要查找的关键字为 Key,函数返回该记录在表中的索引号,当返回为-1 时,表示查找失败。

根据上述算法的描述,对图 11.2 中数字列表进行二分查找的算法实现如下:

```
public int BinSearch(SeqList<int> R,int Key)
   {
     int low=0,high=R.GetLength()-1,mid;  //置当前查找区间上、下界的初值
       while(low<=high)
       { //当前查找区间 R[low…high]非空
         mid=(low+high)/2;
         if(R.Data[mid]==Key) return mid;  //查找成功返回
         if(R.Data[mid]>Key)
             high=mid-1;                   //继续在 R[low…mid-1]中查找
         else
             low=mid+1;                    //继续在 R[mid+1…high]中查找
       }
```

```
        return -1;                    //当 low>high 时表示查找区间为空,查找失败
    }
```

3. 二分查找的查找效率

二分查找通常可用一个二叉判定树表示。对于图 11.3 所给的长度为 11 的有序表,它的二分查找判定树如图 11.4 所示。树中的每个圆形结点表示一个记录,结点中的值为记录在表中的位置,方形结点表示外部结点,外部结点中的值表示查找不成功时给定值在记录中所对应的记录序号的范围。

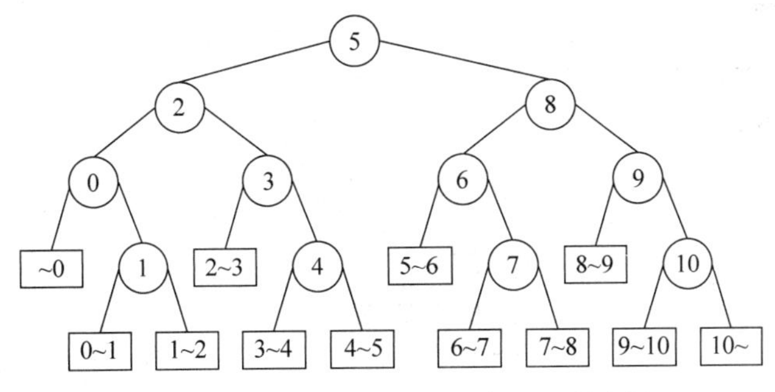

图 11.4　描述二分查找过程的二叉判定树

从判定树上可见,查找 75 的过程恰好是走了一条从根结点到结点⑦的路径,和给定值进行比较的关键字为该路径上的结点数或结点⑦在判定树上的层次数。类似地,找到有序表中任一记录的过程就是走了一条从根结点到该记录相应的结点的路径,和给定值进行比较的关键字个数恰为该结点在判定树上的层次数。因此二分查找成功时进行比较的关键字个数最多不超过树的深度。例如查找关键字 75 的记录所走的路径为:⑤→⑧→⑥→⑦,所做的比较次数为 4。

假设有序表中记录的个数恰好为:

$$n = 2^0 + 2^1 + \cdots + 2^{k-1} = 2^k - 1$$

则相应的二叉判定树的深度为 $k=\log_2(n+1)$ 的满二叉树。在树的第 i 层上总共有 2^{i-1} 个记录结点,查找该层上的每个结点需要进行 i 次比较。因此当表中的每个记录的查找概率相等时,查找成功的平均查找长度为:

$$ASL_{bins} = \sum_{i=1}^{n} \frac{1}{n} \times 2^{i-1} \times i = \frac{n+1}{n}\log_2(n+1) - 1 \approx \log_2(n+1) - 1$$

从分析的结果可看出,二分查找法平均查找长度小,查找速度快,尤其当 n 值较大时,它的查找效率较高。但为此付出的代价是需要在查找之前将顺序表按记录关键字的大小排序。这种排序过程也需要花费不少的时间,所以二分查找适合于长度较大且经常进行查找的顺序表。

11.2.3　分块查找

分块查找(Blocking Search)又称索引顺序查找。它是一种性能介于顺序查找和二分查找之间的查找方法。

1. 分块查找基本思想

分块查找要求把顺序表分成若干块,每一块中的键值存储顺序是任意的,但要求"分块有序",前一块中的最大键值小于后一块中最小键值。即块间结点有序,块内结点任意。另外,还需要建立一个索引表,索引表中的每一项对应顺序表的一块,索引项由关键字域和链域组成,关键字域存放对应块内结点的最大键值,链域存放对应块首结点的位置。索引表中的索引项是按键值递增顺序存放。

抽取各块中的最大关键字及其起始位置构成一个索引表,索引表按关键字有序,所以索引表是一个递增有序表。

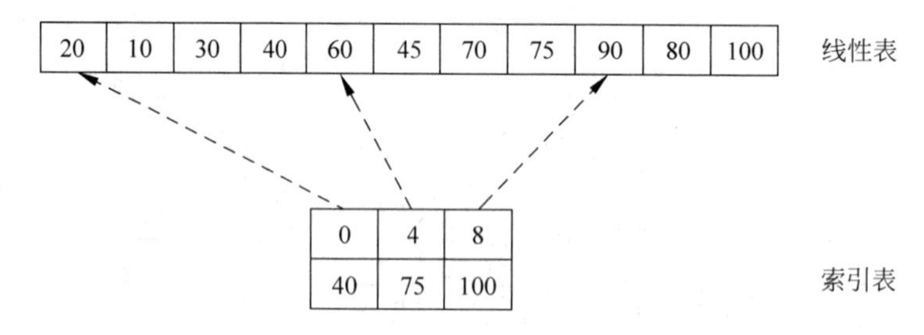

图 11.5　分块查找示意图

在带索引表的顺序表中查找关键字等于 Key 的记录时,需要分两步进行。

(1) 首先查找索引表,确定待查记录所在块。索引表是有序表,可采用二分查找或顺序查找,以确定待查的结点在哪一块。

(2) 在已确定的块中进行顺序查找。当块内的记录是任意排列的,只能用顺序查找。

在图 11.5 中,对于给定的关键字 70,先将 70 与索引表中各最大关键字进行比较,因为 $40<70<75$,则关键字为 70 的记录若存在,必定在第二块中。由于同一索引项中的指针指示第二块中的第 1 个记录的是顺序号为 4,则自顺序号为 4 的记录起进行顺序查找,直到顺序号为 6 的记录的关键字等于 70 为止。

2. 分块查找的查找效率

分块查找的过程分为两部分,一部分是在索引表中确定待查记录所在的块,另一部分是在块里寻找待查的记录。因此,分块查找法的平均查找长度是两部分平均查找长度的和,即:

$$ASL_{blocks} = ASL_b + ASL_{wW}$$

其中:ASL_b 是确定待查块的平均查找长度,ASL_{ww}是在块内查找某个记录所需的平均查找长度。

假定长度为 n 的顺序表要分成 b 块,且每块的长度相等,那么有:块长 $l=n/b$。若假定表中各记录的查找概率相等,仅考虑成功的查找,那么每块的查找概率为 $1/b$,块内各记录的查找概率为 $1/l$。当在索引表内对块的查找以及在块内对记录的查找都采用顺序查找时,有:

$$ASL_b = \sum_{i=1}^{b} \frac{1}{b} i = \frac{b+1}{2}$$

$$ASL_{wW} = \sum_{i=1}^{l} \frac{1}{l} i = \frac{l+1}{2}$$

因此，有：

$$ASL_{blocks} = \frac{b+1}{2} + \frac{l+1}{2} = \frac{1}{2}\left(\frac{n}{l}+1\right)+1$$

由此可见，分块查找时的平均查找长度不但和表的长度有关，而且和块的长度也有关。当 $l=\sqrt{n}$ 时，ASL_{blocks} 取得最小值，有：

$$ASL_{blocks} = \sqrt{n} + 1 \approx \sqrt{n}$$

从上述分析的结果可以看出，分块查找是介于顺序查找和二分查找之间的一种查找方法，它的速度要比顺序查找法的速度快，但付出的代价增加辅助存储空间和将顺序表分块排序；同时它的速度要比二分查找法的速度慢，但好处是不需要对全部记录进行排序。

11.3　哈希表查询技术

在用线性查找和二分查找的过程中需要依据关键字进行若干次的比较判断，确定数据集合中是否存在关键字等于某个给定关键字的记录以及该记录在数据表中的位置，查找的效率与比较的次数密切相关。在查找时需要不断进行比较的原因是建立数据表时，只考虑了各记录的关键字之间的相对大小，记录在表中的位置和其关键字无直接关系。如果在记录的存储位置和其关键字之间建立某种直接关系，那么在进行查找时，就无须比较或只做很少的比较就能直接由关键字找到相应的记录。哈希(Hash)表正是基于这种思想。

11.3.1　认识哈希表

1. 哈希表的概念

假定要搜索与给定记录中某个给定关键字相对应的记录，需要顺序地搜索整个记录直到找到具有所需键值的记录。该方法十分耗时，尤其当列表非常大的时候更加耗时。

在这种情况下，查找该记录的一个有效的解决方法是计算所需记录的偏移地址，并且在产生的偏移地址处读取记录。

如果给定一个记录的偏移地址值，就能够在一个盘上方便地检索该记录，无须浪费时间进行搜索。例如假设文件中的键是从 0 到 n－1 的连续数，如果给定一个键，就能通过以下公式方便地计算出与其对应的记录的偏移：

键×记录长度

但是，在实际情况中，键是有更多含义的，而不只是连续的整数值。很多情况下，像客户代码、产品代码这样的字段也会用作键。当这样的字段用作键时，一种称为哈希也称散列的技术能够将键值转换为偏移地址。

哈希技术是查找和检索与唯一标识键相关信息的最好方法之一。哈希的基本原理是将给定的键值转换为偏移地址来检索记录。

键转换为地址是通过一种关系(公式)来完成的,这就是哈希(散列)函数。哈希函数对键执行操作,从而给定一个哈希值,该值是代表可以找到该记录的位置。

哈希法的基本思想是:设置一个长度为 m 的表 T,用一个函数将数据集合中 n 个记录的关键字尽可能唯一地转换成 0～m－1 范围内的数值,即对于集合中任意记录的关键字 K_i,有:

$$0 \leqslant h(K_i) \leqslant m-1 \quad (0 \leqslant i < n)$$

图 11.6 为用哈希函数 h 将关键字映射到哈希表的示意图。

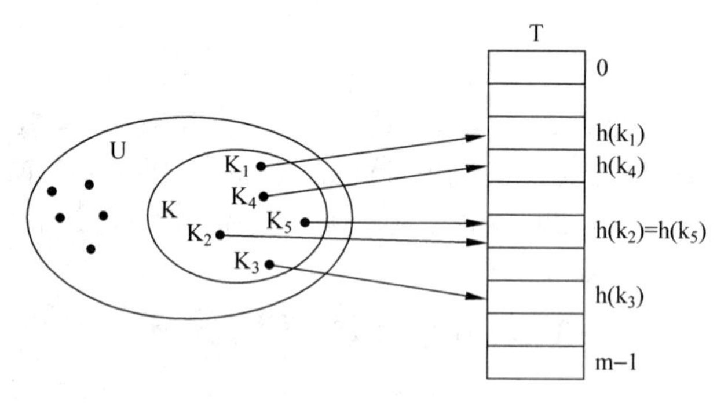

图 11.6 用哈希函数 h 将关键字映射到哈希表示意图

2. 哈希表的冲突现象

虽然哈希表是一种有效的搜索技术,但是它还有些缺点。两个不同的关键字,由于哈希函数值相同,因而被映射到同一表位置上。该现象称为冲突(Collision)或碰撞。发生冲突的两个关键字称为该哈希函数的同义词(Synonym)。

用下面的例子说明此情况。

假设散列函数是:

$$h(k) = key\%4$$

对于键 3、5、8 和 10 使用该函数,这些键分散了,如图 11.7 所示。

图 11.7 看上去很好,但是如果要散列的键是 3、4、8 和 10,如图 11.8 所示。键 4 和 8 就散列到相同的位置,因此导致了冲突。

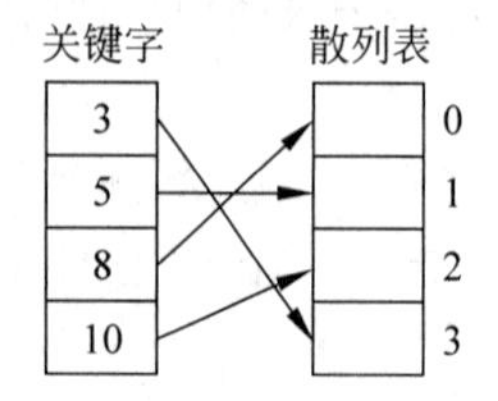

图 11.7 用哈希函数 h 将关键字映射到哈希表中(无冲突的情况)

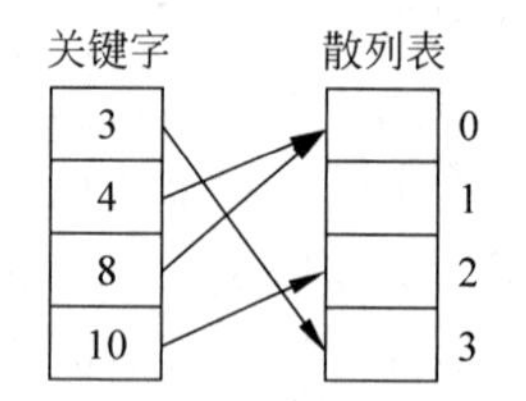

图 11.8 用哈希函数 h 将关键字映射到哈希表中(发生冲突的情况)

尽管冲突现象是难免的,我们还是希望能找到尽可能产生均匀映射的哈希函数,从而尽可能地降低冲突的概率,另外当冲突发生时,还必须有相应的解决冲突的方法。因此,构造哈希函数和建立解决冲突的方法是建立哈希表的两大任务。

11.3.2　构造哈希函数

构造哈希函数的方法很多，但如何构造一个“好”的哈希函数是具有很强的技术性和实践性的问题。好的哈希函数的选择有两条标准：

(1) 简单并且能够快速计算；

(2) 能够在址空间中获取键的均匀分布。

均匀指对于关键字集合中的任一关键字，哈希函数能以等概率将其映射到表空间的任何一个位置上。也就是说，散列函数能将子集 K 随机均匀地分布在表的地址集{0，1，…，m－1}上，以使冲突最小化。

下面介绍几种减号常用的构造哈希函数的方法。

1. 平方取中法

具体做法是先通过求关键字的平方值扩大相近数的差别，然后根据表长度取中间的几位数作为哈希函数值。又因为一个乘积的中间几位数和乘数的每一位都相关，所以由此产生的散列地址较为均匀。

【例】　将一组关键字(0100，0110，1010，1001，0111)平方后得：

(0010000，0012100，1020100，1002001，0012321)

若取表长为 1000，则可取中间的三位数作为散列地址集：

(100，121，201，020，123)

相应的哈希函数用 C＃实现很简单：

```
int Hash(int key)
{ //假设 key 是 4 位整数
      key *= key;   key/ = 100;   //先求平方值，后去掉末尾的两位数
      return key % 1000;          //取中间三位数作为散列地址返回
}
```

2. 除余法

该方法是最为简单常用的一种方法。它是以表长 m 来除关键字，取其余数作为散列地址，即 h(key)＝key％m。

该方法的关键是选取 m。选取的 m 应使得散列函数值尽可能与关键字的各位相关。m 最好为素数。

【例】　有一组关键字(36475611，47566933，75669353，34547579，46483499)，哈希表的大小是 43，则上述键的地址是：

36475611％43＝1

47566933％43＝32

75669353％43＝17

34547579％43＝3

46483499％43＝26

3. 折叠移位法

根据哈希表长将关键字尽可能分成若干段,然后将这几段的值相加,并将最高位的进位舍去,所得结果即为其哈希地址。相加时有两种方法,一种是顺折,即把每一段中的各位值对齐相加,称之为移位法;另一种是对折,像折纸条一样,把原来关键字中的数字按照划分的中界向中间段折叠,然后求和,称之为折叠法。

【例】 有一组关键字(4766934,5656975,4685637,3547807,7569664),将这些数拆成2位、4位和1位数,然后再把它们相加,如图11.9所示。

现在根据哈希表的大小取结果数。假如表的大小是1000,散列地址将从0到999。在给定的示例中,结果由4个数字组成。因此可以截掉第一个数字获取一个地址,如图11.10所示。

关键字	拆分键	结果
4766934	47+6693+4	6744
5656975	56+5697+5	5758
4685637	46+8563+7	8616
3547807	35+4780+7	4822
7569664	75+6966+4	7045

图11.9 用折叠移位法构造哈希函数示意图

关键字	地址
4766934	744
5656975	758
4685637	616
3547807	822
7569664	045

图11.10 哈希表示意图

上述哈希技术可以通过各种方法组合起来以建立起一个能够最少发生冲突的哈希函数。但是,即使是一个好的哈希函数,也不可能完全避免发生冲突。

11.3.3 解决哈希冲突

正如前面所讲过的,在实际问题中,无论如何构造哈希函数,冲突是不可避免的,这里介绍两种常用的解决哈希冲突的方法。

1. 开放定址法

用开放定址法解决冲突的做法是:当冲突发生时,按照某种方法探测表中的其他存储单元,直到找到空位置为止。开放地址法很多,这里介绍几种。

(1) 线性探测法

将散列表T[0…m－1]看成是一个循环向量,若初始探查的地址为d(即h(key)＝d),则最长的探查序列为:

$$d, d+1, d+2, \cdots, m-1, 0, 1, \cdots, d-1$$

即:探查时从地址d开始,首先探查T[d],然后依次探查T[d+1],…,直到T[m－1],此后又循环到T[0],T[1],…,直到探查到T[d－1]为止。

探查过程终止于三种情况:

① 若当前探查的单元为空,则表示查找失败(若是插入则将key写入其中);

② 若当前探查的单元中含有key,则查找成功,但对于插入意味着失败;

③ 若探查到 T[d－1]时仍未发现空单元也未找到 key，则无论是查找还是插入均意味着失败(此时表满)。

【例】 已知一组关键字为(26，36，41，38，44，15，68，12，06，51)，用除余法构造哈希函数，用线性探查法解决冲突构造这组关键字的哈希表。

为了减少冲突，通常令装填因子 $\alpha<1$。这里关键字个数 n＝10，不妨取 m＝13，此时 $\alpha\approx$ 0.77，散列表为 T[0…12]，散列函数为：h(key)＝key％13。

由除余法的散列函数计算出的上述关键字序列的散列地址为(0，10，2，12，5，2，3，12，6，12)。

前 5 个关键字插入时，其相应的地址均为开放地址，故将它们直接插入 T[0]，T[10]，T[2]，T[12]和 T[5]中。

当插入第 6 个关键字 15 时，其散列地址 2(即 h(15)＝15％13＝2)已被关键字 41(15 和 41 互为同义词)占用。故探查 h1＝(2＋1)％13＝3，此地址开放，所以将 15 放入 T[3]中。

当插入第 7 个关键字 68 时，其散列地址 3 已被非同义词 15 先占用，故将其插入到 T[4]中。

当插入第 8 个关键字 12 时，散列地址 12 已被同义词 38 占用，故探查 h1＝(12＋1)％13＝0，而 T[0]亦被 26 占用，再探查 h2＝(12＋2)％13＝1，此地址开放，可将 12 插入其中。

类似地，第 9 个关键字 06 直接插入 T[6]中；而最后一个关键字 51 插入时，因探查的地址 12，0，1，…，6 均非空，故 51 插入 T[7]中。

映射过程如图 11.11 所示。

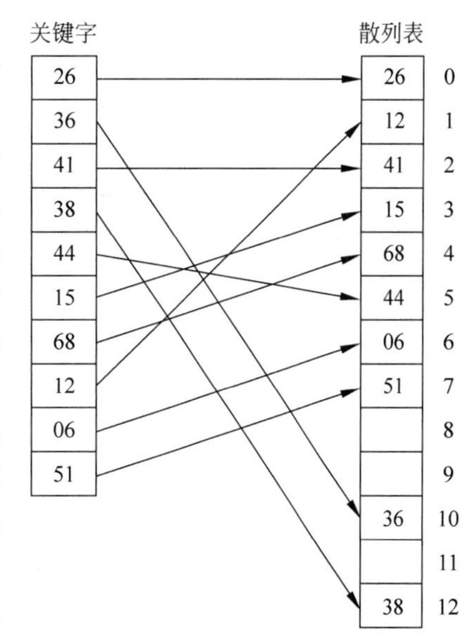

图 11.11　线性探测法解决冲突的哈希表

用线性探查法解决冲突时，当表中，i＋1，…，i＋k 的位置上已有结点时，一个散列地址为 i，i＋1，…，i＋k＋1 的结点都将插入在位置 i＋k＋1 上。把这种散列地址不同的结点争夺同一个后继散列地址的现象称为聚集或堆积(Clustering)。这将造成不是同义词的结点也处在同一个探查序列之中，从而增加了探查序列的长度，即增加了查找时间。若散列函数不好或装填因子过大，都会使堆积现象加剧。

上例中，h(15)＝2，h(68)＝3，即 15 和 68 不是同义词。但由于处理 15 和同义词 41 的冲突时，15 抢先占用了 T[3]，这就使得插入 68 时，这两个本来不应该发生冲突的非同义词之间也会发生冲突。

为了减少堆积的发生，不能像线性探查法那样探查一个顺序的地址序列(相当于顺序查找)，而应使探查序列跳跃式地散列在整个哈希表中。

(2) 二次探查法(Quadratic Probing)

二次探查法的探查序列是：

$$h_i=(h(key)+i*i)\%m \quad 0\leqslant i\leqslant m-1$$

即探查序列为 d＝h(key)，$d+1^2$，$d+2^2$，…，等。

该方法的缺陷是不易探查到整个散列空间。

(3) 双重哈希法(Double Hashing)

该方法是开放定址法中最好的方法之一。在该方法中,一旦发生冲突,会应用第二个哈希函数以获取备用位置。第一次试探有冲突的键很可能在第二个哈希函数结果中有不同的值。

2. 链表法

链表法解决冲突的做法是:将所有关键字为同义词的结点链接在同一个单链表中。若选定的哈希表长度为m,则可将哈希表定义为一个由m个头指针组成的指针数组T[0…m−1]。凡是散列地址为i的结点,均插入到以T[i]为头指针的单链表中。T中各分量的初值均应为空指针。在链表法中,装填因子α可以大于1,但一般均取α≤1。

【例】 已知一组关键字为(26,36,41,38,44,15,68,12,06,51),用除余法构造哈希表函数,用链表法解决冲突构造这组关键字的哈希表。

解答:取表长为13,故哈希函数为h(key)=key%13,哈希表为T[0…12]。

当把h(key)=i的关键字插入第i个单链表时,既可插入在链表的头上,也可以插在链表的尾上。这是因为必须确定key不在第i个链表时,才能将它插入表中,所以也就知道链尾结点的地址。若采用将新关键字插入链尾的方式,依次把给定的这组关键字插入表中,则所得到的哈希表如图11.12所示。

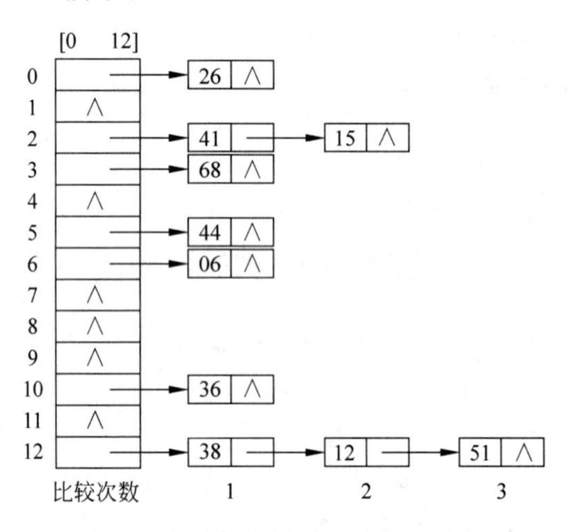

图11.12 链表法解决冲突的哈希表

链表法适用于冲突现象比较严重的情况。

11.3.4 实现哈希表的查找算法

通过实例来说明哈希算法的实现。设图11.2的数字序列{70,30,40,10,80,20,90,100,75,80,45}采用哈希表存放。哈希函数采用除13取余法,哈希冲突解决方法采用链表法。编程实现上述要求。

实现上述要求的程序如下:

```
using System;
using ListDs;//顺序表 SeqList 所在名称空间
namespace SearchDS
{
 //定义解决冲突的链表的结点类型
 class chaintype
  {
    private int key;
    private chaintype next;
    public int key
    {
      get
      {
        return key;
      }
      set
      {
        key = value;
      }
    }
    public chaintype Next
    {
      get
      {
        return next;
      }
      set
      {
        next = value;
      }
    }
  }
/*定义查找算法类*/
  class SearchArithMetic
  {
   /*顺序查找法算法,参见 11.2.1 节*/
   public int SeqSearch(SeqList<int> R, int key)
   {
     ...
   }
    /*二分查找法算法,参见 11.2.2 节*/
    public int BinSearch(SeqList<int> R, int key)
    {
     ...

    }
    /* 除模取余法的哈希函数*/
      public int Hash(int key, int Mod)
      {
        return key % Mod;
      }
```

```
        /* 在哈希表中插入记录,用链表法解决冲突 */
        public bool HashInsert(chaintype[] a, int key, int Mod)
        {
          int i;
          i = Hash(key, Mod);
          chaintype pre;
          chaintype cur;
          pre = a[i];
          cur = a[i];
          while (cur != null && cur.key != key)
          {
            pre = cur;
            cur = cur.Next;
          }
          /* 未查找到时插入该记录在对应的链表尾 */
          if (cur == null)
          {
            cur = new chaintype();
            cur.key = key;
            cur.Next = null;
            /* 在该链插入第一个记录 */
            if (a[i] == null)
              a[i] = cur;
            /* 在该链插入后续记录取 */
            else
              pre.Next = cur;
            return true;
          }
          return false;
        }
        /* 在哈希表 a 中查找关键字 key */
        public chaintype HashSearch(chaintype[] a, int key, int Mod)
        {
          chaintype p;
          int i = Hash(key, Mod);
          p = a[i];
          while (p != null && p.key != key)
            p = p.Next;
            /* 查找不到时返回空值 */
            if (p == null) return null;
            /* 查找到时返回该记录的地址 */
            else
              return p;
          }
      }
    }
```

用查找算法类 SearchArithMetic 的查找算法进行查找的测试代码如下所示:

```
using System;
using ListDs;     //顺序表 SeqList 所在名称空间
```

```
using SortDs;     // 排序算法类 SortArithMetic 所在名称空间
namespace SearchDS
{
  class SearchDsApp
  {
    public static void Main()
    {
      SeqList<int> numList = null;

      /* 初始化顺序表 */
      numList = new SeqList<int>(12);
      chaintype[] a = new chaintype[13];
      /* 对学生成绩表进行操作 */
      char seleflag = ' ';
      while (true)
      {
        Console.WriteLine("请输入操作选项:");
        Console.WriteLine("1.创建顺序表");
        Console.WriteLine("2.对顺序表执行顺序查找");
        Console.WriteLine("3.对顺序表执行二分查找");
        Console.WriteLine("4.创建哈希表");
        Console.WriteLine("5.在哈希表中查找关键字");
        Console.WriteLine("6.退出");
        seleflag = Convert.ToChar(Console.ReadLine());
        SearchArithMetic search = new SearchArithMetic();
        switch (seleflag)
        {
          /* 创建数据列表 */
          case '1':
            {
              numList.InsertNode(70, numList.GetLength() + 1);
              numList.InsertNode(30, numList.GetLength() + 1);
              numList.InsertNode(40, numList.GetLength() + 1);
              numList.InsertNode(10, numList.GetLength() + 1);
              numList.InsertNode(80, numList.GetLength() + 1);
              numList.InsertNode(20, numList.GetLength() + 1);
              numList.InsertNode(90, numList.GetLength() + 1);
              numList.InsertNode(100, numList.GetLength() + 1);
              numList.InsertNode(75, numList.GetLength() + 1);
              numList.InsertNode(60, numList.GetLength() + 1);
              numList.InsertNode(45, numList.GetLength() + 1);
              Console.WriteLine("已插入顺表中的数字是:");
              Console.WriteLine("70 30 40 10 80 20 90 100 75 60 45");
              break;
            }
          /* 用顺序法查找 */
          case '2':
            {

              Console.Write("请输入要查找的数字:");
              int num = Convert.ToInt32(Console.ReadLine());
```

```
        int i = search.SeqSearch(numList,num);
        if(i == -1)
        Console.WriteLine("{0} 在数字列表中不存在", num);
        else
        Console.WriteLine("{0}在数字列表中的序号为:{1}",
                         num,i + 1);
        break;
    }
/*用二分法查找*/
case '3':
    {
        new SortArithMetic().InsertSort(numList);
        Console.Write("请输入要查找的数字:");
        int num = Convert.ToInt32(Console.ReadLine());
        int i = search.BinSearch(numList, num);
        if (i == -1)
          Console.WriteLine("{0} 在数字列表中不存在", num);
        else
          Console.WriteLine("{0}在排序后数字列表中的序号为:{1}",
                  num, i + 1);
        break;
    }
/*向哈希表中插入记录*/
case '4':
    {
        search.HashInsert(a, 70, 13);
        search.HashInsert(a, 30, 13);
        search.HashInsert(a, 40, 13);
        search.HashInsert(a, 10, 13);
        search.HashInsert(a, 80, 13);
        search.HashInsert(a, 20, 13);
        search.HashInsert(a, 90, 13);
        search.HashInsert(a, 100, 13);
        search.HashInsert(a, 75, 13);
        search.HashInsert(a, 60, 13);
        search.HashInsert(a, 45, 13);
        break;
    }
/*在哈希表中查找关键字*/
case '5':
    {
        Console.Write("请输入要查找的数字:");
        int num = Convert.ToInt32(Console.ReadLine());
        chaintype p = search.HashSearch(a, num, 13);
        if (p == null)
          Console.WriteLine("{0} 在数字列表中不存在", num);
        else
          Console.WriteLine("你查找的关键字是:{0}", p.Key);

        break;
    }
```

```
            /*退出应用程序*/
            case '6':
              {
                return;
              }
          }         Console.Write("按任意键继续…");
         Console.ReadLine();
        }
      }
    }
  }
```

上述代码对顺序查找法、二分查找法、哈希表查找法的算法进行了测试。测试哈希表查找法时,需先创建哈希表,再查找哈希表。

11.3.5 分析哈希表的性能

虽然散列表在关键字和存储位置之间建立了对应关系,理想情况是无须关键字的比较就可找到待查关键字,查找的期望时间为 O(1)。但是由于冲突的存在,哈希表的查找过程仍是一个和关键字比较的过程,不过散列表的平均查找长度比顺序查找、二分查找等完全依赖于关键字比较的查找要小得多。

由于冲突,散列的效率会降低,在这种情况下,散列的效率取决于哈希函数的质量。一个哈希函数如果使记录在哈希表中能够均匀地分布,就认为该哈希函数是一个好的函数。而一个不好的函数会导致很多冲突,如果一个哈希函数总是为所有的键返回同一个值,则显然相关的哈希表只是作为一个链接表,这种情况下搜索效率将是 O(n)。

哈希表最大的优点,就是把数据的存储和查找消耗的时间大大降低,几乎可以看成是常数时间;而代价仅仅是消耗比较多的内存。然而在当前可利用内存越来越多的情况下,用空间换时间的做法是值得的。另外,编码比较容易也是它的特点之一。

11.4 编程实现第29届奥运会排行榜的查询功能

从前面介绍的查找方法可知,二分查找是一种高效的查找方法,但二分查找有一个前提,即记录的排列是有序的,而且是顺序存储。如果以排名为关键字,每个记录可以非常容易地实现有序排列,当排名的关键字值唯一时,用二分查找法实现按排名的查找;但当一个排名对应几个国家时,从图11.1中可以看到排名为50的记录就有4条,这时再用二分查找就不能把所有满足条件的记录找到,这时采用分块查找,将所有排名相同的记录分到一块。中文名称和英文名称无规律可言,可用顺序查找,如果频繁按这些关键字查找,可进行哈希表查找,这里为加快按英文名称查找的速度,以英文缩写为关键字 Key,按哈希函数 h(Key%205(205为第29届奥运会的参赛国家和地区的数目)和线性探测法处理冲突构造哈希函数。

1. 定义数据结构的结点类型

```
class OlyNode
  {
   private int rank;     //排名
   private string cName;//中文名称
   private string eName;//英文缩写
   private int golden;  //金牌数
   private int silver;  //银牌数
   private int copper;  //铜牌数
   private int total;   //奖牌总数
   public int Rank
    {
      get{
      return rank;
      }
      set{
       rank = value;
      }
    }
    public string CName
    {
      get
      {
        return cName;
      }
      set
      {
        cName = value;
      }
    }
    public string EName
    {
      get
      {
        return eName;
      }
      set
      {
        eName = value;
      }
    }
    public int Golden
    {
      get
      {
        return golden;
      }
      set
      {
```

```
          golden = value;
        }
      }
      public int Silver
      {
        get
        {
          return silver;
        }
        set
        {
          silver = value;
        }
      }
      public int Copper
      {
        get
        {
          return copper;
        }
        set
        {
          copper = value;
        }
      }
      public int Total
      {
        get
        {
          return total;
        }
        set
        {
          total = value;
        }
      }
    }
}
```

2. 实现查找算法

```
using System;
using ListDs;           //顺序表 SeqList 所在名称空间
//索引表数据类型
  struct indextype
  {
    public int Rank;   //排名
    public int Link;   //块起始位置
    public int num;    //块内记录数
  }
//定义算法类
```

```
class OlympicsSearch
{
  static int COUNTRYNUM = 205;
  SeqList<OlyNode> R;
  SeqList<indextype> indextable = new SeqList<indextype>( COUNTRYNUM) ;
  OlyNode[] hashtable = new OlyNode[COUNTRYNUM];
  public OlympicsSearch() { }
  public OlympicsSearch(SeqList<OlyNode> R)
  {
    this.R = R;
    CreateIndexTable();
    HashInsert();
  }
  //创建分块查找的索引表
  private void CreateIndexTable()
  {
    int i = 0;
    int j = 0;
    int num = 1;
    int temp;
  while(i<R.Length )
    {
    temp = R.Data[i].Rank;
    num = 1;
    indextype node = new indextype();
    node.Rank = temp;
    node.Link = i;
    while ((i + 1< R.Length)&&R.Data[i + 1].Rank == temp) { i++; num++; }
    node.num = num;
    indextable.InsertNode(node);
    j = j + 1;
    i = i + 1;
  }
}
//用顺序查找法查找指定国家或地区的名称的记录位置
public int SearchName(string Key)
{
  int i;
  R.Data[R.GetLength()] = new OlyNode ();
  R.Data[R.GetLength()].CName = Key;
  for (i = 0; R.Data[i].CName != Key; i++) ;
  if (i == R.Length)
    return -1;
  else
    return i;
}
//用二分查找法查找指定排名的记录位置
public int BinRankSearch(int Key)
{
  int low = 0, high = R.GetLength() - 1, mid;
  while (low <= high)
```

```
  {
    mid = (low + high) / 2;
    if (R.Data[mid].Rank == Key) return mid;
    if (R.Data[mid].Rank > Key)
      high = mid - 1;
    else
      low = mid + 1;
  }
  return -1;
}
//用分块查找法查找指定排名的第一条记录位置
public int BlockRankSearch(int Key, ref intnum)
{
  int i = -1;
  int low = 0, high = indextable.Length - 1, mid;
  while (low <= high)
  {
    mid = (low + high) / 2;
    if (indextable.Data[mid].Rank == Key)
    {
      i = mid;
      break;
    }
    if (indextable.Data[mid].Rank > Key)
      high = mid - 1;
    else
      low = mid + 1;
  }
  if (low > high) i = -1;
  if (i != -1)
  {
    num = indextable.Data[i].num;
    return indextable.Data[i].Link;
  }
  else
    return -1;
}
/* 除模取余法的哈希函数 */
public int Hash(string Key, int Mod)
{
  int num = 0;
  for (int i = 0; i < Key.Length; i++)
    num = num + Convert.ToChar(Key.Substring(i, 1));
  return num % Mod;
}
//创建哈希查找的哈希表
public void HashInsert()
{
  int j = 0;
  int m = 0;
  for (int i = 0; i < R.Length; i++)
```

```
    {
      j = Hash(R.Data[i].EName, COUNTRYNUM);
      if (hashtable[j] == null)
      {
        hashtable[j] = R.Data[i];
      }
      else
        for(m = j + 1; m < hashtable.Length ;m++)
          if (hashtable[m] == null)
          {
            hashtable[m] = R.Data[i];
            break;
          }
      if (m == hashtable.Length)
      {
        for(m = 0;m < j ;m++)
          if (hashtable[m] == null)
          {
            hashtable[m] = R.Data[i];
            break;
          }
        }
      }
    }
    /*用哈希表查找法查找指定英文名称的国家或地区的记录*/
    public OlyNode HashSearch( string Key)
    {
      OlyNode p;
      int i = Hash(Key, COUNTRYNUM);
      p = hashtable[i];
      return p;
    }
}
```

3. 应用查找算法实现查找功能

```
using System;
using System.Text;
using System.IO;
using ListDs;
class OlympicsSearchApp
  {
   static int COUNTRYNUM = 205;
   public static void Main()
     {
      FileStream fs = new FileStream("rank.txt", FileMode.Open, FileAccess.Read);
      StreamReader sr = new StreamReader(fs, Encoding.GetEncoding("gb2312"));
      String str = sr.ReadLine();
      SeqList<OlyNode> list = null;
      /*初始化顺序表*/
```

```
list = new SeqList<OlyNode>( COUNTRYNUM);
string[] tempstr;
while ((str = sr.ReadLine() )! = null)
{
  OlyNode node = new OlyNode();
  tempstr = str.Split('\t');
  node.Rank = Convert.ToInt32(tempstr[0]);
  node.CName = tempstr[1].Trim ();
  node.EName = tempstr[2];
  if (tempstr[3] ! = "")
    node.Golden = Convert.ToInt32(tempstr[3]);
  else
     node.Golden = 0;
   if (tempstr[4] ! = "")
     node.Silver = Convert.ToInt32(tempstr[4]);
   else
     node.Silver = 0;
   if (tempstr[5] ! = "")
     node.Copper = Convert.ToInt32(tempstr[5]);
   else
     node.Copper = 0;
  node.Total = node.Golden + node.Silver + node.Copper ;
  list.InsertNode(node);
}
/ * 对奖牌榜按条件查询 * /
char seleflag = ' ';
while (true)
{
  Console.WriteLine("请输入操作选项:");
  Console.WriteLine("1.按中文名称查找");
  Console.WriteLine("2.按排行名次查找(返回满足条件的一条记录)");
  Console.WriteLine("3.按排行名次查找(返回满足条件的多条记录)");
  Console.WriteLine("4.按英文名称查找");
  Console.WriteLine("5.退出");
  seleflag = Convert.ToChar(Console.ReadLine());
  OlympicsSearch search = new OlympicsSearch(list);
  switch (seleflag)
  {
    / * 用顺序查找法查找指定中文名称的国家或地区的奖牌情况 * /
    case '1':
      {

        Console.InputEncoding = Encoding.GetEncoding("gb2312");
        Console.Write("请输入要查找的国家或地区的中文名称:");
        string cName = Console.ReadLine();
        int i = search.SearchName(cName);
        if (i == -1)
          Console.WriteLine("{0} 在不在奖牌排行榜中", cName);
        else
          Console.WriteLine("{0}的得获情况:排名:{1},金牌数:{2},
          银牌数:{3},铜牌数:{4}", cName, list.Data[i].Rank ,
```

```
            list.Data[i].Golden, list.Data[i].Silver,
            list.Data[i].Copper);
        break;
    }
/*用二分法查找指定名次的国家*/
case '2':
    {
        Console.Write("请输入要查找的名次:");
        int num = Convert.ToInt32(Console.ReadLine());
        int i = search.BinRankSearch(num);
        if (i == -1)
          Console.WriteLine("没有第{0}的排名", num);
        else
          Console.WriteLine("排名第{0}的国家是:{1},金牌数:{2},
            银牌数:{3},铜牌数:{4}", num, list.Data[i].CName,
            list.Data[i].Golden, list.Data[i].Silver,
            list.Data[i].Copper);
        break;
    }
/*用分块查找指定名次的国家*/
case '3':
    {
        Console.Write("请输入要查找的名次:");
        int rank = Convert.ToInt32(Console.ReadLine());
        int num = 0;
        int i = search.BlockRankSearch( rank, ref num);
        if (i == -1)
          Console.WriteLine("没有第{0}的排名", rank);
        else
        {
          int j = i;
          Console.WriteLine("排名第{0}的国家是:", rank);
          while (j < (i + num))
          {
              Console.WriteLine("{0},金牌数:{1},银牌数:{2},
  铜牌数:{3}", list.Data[j].CName, list.Data[j].Golden,
  list.Data[j].Silver, list.Data[j].Copper);
            j++;
          }
        }
        break;
    }
/*用哈希表查找法查找指定英文名称的国家或地区的奖牌情况*/
case '4':
    {
        Console.InputEncoding = Encoding.GetEncoding("gb2312");
        Console.Write("请输入要查找的国家或地区的英文名称:");
        string eName = Console.ReadLine();
        OlyNode node = search.HashSearch(eName);

        if (node == null)
```

```
                Console.WriteLine("{0} 在不在奖牌排行榜中", eName);
            else
                Console.WriteLine("{0}的得获情况:金牌数:{1},银牌数:{2},铜牌数:{3}",
                        eName, node.Golden, node.Silver, node.Copper);
            break;
        }
    case '5':
        {
            return;
        }
    } Console.Write("按任意键继续…");
    Console.ReadLine();
  }
 }
}
```

独立实践

[问题描述]

表 11.1 是某一班学生通讯录,通讯录包括学号、姓名和电话号码等信息。对通讯录中的记录,可以有多种查询的方式。

- 按学号查询某一学生的联系方式;
- 按姓名查询某一学生的联系方式;
- 按电话号码查询学生的姓名。

表 11.1 学生通信录

学号	姓名	电话号码
071133106	吴宾	15874150891
071133104	张立	13450299596
071133105	徐海	13874854239
071133101	李勇	13574191324
071133102	刘震	13875882932
071133103	王敏	15874150998
…	…	…

[基本要求]

编程实现学生通讯录的查询功能。

本章小结

- 查找是指根据给定的某个值,在一个给定的数据结构中查找指定元素的过程。
- 主要有三种查找技术:线性表查找技术、树形查找技术和哈希表查找技术。
- 查找有静态查找和动态查找两种,静态查找只在数据结构里查找是否存在某个记录而不改变数据结构。动态查找要在查找过程中插入数据结构中不存在的记录,或者从数据结构中删除已存在的记录。

- 在线性表查找技术中,对数据元素的查找又有顺序查找、二分查找和分块查找三种方法。顺序查找不要求查找表中的记录有序,效率不是很高,适合于记录不是很多的情况。二分查找要求查找表中的记录有序,查找效率很高,适合于记录比较多的情况。分块查找要求查找表分段有序,适合于记录非常多的情况。
- 哈希表查找的基本原理是将给定的键值转换成偏移地址以检索记录。在哈希表查找技术中,键转换为地址是通过一个关系(公式)也就是哈希函数来完成的。
- 在哈希表中查找记录不需要进行关键码的比较,而是通过哈希函数确定记录的存放位置。哈希函数的构造方法很多,主要有除余法、折叠移位法和平方取中法等。
- 哈希函数为两个或多个键产生相同的散列值,这种情况称为冲突。使用一个好的散列函数可以使冲突发生的可能性降至最小。
- 选择哈希函数的两个原则是:
  - ➢ 简单并且计算快速;
  - ➢ 在地址空间中应达到均匀的键分布。
- 处理冲突的两种常用方法:开放定址法和链表法。

综合练习

一、选择题

1. 顺序查找法适合于存储结构为(　　)的线性表。

A. 散列存储　　B. 顺序存储或链式存储

C. 压缩存储　　D. 索引存储

2. 对线性表进行二分查找时,要求线性表必须(　　)。

A. 以顺序方式存储

B. 以链接方式存储

C. 以顺序方式存储,且结点按关键字有序排序

D. 以链接方式存储,且结点按关键字有序排序

3. 对于18个元素的有序表采用二分(折半)查找,则查找A[3]的比较序列的下标(假设下标从1开始)为(　　)。

A. 1、2、3　　B. 9、5、2、3

C. 9、5、3　　D. 9、4、2、3

4. 设哈希表长m=14,哈希函数为h(k)=k MOD 11。表中已有4个记录(如下图所示),如果用二次探测再散列处理冲突,关键字为49的记录的存储地址是(　　)。

0	1	2	3	4	5	6	7	8	9	10	11	12	13
				15	38	61	84						

A. 8　　B. 3　　C. 5　　D. 9

5. 设有一个用线性探测法解决冲突得到的散列表如下图所示,散列函数为h(k)=k % 11,若要查找元素14,探测的次数是(　　)。

0	1	2	3	4	5	6	7	8	9	10
		13	25	80	16	17	6	14		

A. 8　　　　B. 9　　　　C. 3　　　　D. 6

6. 在采用线性探测法处理冲突所构成的闭散列表上进行查找,可能要探测多个位置,在查找成功的情况下,所探测的这些位置上的键值(　　)。

A. 一定都是同义词　　　　B. 一定都不是同义词

C. 都相同　　　　D. 不一定都是同义词

二、问答题

1. 在哈希表存储中,发生哈希冲突的可能性与哪些因素有关?为什么?

2. 对有序的单链表能否进行折半查找?为什么?

三、编程题

1. 记录按关键码排列的有序表(6,13,20,25,34,56,64,78,92),采用折半查找,画出判定树,并给出查找关键码为13和55的记录的过程。

2. 已知关键字序列为(PAL,LAP,PAM,MAP,PAT,PET,SET,SAT,TAT,BAT),试为它们设计一个散列函数,将其映射到区间[0…n－1]上,要求碰撞尽可能减少。这里n＝11,13,17,19。

参 考 文 献

1. 朱站立、刘天时. 数据结构(使用C语言). 西安交通大学出版社,2003
2. 严蔚敏,吴伟民. 数据结构(C语言版. 北京: 清华大学出版社,1997
3. Robert Lafore. Java数据结构和算法. 中国电力出版社,2004
4. Sartaj Sahni. 数据结构算法与应用(C++描述). 机械工业出版社,2004
5. [美] Mickey Williams 著. 冉晓旻,罗邓,郭炎译. Visual C#. NET技术内幕. 北京: 清华大学出版社,2003
6. Bruno R, Preiss, P. Eng. Data Structures and Algorithms with Object-Oriented Design Patterns in C#. http://www.brpreiss.com

相关课程教材推荐

ISBN	书　名	定价(元)
9787302177852	计算机操作系统	29.00
9787302178934	计算机操作系统实验指导	29.00
9787302177081	计算机硬件技术基础(第二版)	27.00
9787302176398	计算机硬件技术基础(第二版)实验与实践指导	19.00
9787302177784	计算机网络安全技术	29.00
9787302109013	计算机网络管理技术	28.00
9787302174622	嵌入式系统设计与应用	24.00
9787302176404	单片机实践应用与技术	29.00
9787302172574	XML 实用技术教程	25.00
9787302147640	汇编语言程序设计教程(第 2 版)	28.00
9787302131755	Java 2 实用教程(第三版)	39.00
9787302142317	数据库技术与应用实践教程——SQL Server	25.00
9787302143673	数据库技术与应用——SQL Server	35.00
9787302179498	计算机英语实用教程(第二版)	23.00
9787302180128	多媒体技术与应用教程	29.50
9787302185819	Visual Basic 程序设计综合教程(第二版)	29.50

以上教材样书可以免费赠送给授课教师，如果需要，请发电子邮件与我们联系。

教学资源支持

敬爱的教师：

感谢您一直以来对清华版计算机教材的支持和爱护。为了配合本课程的教学需要，本教材配有配套的电子教案(素材)，有需求的教师可以与我们联系，我们将向使用本教材进行教学的教师免费赠送电子教案(素材)，希望有助于教学活动的开展。

相关信息请拨打电话 010-62776969 或发送电子邮件至 weijj@tup. tsinghua. edu. cn 咨询，也可以到清华大学出版社主页(http://www. tup. com. cn 或 http://www. tup. tsinghua. edu. cn)上查询和下载。

如果您在使用本教材的过程中遇到了什么问题，或者有相关教材出版计划，也请您发邮件或来信告诉我们，以便我们更好为您服务。

地址：北京市海淀区双清路学研大厦 A 座 708　　计算机与信息分社魏江江　收
邮编：100084　　电子邮件：weijj@tup. tsinghua. edu. cn
电话：010-62770175-4604　　邮购电话：010-62786544